"十二五"普通高等教育本科国家级规划教材

MS Office版

大学计算机与人工智能基础

（第6版）

主　编　蒋加伏　周　欣　朱艳龙

副主编　金媛媛　张　晶　牛　耕　任　敏

本书资源使用说明

北京邮电大学出版社

·北京·

内容简介

本书作为面向大学一年级学生的计算机基础课程的教材，全书共 8 章。本书的内容包括计算机基础、Windows 10 操作系统、Word 2016 文字处理软件、Excel 2016 电子表格制作软件、PowerPoint 2016 演示文稿制作软件、人工智能基础、大模型、人工智能在办公中的应用。

本书内容丰富、层次清晰、图文并茂、通俗易懂，根据高等学校大学计算机基础课程教学现状，重视基础知识、基本原理和基本方法，采用案例教学的方式培养学生的计算机应用能力。

本书可作为高等学校大学计算机基础课程的教材，也可供其他读者学习使用。

图书在版编目(CIP)数据

大学计算机与人工智能基础：MS Office 版 / 蒋加伏，周欣，朱艳龙主编．--6 版．--北京：北京邮电大学出版社，2025．-- ISBN 978-7-5635-7616-6

Ⅰ．TP3；TP18

中国国家版本馆 CIP 数据核字第 2025YR3375 号

策划编辑：韩　霞　　**责任编辑**：韩　霞　　**封面设计**：广信达雅

出版发行：北京邮电大学出版社
社　　址：北京市海淀区西土城路 10 号(100876)
电话传真：010-82330190　62282185(发行部)　010-82333009　62283578(传真)
网　　址：www. buptpress3. com
电子信箱：buptpress3@ 163. com
经　　销：各地新华书店
印　　刷：鸿博睿特(天津)印刷科技有限公司
开　　本：787 mm×1 092 mm　1/16
印　　张：17. 25
字　　数：429 千字
版　　次：2003 年 8 月第 1 版　2025 年 8 月第 6 版
印　　次：2025 年 8 月第 1 次印刷

ISBN 978-7-5635-7616-6　　定价：54. 80 元

前　言

在信息技术迅猛发展的今天，计算机与人工智能已成为推动社会进步的核心力量。党的二十大报告提出“深入实施科教兴国战略、人才强国战略、创新驱动发展战略”。计算机基础知识和现代计算机技术应用能力，不仅是大学生适应数字化时代的必备素养，更是大学生未来职业发展的重要基石。

编者立足于时代需求，以“夯实基础、注重实践、紧跟前沿”为编写宗旨，从计算机基础知识入手，进而介绍 Office 2016 软件应用，且特别聚焦生成式人工智能这一前沿技术，通过丰富的案例和实际操作内容展示其广泛的应用前景，为大一新生量身打造了这本系统性强、实用性高的计算机基础课程教材。

本书在内容设计与编排上具有以下鲜明特色。

1. 知识体系层层递进，构建“基础—应用—前沿”结构

从计算机基础原理到 Office 办公技能，再到人工智能核心技术，构建“三步走”学习路径。通过学习本书，学生既能掌握计算机科学的底层逻辑(如数据表示、系统原理)，又能提升操作现代办公工具的能力，同时能了解人工智能技术的最新动态，实现知识体系的全面贯通。

2. 实践驱动，强化数字化办公能力

针对 Word、Excel、PowerPoint 三大软件，设计“案例引导+步骤拆解”教学模式。例如，通过字符排版实现文档美化，利用数据透视表完成复杂分析，借助动画效果提升演示感染力，从而帮助学生从“会用工具”进阶到“高效办公”。

3. 紧扣技术热点，解析人工智能前沿

新增“大模型”与“AI 办公应用”专题，深入讲解 Transformer 模型、提示词设计原理，并展示人工智能如何赋能文档生成、表格计算与幻灯片制作。通过 WPS AI 的实际操作案例，让学生直观体验“AI+办公”的融合创新。

4. 注重伦理与安全，培养技术责任感

在人工智能相关章节，专节探讨人工智能伦理、数据安全与法律规范，引导学生思考技术发展的双刃剑效应。例如，结合责任归属、隐私保护等现实问题，强调“科技向善”的价值观，助力学生成为有社会责任感的技术使用者。

5. 持续迭代，内容与时俱进

本书新增人工智能生成内容(AIGC)、大模型提示词工程等热点技术，确保本书内容与行业发展同步。

本书分为三个部分，循序渐进地引导学生学习基础知识，进行应用实践，最终迈向人工智能前沿领域。

第一部分——计算机基础知识(第1、2章)：从计算机的发展历程、系统组成、数据表示原理到网络安全防护，帮助学生构建完整的计算机科学知识框架。结合 Windows 10 操作系统的详细讲解(如文件管理、个性化设置及工具使用)，帮助学生掌握计算机操作的核心技能，为后续学习奠定坚实基础。

第二部分——Office 2016 软件应用(第3~5章)：聚焦 Word、Excel、PowerPoint 三大办公软件，通过丰富的案例与操作指南，系统讲解文档排版、数据处理、图表制作、演示文稿设计等实用技能。本部分特别注重"高效办公"理念，涵盖样式应用、数据透视表、动画设计等进阶功能，助力学生提升数字化办公能力。

第三部分——人工智能通论(第6~8章)：紧扣技术发展趋势，深入浅出地解析人工智能的核心技术(如机器学习、自然语言处理、计算机视觉)、典型应用场景(医疗、教育、金融等)及伦理挑战。"大模型"和"人工智能在办公中的应用"两章，将理论与实践紧密结合，帮助学生直观感受 AI 技术的魅力与价值。

本书由蒋加伏、周欣、朱艳龙担任主编，金媛媛、张晶、牛耕、任敏担任副主编。参与编写的人还有张正海等。此外，苏文章、杨玉梅构思并设计了全套书在线课程教学资源的结构与配置，赵梅、张展华编辑了教学资源的内容，范如婷、邓凡、马双武审查了全书配套的在线课程教学资源，李敏提供了版式和装帧设计方案。

由于编者水平有限，且随着技术的发展和进步，书中难免出现疏漏和不妥之处，敬请广大读者提出宝贵建议，批评指正。

编　者

目录
CONTENTS

第 1 章 计算机基础

计算机是一种处理信息的工具，能自动、高速、精确地对信息进行存储、传输和加工处理。计算机的广泛应用，推动了社会的发展和进步，对人类的生产和生活产生了极其深刻的影响。在进入信息时代的今天，学习计算机知识、掌握计算机应用已成为人们的迫切需求。本章主要介绍计算机系统的基本知识，包括计算机的发展与分类、计算机系统、数据在计算机中的表示、网络安全与防护等内容。

1.1 计算机的发展与分类

计算工具发展的历史是人类文明史的一个缩影。在远古时代，人们采用石块、贝壳进行简单的计数；在唐代，我国发明了算盘；在中世纪，欧洲发明了加法计算器、分析机等；直到今天的电子计算机，计算工具已有多种类型。未来计算机将向着巨型化、微型化、网络化和智能化的方向发展。

▲中国计算机发展史

1.1.1 现代计算机的发展

现代计算机是一种按程序自动进行信息处理的通用工具。它的处理对象是信息，处理结果也是信息。在现代计算机诞生后的 70 多年中，计算机所采用的基本电子元件经历了电子管、晶体管、中小规模集成电路、大规模和超大规模集成电路 4 个发展阶段，据此可以将现代计算机的发展分为 4 个阶段，如表 1-1 所示。

表 1-1 现代计算机的 4 个发展阶段

阶段	时间	基本电子元件	技术特点
1	1946—1958 年	电子管	穿孔卡片和磁鼓，使用机器语言和汇编语言
2	1958—1964 年	晶体管	主存储器采用磁心存储器，磁鼓和磁盘开始用于辅助存储器。使用高级语言，主要用于科学计算，开始大量生产中、小型计算机

续表

阶段	时间	基本电子元件	技术特点
3	1964—1970 年	中小规模集成电路	大型化、集中式计算、远程终端
4	1970 年至今	大规模和超大规模集成电路	超大型化、计算机化、嵌入式、图形用户界面、多媒体、网络通信、网格计算

1. 第 1 代计算机(1946—1958 年)

第 1 代计算机采用电子管作为基本电子元件，当时，主存储器有水银延迟线存储器、阴极射线示波管静电存储器、磁鼓和磁心存储器等类型。由于电子管体积大、耗电多，这一代计算机的运算速度低，存储容量小，可靠性差且造价昂贵。在这一代计算机中，几乎没有软件配置，编制程序使用机器语言或汇编语言。第 1 代计算机主要用于科学计算和军事应用方面，代表机型为 1952 年由冯·诺依曼设计的 EDVAC(electronic discrete variable automatic computer，离散变量自动电子计算机)。冯·诺依曼的“程序存储”设想首次在 EDVAC 上得到了体现。

2. 第 2 代计算机(1958—1964 年)

第 2 代计算机采用晶体管作为基本电子元件，其另一个很重要的特点是存储器的革命。1949 年，王安申请了磁心存储器的专利，这项技术彻底改变了继电器存储器的工作方式及其与处理器的连接方法，也大大缩小了存储器的体积，为第 2 代计算机的发展奠定了基础。

这一时期，计算机软件配置开始出现，一些高级程序设计语言相继问世，如科学计算用的 FORTRAN、商业事务处理用的 COBOL、符号处理用的 LISP 等高级语言开始进入实用阶段。操作系统也初步成型，使计算机的使用方式由手工操作改变为自动作业管理。

3. 第 3 代计算机(1964—1970 年)

第 3 代计算机采用中小规模集成电路作为基本电子元件，计算机的体积和耗电量显著减小，计算速度显著提高，存储容量大幅度增加。

这一时期，半导体存储器逐步取代了磁心存储器的主存储器地位，磁盘成了不可或缺的辅助存储器，并且开始普遍采用虚拟存储技术。同时，计算机的软件技术也有了较大的发展，出现了操作系统和编译系统，出现了更多的高级程序设计语言，计算机的应用开始进入更多领域。1964 年，由 IBM 公司推出的 IBM System/360 计算机是第 3 代计算机的代表产品，如图 1-1 所示。

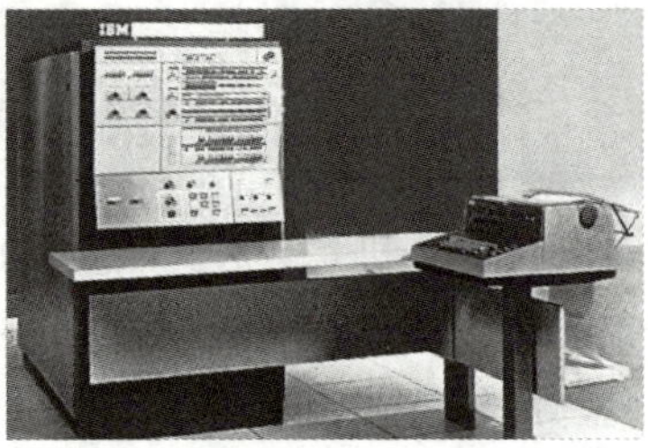

图 1-1　IBM System/360 计算机(1964 年)

4. 第 4 代计算机(1970 年至今)

第 4 代计算机采用大规模和超大规模集成电路作为主要电子元件，主存储器使用了集成度更高的半导体存储器，计算机运算速度高达每秒几亿次甚至数百万亿次。

这一时期，计算机体系结构有了较大发展，并行处理、多机系统、计算机网络等都已进入实用阶段。在软件方面，软件品种更加丰富，出现了网络操作系统和分布式操作系统及各种实用软件。

1.1.2 计算机的分类

1989 年，IEEE(Institute of Electrical and Electronics Engineers，电气与电子工程师学会)将计算机划分为巨型计算机、小巨型计算机、主机、小型计算机、工作站、个人计算机 6 种类型。这种按计算性能分类的方法会随时间而改变，如 20 世纪 90 年代的巨型计算机并不比目前的微型计算机的计算能力强。如果根据运算速度对计算机进行分类，其分类必然随运算速度的不断提高而改变，这显然是不合理的。随着计算机集群技术的发展，大、中、小型计算机之间的界限变得模糊不清，工作站也被服务器所取代。

▲计算机的分类与应用

计算机产业发展迅速，技术不断更新，性能不断提高，因此，很难对计算机进行精确的类型划分。按照目前计算机的市场应用情况，计算机大致可以分为大型计算机、微型计算机、嵌入式计算机 3 类，如图 1-2 所示。

- 计算机类型
  - 大型计算机
    - 大型计算机集群：Summit、Sierra、神威·太湖之光、天河二号等
    - MPP超级计算机：蓝色基因、克雷等
    - PC服务器：浪潮、联想、戴尔、惠普等
  - 微型计算机
    - 个人计算机：联想、惠普、戴尔、神舟等
    - 苹果计算机：Mac Pro系列桌面微机等
    - 笔记本电脑：联想、惠普、戴尔、华硕、神舟等
    - 其他微机：平板电脑、HTPC、UMPC等
  - 嵌入式计算机
    - 智能手机
      - Android系列：华为、三星、OPPO、小米等
      - iOS系列：苹果iPhone系列
    - 工业计算机
      - PC104/EPCI总线工业计算机
      - CPCI/CPCIE（紧凑型PCI）总线工业计算机
      - ACTA/mCTA（高级电信计算机结构）计算机
      - VPX/VME总线工业计算机
    - 其他计算机
      - 单片机：ARM、80C51系列单片机等
      - POS机（收款系统）、ATM（自动柜员机）等
      - 各种穿戴式计算机等

图 1-2 计算机的基本类型

1. 大型计算机

1)计算机集群

大型计算机主要用于科学计算、军事、通信、金融等大型计算项目。在大型计算机设计领域，计算机集群的价格只有专用大型计算机的几十分之一。因此，世界 500 强(TOP 500)计算机大都采用集群结构(占 85% 以上)，只有少数大型计算机采用 MPP(massively parallel processor，大规模并行处理)结构。

计算机集群技术是将多台(几台到上万台)独立计算机(PC 服务器)，通过高速局域网组成一个集群，以单一系统模式进行管理，使多台计算机像一台超级计算机那样统一管理和并行计算。集群中运行的单台计算机并不一定是高档计算机，但集群系统可以提供高性能不停机服务。集群中每台计算机都承担部分计算任务，因此整个系统的计算能力非常高。

同时，集群系统具有很好的容错功能，当集群中某台计算机出现故障时，系统可将这台计算机进行隔离，并通过各台计算机之间的负载转移机制，实现新的负载均衡，同时向系统管理员发出故障报警信号。

计算机集群大多采用Linux操作系统和集群软件实现并行计算，其扩展性很好，可以不断向集群中加入新计算机。集群提高了系统的可靠性和数据处理能力。

中国人民解放军国防科技大学研制的“天河二号”(Tianhe-2)超级计算机(见图1-3)，以峰值计算速度每秒5.49亿亿次、持续计算速度每秒3.39亿亿次双精度浮点运算的优异性能成为2013年全球最快超级计算机。“天河二号”曾连续6年蝉联世界500强计算机第1名，获得“六连冠”殊荣。

图1-3 “天河二号”超级计算机集群系统

天河二号已应用于生物医药、新材料、工程设计与仿真分析、天气预报、智慧城市、电子商务、云计算与大数据、数字媒体和动漫设计等多个领域，还将广泛应用于大科学、大工程、信息化等领域，为经济社会转型升级提供重要支撑。

例如，从2017年开始，广州的气象预报系统开始由“天河二号”运行，每12分钟“天河二号”就能给出每平方千米内6小时的天气预报；以500人规模的全基因组信息关联性分析为例，利用原有计算机需要1年的计算时间，利用“天河二号”只需要3个小时的计算时间；它还可以帮助国产大飞机C919做全机气动参数优化设计等大型计算工作。

2)PC服务器

PC服务器往往采用机箱或机架等形式，如图1-4所示。机箱式PC服务器的体积较大，便于今后扩充硬盘等I/O(输入/输出)设备；机架式PC服务器的体积较小，尺寸标准化，扩充时在机柜中增加一个机架式服务器即可。PC服务器一般在Windows或Linux操作系统下运行，在软件和硬件上都与其他PC微机兼容。PC服务器的硬件配置一般较高。例如，它们往往采用高性能的CPU，如Intel“至强”系列的CPU产品，甚至有时采用多CPU结构；内存容量一般较大，而且要求具有ECC(error correcting code，错误校验)功能；硬盘也采用高转速和支持热插拔的SCSI(small computer system interface，小型计算机系统接口)硬盘。由于大部分服务器要求不间断工作，因此往往采用冗余电源。PC服务器主要用于网络服务器主机，因此对图形和多媒体功能几乎没有要求，但是对数据处理能力和系统稳定性有很高要求。

(a) 机箱式PC服务器

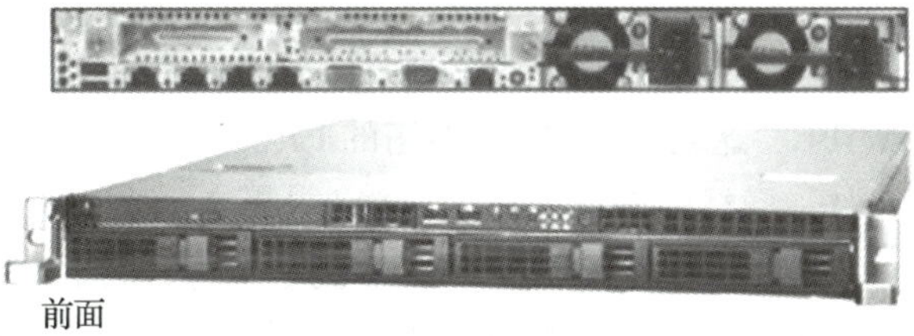

(b) 机架式PC服务器

图 1-4 PC 服务器

2. 微型计算机

1971 年 11 月，Intel 公司推出一套芯片：4001 ROM(read-only memory，只读存储器)、4002 RAM(random access memory，随机存储器)、4003 移位寄存器、4004 微处理器。Intel 公司将这套芯片称为 MCS-4 微机系统，这是最早提出的“微机”概念。但是，这仅仅是一套芯片而已，并没有组成一台真正意义上的微机。后来人们将装有微处理器芯片的机器称为微机。

微机按产品范围大致可以分为台式微机、笔记本微机、苹果微机(Mac)、平板微机(Tablet PC)、掌上微机(PDA)等类型，如图 1-5 所示。

(a) 台式微机

(b) 笔记本微机

(c) 苹果微机

(d) 平板微机

图 1-5 微机的类型

1) PC 系列微机

1981 年，IBM 公司推出了个人计算机(PC)系统，它采用了 Intel 公司的 CPU 作为核心部件。之后，凡是能够兼容 IBM PC 的微机产品都称为 PC 机。目前，大部分桌面微机采用 Intel 和 AMD 公司的 CPU 产品，这两个公司的 CPU 产品往往兼容 Intel 公司早期的 80x86 系列 CPU 产品。因此，也将采用这两家公司 CPU 产品的微机称为 x86 系列微机。

- 台式微机：在外观上有立式和卧式两种类型，它们在性能上没有区别。台式微机主要用于企业办公和家庭应用，因此，要求有较好的图形和多媒体功能。由于台式微机应用广泛，它们的应用软件也是最为丰富的，因此这类微机有较高的性价比。
- 笔记本微机：主要用于移动办公，因此，要求机器具有体积小、重量轻的特点。笔记本微机在硬件上虽然按照 PC 设计规范制造，但是受到体积的限制，不同厂商之间的产品是不能互换的。在与台式微机相同的配置下，笔记本微机的性能要低于台式微机，价格却要高于台式微机。两者的软件系统是可以兼容的。

2)苹果系列微机

苹果公司是早期微机生产厂商之一，其微机产品在硬件和软件上均与PC系列微机不兼容。苹果公司的Power Mac微机采用Motorola公司和IBM公司联合开发的CPU芯片——PowerPC，这是一种RISC架构的CPU。

Mac微机的外形简约、时尚(见图1-6)，图像处理速度快。但是，它与PC微机不兼容，大量PC软件不能在Mac微机上运行。另外，Mac微机没有兼容机，因此价格偏高，影响了它的普及。Mac微机在我国主要应用于美术设计、视频处理、出版等行业。

图1-6　Mac微机

3)平板微机

平板微机是Microsoft公司于2002年11月推出的一种新式微机，也称为Tablet PC(tablet personal computer)。平板微机是一种小型的、方便携带的个人计算机，目前最典型的产品是苹果公司的iPad。平板微机在外观上只有杂志大小，现在主要采用苹果(iOS)操作系统和安卓(Android)操作系统，如图1-7所示。它以触摸屏作为基本输入设备，所有操作都通过手指或手写笔完成，而不使用传统的键盘和鼠标。平板微机一般用于阅读、上网等。平板微机的应用软件专用性强，这些软件不能在台式微机或笔记本微机上运行，普通微机上的软件也不能在平板微机上运行。

图1-7　平板微机

3. 嵌入式计算机

1)嵌入式系统

嵌入式系统是为特定应用而设计的专用计算机系统。“嵌入”是将微处理器设计和制造在某个设备内部的意思。嵌入式系统是一个外延极广的名词，凡是与工业产品结合在一起，并且具有计算机控制的设备都可以称为嵌入式系统(见图 1-8)。

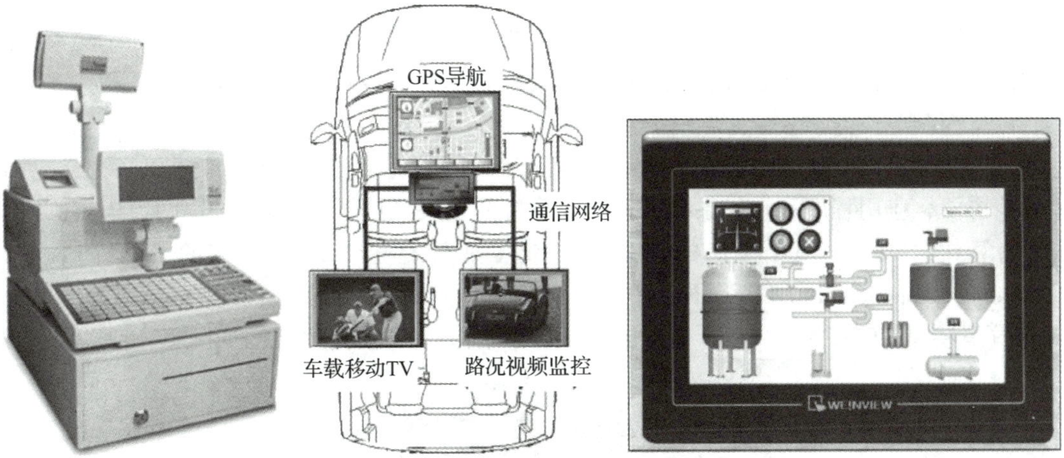

图 1-8　嵌入式系统在商业和工业领域的应用

嵌入式系统包括工业计算机、单片机等，计算机是嵌入式系统的核心控制设备。大部分嵌入式计算机不具备通用计算机的外观形态。例如，没有通用的键盘和鼠标，一般通过专用键盘、触摸屏、操纵杆等设备进行操作。嵌入式系统以应用为中心，计算机的硬件和软件可根据需要进行裁剪，以适应产品的功能、性能、可靠性、成本、体积、功耗等特殊要求。嵌入式计算机一般由微处理器、硬件设备、嵌入式操作系统及应用程序 4 个部分组成。由于嵌入式计算机的工作环境复杂，故要求系统可靠性好。

2)智能手机

早期的手机是一种通信工具，用户不能安装程序，其信息处理功能极为有限。后来，智能手机打破了这些限制，作为一种大众化计算机产品，其性能越来越强大，应用领域越来越广泛。

世界公认的第一部智能手机 IBM Simon(西蒙)诞生于 1993 年，它由 IBM 与 BellSouth 公司合作制造，如图 1-9 所示。它集当时的手提电话、个人数字助理(personal digital assistant，PDA)、传呼机、传真机、日历、行程表、世界时钟、计算器、记事本、电子邮件、游戏等功能于一身。IBM Simon 的最大特点是没有物理按键，完全依靠触摸屏操作，它采用 ROM-DOS 操作系统，只有一款名为 DispatchIt 的第三方应用软件。

图 1-9　IBM Simon

智能手机是指具有完整的硬件系统、独立的操作系统，用户可以自行安装第三方服务商提供的程序，并且可以实现无线网络接入的移动计算设备，是实现移动计算、普适计算的理想工具。

很多信息服务可以在智能手机上展开，结合5G网络的支持，智能手机已经成为一个功能强大，集通话、短信、网络接入、影视娱乐为一体的综合性个人计算设备。

3) 工业计算机

工业计算机采用工业总线结构，广泛用于工业、商业、军事、农业、交通等领域的过程控制和过程管理。其工作环境恶劣，如粉尘、烟雾、高(低)温、潮湿、震动、腐蚀等环境，因此对系统的可靠性要求高。工业计算机对生产过程进行实时在线检测与控制，需要对工作状况的变化给予快速响应，因此对实时性要求较高。工业计算机有很强的输入、输出功能，可扩充符合工业总线标准的检测和控制板卡，完成工业现场的参数监测、数据采集、设备控制等任务。

工业计算机有CPU、内存、硬盘、外设及接口等硬件设备，并有实时操作系统、网络和通信协议、应用程序等软件系统。工业计算机的发展经历了20世纪80年代的STD总线工业计算机、20世纪90年代的PC104总线工业计算机、21世纪初的CPCI(Compact Peripheral Component Interconnect，紧凑型外设部件互连)总线工业计算机，以及目前的CPCIE(紧凑型PCI-E)、ATCA(先进电信计算机结构)等工业计算机，如图1-10所示。

图1-10　工业计算机

1.2 计算机系统

一个完整的计算机系统由硬件系统和软件系统两部分组成，如图1-11所示。硬件系统是构成计算机系统的各种物理设备的总称，包括主机和外设两部分。硬件系统可以从系统结构和系统组成两个方面进行描述。软件系统是运行、管理和维护计算机的各类程序和文档的总称。通常把没有安装软件的计算机称为裸机。计算机之所以能够应用到各个领域，是由于丰富的软件能够出色地按照人们的意图完成各种不同的任务。

- 计算机系统
  - 硬件系统
    - 主机
      - CPU系统：CPU、散热装置
      - 主板系统：主板、信号连接线
      - 内存系统：DRAM（如DDR SDRAM 1/2/3/4 等）
      - 外存系统：硬盘、光盘、固态硬盘、U盘
      - 显示系统：显卡、显示器
      - 音频系统：声卡、音箱、话筒
      - 网络系统：网卡、Modem、网线
      - BIOS系统：BIOS芯片、CMOS芯片
      - 常用外设：电源、机箱、键盘、鼠标、散热装置等
    - 外设
      - 输出设备：打印机、刻录机、投影仪等
      - 输入设备：手写笔、触摸屏、扫描仪、数码相机、数码摄像机等
      - 其他设备：电源接线盒、净化电源等
  - 软件系统
    - 系统软件
      - 操作系统：Windows、Linux、Android、Mac OS X等
      - 网络服务：IIS、Server-U、Exchang Server等
      - 数据库系统：Oracle、MS SQL、MySQL等
      - 程序设计语言：C++、Java、Python等
      - 语言处理程序：Java语言虚拟机、语言编译程序等
    - 应用软件
      - 办公自动化软件：Microsoft Office、WPS Office等
      - 多媒体软件：Photoshop、Premiere Pro等
      - 辅助设计软件：AutoCAD、Visio、Protel DXP等
      - 企业应用软件：财务管理软件、企业管理软件、工程管理软件等
      - 网络应用软件：QQ、迅雷、浏览器、Dreamweaver等
      - 安全防护软件：杀毒软件、防火墙软件、系统补丁等
      - 系统工具软件：数据恢复软件、优化软件、磁盘工具等
      - 娱乐休闲软件：游戏软件、电子杂志、图片查看器、音频播放器、视频播放器等

图 1-11　计算机系统组成

1.2.1　计算机硬件系统的组成

计算机硬件系统包括 CPU 系统、主板系统、内存系统、外存系统、显示系统、音频系统、网络系统、辅助系统等。在这些硬件系统中，CPU 系统是最重要的，它决定了一台计算机的基本规格与配置。

▲计算机的硬件组成

1. CPU 系统

CPU 也称为微处理器(microprocessor)，是计算机系统中最重要的一个部件。CPU 是整个计算机系统的控制中心，严格按照规定的脉冲频率工作。一般来说，工作频率越高，CPU 的工作速度越快，能够处理的数据量也就越大，性能也就越强。在 CPU 技术和市场上，Intel 公司一直是技术领头人，其他的 CPU 设计和生产厂商主要有 AMD 公司、IBM 公司、ARM(安谋)公司等。

CPU 的外观看上去是一个矩形块状物，中间凸起部分是 CPU 核心部分的金属封装壳，在金属封装壳内部是一片指甲大小的、薄薄的硅晶片，称为 CPU 核心(die)。在这块小小的硅晶片上，密布着上亿个晶体管，它们相互配合，协调工作，完成各种复杂的运算和操作。金属封装壳周围是 CPU 基板，它将 CPU 内部的信号引接到 CPU 引脚上。基板下面有许多密密麻麻的镀金引脚，它们是 CPU 与外部电路连接的通道。目前，大部分 CPU 底部中间有一些电容和电阻。无针脚 LGA(land grid array)封装的 CPU 外观如图 1-12(a)、(b)所示[CPU 内部结构如图 1-12(c)所示]。

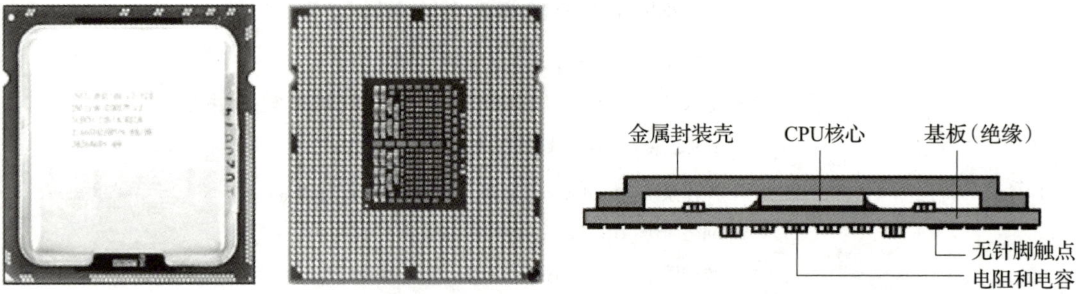

(a)CPU正面　(b)CPU背面　(c)CPU内部结构

图 1-12　Intel 公司 CPU 外观和基本结构图

2. 主板系统

主板是计算机中重要的部件，计算机的性能是否能够充分发挥、计算机的硬件功能是否足够、计算机的硬件兼容性如何等，都取决于主板的设计。主板的质量也决定了硬件系统的稳定性。主板与 CPU 的关系密切，CPU 的每一次重大升级，必然导致主板的更新换代。

▲主板与 CPU

主板一般为矩形电路板，上面安装了组成计算机的主要电路系统，一般有网络芯片、BIOS 芯片、I/O 控制芯片、键和面板控制开关接口、指示灯插接件、扩充插槽、主板及插卡的直流电源供电接插件等元件。主板的主要功能是支撑和协调主板上的各个功能部件运行工作，为它们提供信息通路和数据通道。计算机的主要电路和核心部件都集成在主板上。不同类型的 CPU，往往需要不同类型的主板与之匹配，主板主要有 ATX(标准型)、M-ATX(紧凑型)、MINI-ITX(迷你型)、E-ATX(加强型)等类型。目前的市场主流产品为 ATX 主板，如图 1-13 所示。

3. 存储器系统

随着计算机功能的增强，操作系统和应用软件占用的存储空间越来越庞大，对存储器容量的需求在不断增长。不同存储器的工作原理不同，性能也不同。计算机中常用的存储器类型如图 1-14 所示。

▲存储器

计算机的存储器分为内部存储器(简称内存或主存)和外部存储器(简称外存或辅存)。能够直接与 CPU 进行数据交换的存储器称为内存，与 CPU 间接交换数据的存储器称为外存。

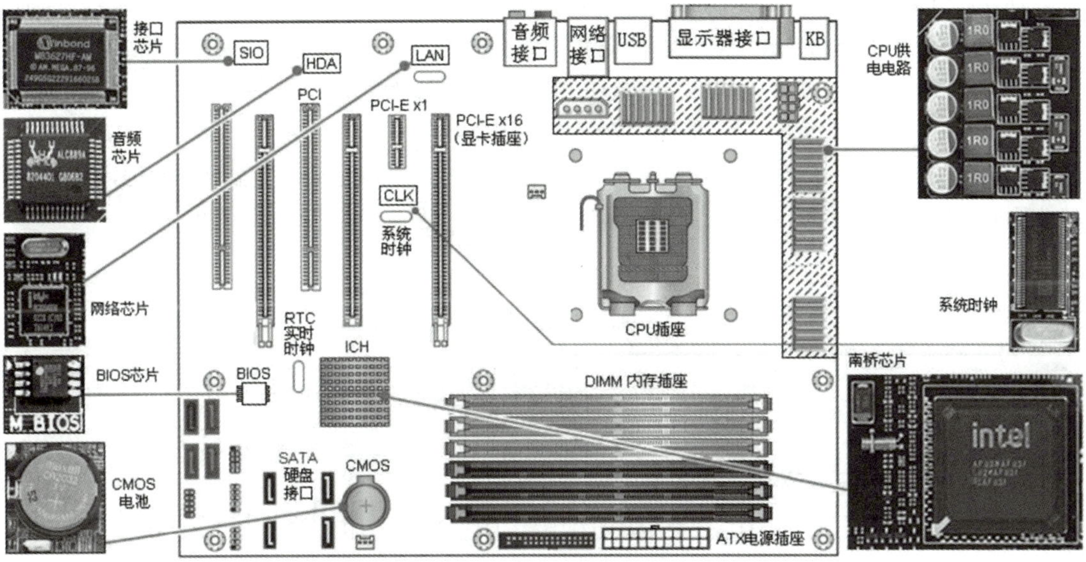

图 1-13　ATX 主板的组成图

- 存储器
  - 内存
    - DRAM（动态随机访问存储器）
      - DDR2 SDRAM（第2代DDR）趋于淘汰
      - DDR3 SDRAM（第3代DDR）常用产品
      - DDR4 SDRAM（第4代DDR）市场主流产品
    - SRAM（静态随机访问存储器）：主要用于高速缓存
  - 外存
    - 半导体存储器
      - EEPROM（电改写可编程只读存储器）：内存条中的SPD芯片
      - flash memory（闪存）
        - NAND flash（与非型闪存）：U盘、SSD、SD卡等
        - NOR flash（或非型闪存）：BIOS、手机内存等
    - 磁介质存储器：硬盘市场主流外存产品
    - 光介质存储器
      - CD-ROM（光盘）：CD-ROM、CD-R、CD-RW、CD-RAM等（趋于淘汰）
      - DVD-ROM（光盘）：DVD-ROM、DVD-R、DVD-RW、DVD-RAM等
      - BD-ROM（蓝光光盘）：BD-ROM、BD-R、BD-RW等

图 1-14　计算机中常用的存储器类型

1）内存

内存又称为主存储器（主存），用于存放计算机进行数据处理所必需的原始数据、中间结果、最后结果及指示计算机工作的程序。内存是计算机的主要技术指标之一，其容量和性能直接影响系统运行情况。

内存主要采用以 CMOS（complementary metal oxide Semiconductor，互补金属氧化物半导体）工艺制作而成的半导体存储芯片。根据工作原理，内存分为两类：一类是 DRAM（动态随机访问存储器），另一类是 SRAM（静态随机访问存储器）。这两类存储器都可以进行随机读写操作，读写速度也高于其他类型的存储器，但是这两类存储器在断电后都会丢失其中的数据。

现在，计算机内存均采用 DRAM 芯片安装在专用电路板上的结构，称为内存条。目前，内存条类型有 DDR3 SDRAM 等，内存条容量有 1 GB、2 GB、4 GB、8 GB 等规格。内存条由内存芯片（DRAM）、SPD（serial presence detect，序列存在检测）芯片、印制电路板（printed circuit board，PCB）、金手指、散热片、贴片电阻、贴片电容等部分组成，如图 1-15 所示。不同技术标准的内存条在外观上并没有太大区别，但是它们的工作电压、引脚数量和功能不同，定位口的位置也不同，互相不能兼容。

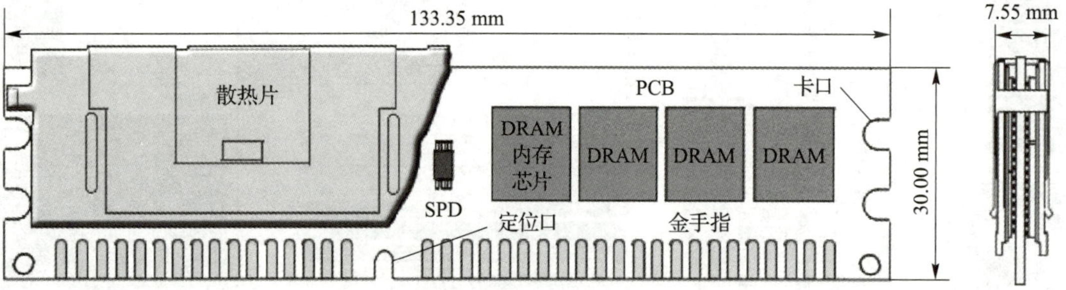

图 1-15　DDR SDRAM 内存条的组成图

2）外存

外存采用的材料和工作原理更加多样化。与内存相比，其存取速度要慢得多，但存储的数据很稳定，停电后数据不会消失。根据材料的不同，外存主要有采用半导体材料的闪存（flash memory），如 SSD（solid state disk，固态硬盘）、U 盘（USB 接口的半导体存储器）、CF（compact flash，小型闪存）卡等；采用磁介质材料的硬盘等；采用光介质存储的 CD-ROM、DVD-ROM、BD-ROM 光盘等。

● 闪存：具备 DRAM 快速存储的优点，也具备硬盘永久存储的特性。闪存可以利用现有半导体工艺生产，缺点是读写速度比 DRAM 慢，而且擦写次数也有限。U 盘又称为闪存盘。它是一种采用快闪存储器为存储介质，通过 USB 接口与计算机交换数据的可移动存储设备。由于 U 盘具有外观小巧、携带方便、抗震、容量大等优点，因此受到微机用户的普遍欢迎。U 盘的外观及内部结构如图 1-16 所示。

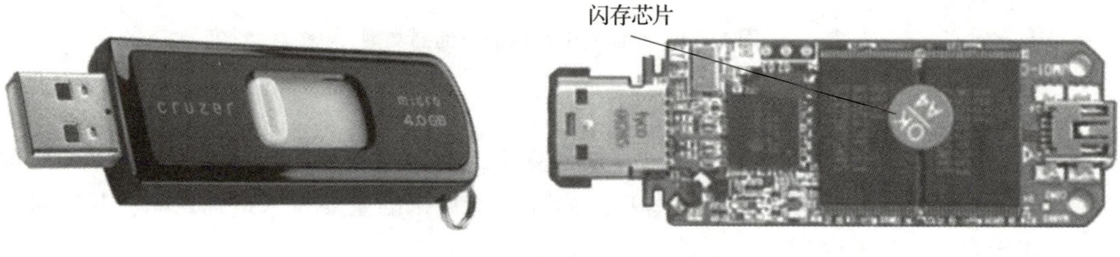

图 1-16　U 盘的外观及内部结构

● 硬盘：利用磁介质存储数据的机电式产品，具有存储容量大、数据存取方便等优点。目前，硬盘（见图 1-17）已经成为保存用户数据的重要外部存储设备。硬盘中的盘片由铝质合金和磁性材料组成。硬盘的存储容量有 320 GB、500 GB、1 TB、2 TB 或更高。按照硬盘尺寸（磁盘直径）分类，

▲光盘

有 3.5 in、2.5 in 等规格。硬盘的接口有串行接口(SATA)、SCSI 接口、USB 接口等。SATA 接口主要用于台式微机，SCSI 接口主要用于早期 PC 服务器，USB 接口主要用于移动存储设备。

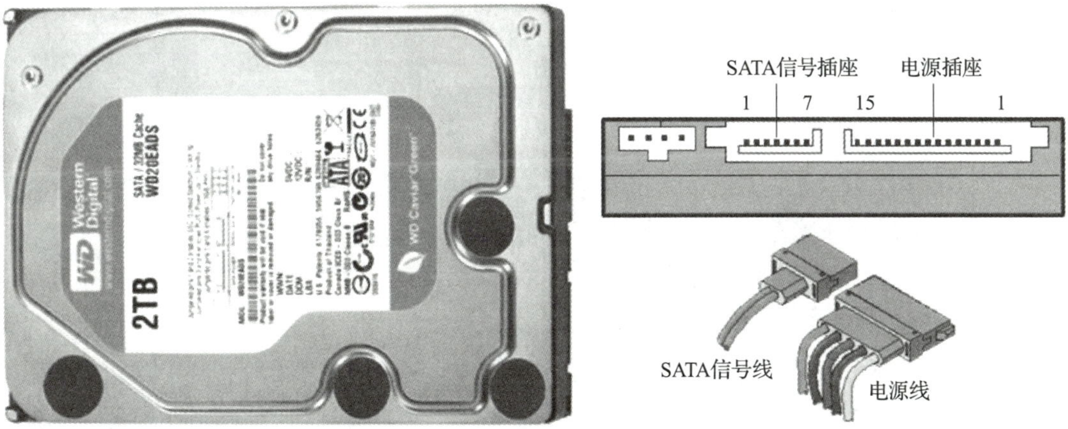

图 1-17 硬盘的外观与接口

4. 总线和接口

1)总线

总线是计算机中各种部件之间共享的一组公共数据通信线路，由多条信号线路组成，每条信号线路可以传输一个二进制信号 0 或 1。例如，32 位的 PCI 总线就意味着有 32 根数据通信线路，可以同时传输 32 位二进制信号。

任何一条系统总线都可以分为 5 个功能组：数据总线、地址总线、控制总线、电源线和地线。数据总线用于在各个设备或者单元之间传输数据和指令，它们是双向传输的。地址总线用于指定数据总线上数据的来源与去向，它们一般是单向传输的。控制总线用于控制对数据总线和地址总线的访问与使用，它们大部分是双向传输的。

总线的性能可以通过总线宽度和总线频率来描述。总线宽度为一次并行传输的二进制位数。例如，32 位总线一次能传输 32 位数据，64 位总线一次能传输 64 位数据。计算机中总线的宽度有 8 位、16 位、32 位、64 位等。总线频率则用于描述总线的速度，常见的总线频率有 33 MHz、66 MHz、100 MHz、133 MHz、200 MHz、400 MHz、800 MHz、1 066 MHz 等。

2)接口

接口是指计算机系统中，在两个硬件设备之间起连接作用的逻辑电路。接口的功能是在各个组成部件之间进行数据交换。主机与外部设备之间的接口称为输入/输出接口，简称 I/O 接口。

计算机的外部设备多种多样，而系统总线上的数据都是二进制数据，而且外部设备与 CPU 的处理速度相差很大，所以需要在系统总线与 I/O 设备之间设置接口，来进行数据缓冲、速度匹配和数据转换等工作。外部设备与主机之间相互传送的信号有 3 类：数据信号、状态信号和控制信号。接口中有多个端口，每个端口传送一类数据。从数据传送的方式看，接口可分为串行接口(简称串口)和并行接口(简称并口)两大类。

主板上配置的接口有 SATA 串行硬盘接口和光驱接口、COM 串行接口、PS/2 键盘接口和鼠标接口、USB 接口、音箱接口 Line Out、话筒接口 MIC、RJ-45 网络接口等，如图 1-18 所示。

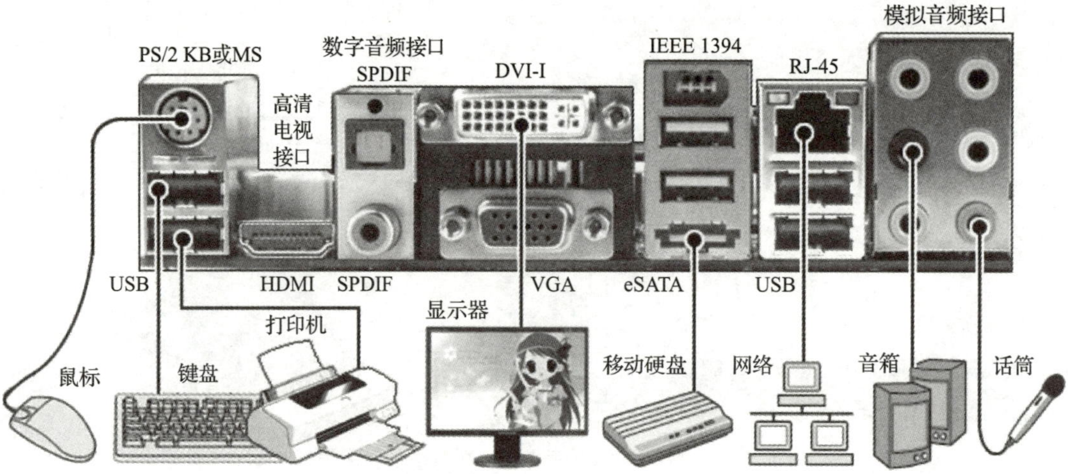

图 1-18　计算机 I/O 接口及连接设备

5. I/O 设备

▲计算机的组装

1) 键盘

键盘[见图 1-19(a)]是向计算机输入数据的主要设备，主要由按键、键盘架、编码器、键盘接口及相应的控制程序等组成。微机使用的标准键盘通常为 104 键，每个键相当于一个开关。

2) 鼠标

鼠标[见图 1-19(b)]也是一个输入设备，广泛用于图形用户界面环境，一般通过 USB 接口与主机连接。鼠标的工作原理：当移动鼠标时，它把移动距离及方向的信息转换成脉冲信号送入计算机，计算机再将脉冲信号转换为光标的坐标数据，从而达到指示位置的目的。目前，常用的鼠标为光电式鼠标，上面一般有两三个按键。对鼠标的操作有移动、单击、双击、拖曳等。

(a)　　　　(b)

图 1-19　键盘及鼠标

3. 显示器

显示器主要用于显示输入的程序、数据或程序的运行结果等，它能以数字、字符、图形和图像等形式显示运行结果或信息的编辑状态，其主要技术参数包括屏幕尺寸、点距、显示分辨率、刷新频率等。

目前微机系统通常采用的显示器是 LCD(liquid crystal display，液晶显示器)，如图 1-20 所示。LCD 采用数字显示的方式，主要用于笔记本微机、平板微机等。

图 1-20 LCD

1.2.2 计算机软件系统

计算机软件可以分为系统软件和应用软件。系统软件的数量相对较少，其他大部分软件都是应用软件。软件也可以分为商业软件与共享软件。商业软件的功能强大，软件收费也高，售后服务较好；共享软件大部分是免费或少量收费的，一般来说不提供售后服务。

▲计算机软件系统

1. 系统软件的基本类型

系统软件是计算机软件系统中最靠近硬件的一层，其他软件一般都通过系统软件发挥作用。系统软件是用于计算机管理、监控、维护和运行的软件，通常包括操作系统、网络服务、数据库系统、语言处理程序等。

1)操作系统

操作系统是对计算机硬件资源和软件资源进行控制和管理的大型程序，是最基本的系统软件，其他软件必须在操作系统的支持下才能运行。操作系统一般具备进程管理、作业管理、存储管理、设备管理、文件管理等功能。目前，常用的操作系统有 Windows 10、Linux、UNIX 等，网络操作系统有 Windows Server、Linux、Free BSD 等。

2)网络服务

操作系统本身提供了一些小型的网络服务功能，但对于大型的网络服务，必须由专业软件提供。网络服务程序提供大型的网络后台服务，主要供网络服务提供商和企业网络管理人员使用。个人用户在利用网络进行工作和娱乐时，就是由网络服务程序提供服务的。例如，提供网页服务的 Web 服务软件有 IIS、Apache、Domino 等，提供文件下载的网络服务软件有 Server-U 等，提供邮件服务的软件有 Exchange Server、Lotus Notes/Domino、Qmail 等。

3)数据库系统

数据库系统(database system，DBS)主要由数据库(database，DB)和数据库管理系统(database management system，DBMS)组成。数据库可以简单地理解为“数据仓库”，是按一定方式组织起来的相关数据的集合。数据库管理系统是对数据库进行有效管理和操作的软件，是用户与数据库之间的接口。它提供了用户管理数据库的一套命令，包括数据库的建立、修改、检索、统计、排序等功能。数据库管理系统是建立信息管理系统(如财务管理、企业管理等)的主要软件工具。常用的数据库软件有 Oracle、MS SQL、MySQL 等。

4)语言处理程序

语言处理程序可以将程序设计语言编写的源程序翻译成机器语言程序，使其被计算机识别并执行。其中，不同的程序语言有不同的翻译程序，这些翻译程序统称为语言处理程序。

一般说来，程序设计语言分为机器语言、汇编语言、高级语言。

• 机器语言：以二进制代码表示的指令集合，是计算机唯一能直接识别和执行的语言。用机器语言编写的程序称为机器语言程序，其优点是占用内存少、执行速度快，缺点是难编写、难阅读、难修改、难移植。

• 汇编语言：将机器语言的二进制代码指令，用便于记忆的符号形式表示出来的一种语言，又称为符号语言。采用汇编语言编写的程序称为汇编语言程序，与机器语言程序相比，其特点是易阅读、易修改。

机器语言和汇编语言都是面向机器的语言，一般称为低级语言。低级语言对机器的依赖性大，所编程序的通用性差，用户较难掌握。

• 高级语言：一种比较接近自然语言和数学表达的语言。用高级语言编写的程序便于阅读、修改及调试，而且可移植性强。高级语言已成为目前普遍使用的语言，从结构化程序设计语言到广泛使用的面向对象程序设计语言都是高级语言，高级语言有上百种之多。表 1-2 所示为 IEEE Spectrum 发布的 2023 年编程语言排行榜(前 10 名)。

表 1-2　IEEE Spectrum 发布的 2023 年编程语言排行榜(前 10 名)

排名	编程语言	应用领域
1	Python	网络、AI、PC
2	Java	PC、手机、网络
3	C++	PC、嵌入式
4	C	PC、嵌入式
5	JavaScript	网络
6	C#	网络、PC、手机
7	SQL	PC、大数据
8	Go	PC、并行计算
9	TypeScript	PC
10	HTML	网络

将程序设计语言翻译为机器语言的过程通常有两种方式：解释和编译。解释方式是通过相应的语言解释程序将源程序逐条翻译成机器指令，每译完一句立即执行一句，直至执行完整个程序，如 Python 语言。解释方式的特点是便于查错，但效率较低。

编译方式是用相应语言的编译程序将源程序翻译成目标程序，再用连接程序将目标程序与函数库等连接，最终生成可以在机器上运行的可执行程序。图 1-21 所示为解释方式和编译方式的执行过程示意图。

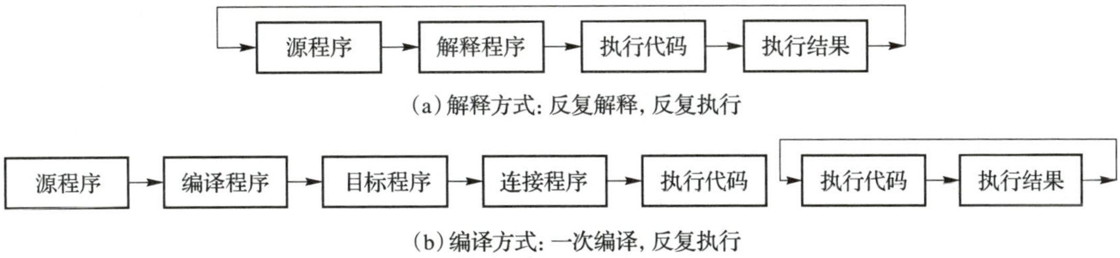

(a) 解释方式：反复解释，反复执行

(b) 编译方式：一次编译，反复执行

图 1-21　解释方式和编译方式的执行过程示意图

解释程序一般包含在开发软件或操作系统内，如 Internet Explorer(简称 IE)浏览器就带有 ASP(active server pages，活动服务器页面)脚本语言解释功能；也有一些是独立的，如 Java 语言虚拟机。编译程序一般附带在开发系统内，如 Visual C++开发系统就带有程序编译器。

2. 应用软件的基本类型

应用软件也可以分为两类。第一类是由计算机专业公司或企业人员，针对某个应用领域的具体问题而开发的程序，具有很强的实用性、专业性。但其使用范围小，开发成本过高，通用性不强，软件的升级和维护具有很大的依赖性。

第二类是一些由大型专业软件公司开发的通用型应用软件。这些软件功能强大、适用性好、应用广泛，使用人员较多，便于相互交换文档，但专用性不够强，不适用于某些有特殊要求的用户。

- 办公自动化软件。应用较为广泛的办公自动化软件有 Microsoft 公司开发的 Microsoft Office，它由文字处理软件 Word、电子表格软件 Excel、演示文稿软件 PowerPoint 等部分组成。国内优秀的办公自动化软件有 WPS Office 等。
- 多媒体应用软件。多媒体应用软件主要有图像处理软件 Photoshop、音频处理软件 Audition、视频处理软件 Premiere Pro 等。
- 辅助设计软件。辅助设计软件主要有机械和建筑辅助设计软件 AutoCAD、网络拓扑设计软件 Visio、电子电路辅助设计软件 Protel DXP 等。
- 企业应用软件。通用的企业应用软件有用友财务管理软件、统计分析软件 SPSS 等。
- 网络应用软件。网络应用软件有网页浏览器软件 IE、即时通信软件 QQ 等。
- 安全防护软件。安全防护软件主要有 360 杀毒软件、360 防火墙软件等。
- 系统工具软件。系统工具软件主要有文件压缩与解压缩软件 WinRAR、数据恢复软件 EasyRecovery、系统优化软件 Windows 优化大师、磁盘克隆软件 Ghost 等。
- 娱乐休闲软件。娱乐休闲软件主要有各种图片查看器、视频播放器、游戏软件等。

1.2.3　计算机的基本工作原理

现代计算机的基本工作原理是由冯·诺依曼于 1946 年首先提出的。冯·诺依曼提出了“程序存储式通用电子计算机”设计方案，并确定了计算机硬件体系结构的 5 个基本部件：

运算器、控制器、存储器、输入设备和输出设备。人们把冯·诺依曼的这个理论称为冯·诺依曼体系结构。计算机从第 1 代发展至第 4 代，一直没有突破冯·诺依曼体系结构，目前绝大多数计算机都是基于冯·诺依曼体系结构而开发的。冯·诺依曼的主要思想可概括为以下 3 点。

▲计算模型——冯·诺依曼机

1. 冯·诺依曼体系结构的计算机模型

冯·诺依曼体系结构的计算机模型主要包括运算器、控制器、存储器、输入设备和输出设备 5 大组成部分，它们之间的关系如图 1-22 所示。

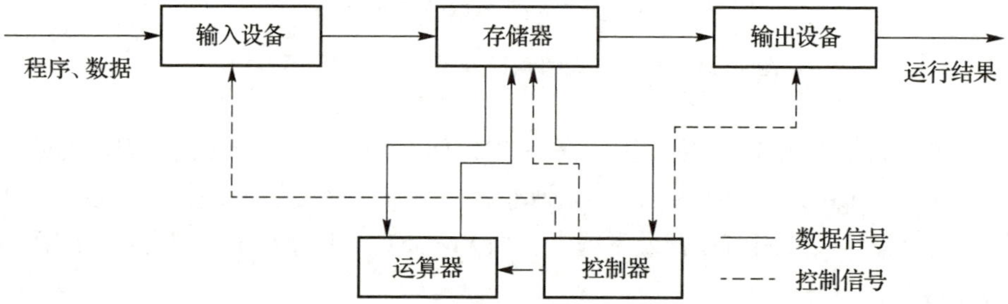

图 1-22　冯·诺依曼体系结构的计算机模型

1) 运算器

运算器也称算术逻辑部件(arithmetic and logic unit，ALU)，是计算机进行算术运算和逻辑运算的部件。算术运算有加、减、乘、除等，逻辑运算有比较、移位、与运算、或运算、非运算等。在控制器的控制下，运算器从存储器中取出数据进行运算，然后将运算结果写回存储器中。

2) 控制器

控制器主要用来控制程序和数据的输入与输出，以及各个部件之间的协调运行。控制器由程序计数器、指令寄存器、指令译码器和其他控制单元组成。控制器工作时，其根据程序计数器中的地址，从存储器中取出指令送到指令寄存器，经指令译码器译码后，再由控制器发出一系列命令信号，送到有关硬件部位引起相应动作，完成指令所规定的操作。

3) 存储器

存储器的主要功能是存放运行中的程序和数据。在冯·诺依曼体系结构的计算机模型中，存储器是指内存单元。存储器中有成千上万个存储单元，每个存储单元存放一组二进制数据。对存储器的基本操作是数据的存入或取出，这个过程称为内存访问。为了便于存入或取出数据，存储器中所有的存储单元均按顺序依次编号，每个存储单元的编号称为内存地址。当运算器需要从存储器中某个存储单元取出或存入数据时，控制器必须提供存储单元的地址。

4) 输入设备

输入设备的第一个功能是将现实世界中的数据(如数字、文字、图像、电信号等)输入计算机，并将它们转换成计算机熟悉的二进制代码；第二个功能是由用户对计算机进行操作控制。常见的输入设备有键盘、鼠标、数码相机等。还有一些设备既可以作为输入设备，也可以作为输出设备，如 U 盘、硬盘等。

5）输出设备

输出设备的功能是将计算机处理的结果转换成用户熟悉的形式，如数字、文字、图像、声音、视频等。常见的输出设备有显示器、打印机、硬盘、U 盘、音箱等。

2. 采用二进制形式表示数据和指令

指令是人们对计算机发出的用来完成一个最基本操作的工作命令，它由计算机硬件来执行。指令在计算机中采用二进制形式，使信息数字化容易实现，并可以用二值逻辑元件进行表示和处理。指令和数据在代码形式上并无区别，都是由 0 和 1 组成的二进制代码序列，只是各自约定的含义不同。

3. 存储程序

存储程序是冯·诺依曼设计思想的核心。程序是人们为解决某一实际问题而设计的指令序列，指令设计及调试过程称为程序设计。存储程序意味着事先将编制好的程序（包含指令和数据）存入计算机存储器（内存）中，计算机在运行程序时就能自动地、连续地从存储器中依次取出指令并执行。计算机的功能在很大程度上体现为程序所具有的功能，或者说，计算机程序越多，计算机的功能越强。

1.3 数据在计算机中的表示

信息是丰富多样的，有数字、文字、声音、图像、视频等，但是计算机本质上只能处理二进制数"0"和"1"，因此，必须将各种信息转换成计算机能够接收和处理的二进制数。这种转换往往由外部设备和计算机自动进行。进入计算机中的各种数据都要转换成二进制数存储，计算机才能进行运算和处理。同样，从计算机中输出的数据也要进行逆向转换。各类数据在计算机中的转换过程如图 1-23 所示。

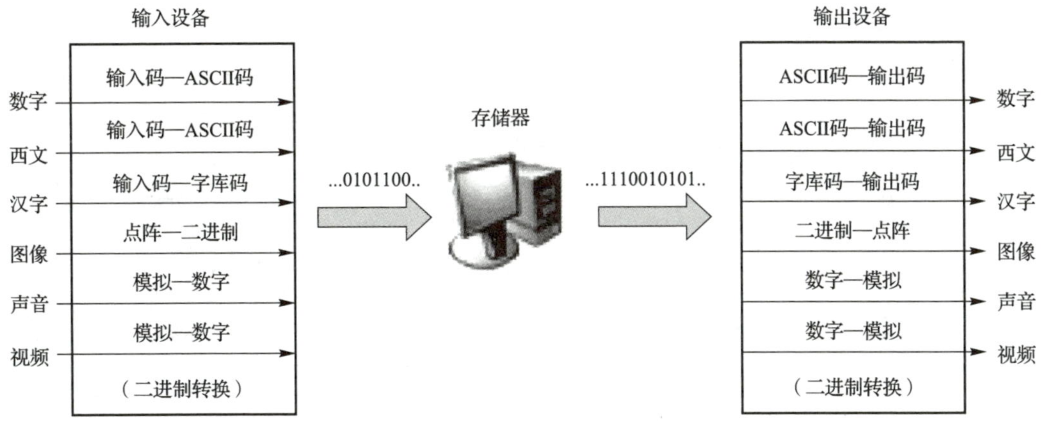

图 1-23　各类数据在计算机中的转换过程

1.3.1 常用数制的表示方法

1. 十进制数

由于人类通常有 10 个手指，十进制数自然成为人类最早使用的数制。十进制数的运算规则是“逢 10 进 1，借 1 当 10”，需要用到的数字符号有 10 个，分别是 0，1，2，3，4，5，6，7，8，9。

▲数制及其转换

十进制中各数字符号的权为 10 的整数次幂，个位的权为 1(10^0)，十位的权为 10(10^1)，百位的权为 100(10^2)，……例如，十进制数 23 可以表示为“$2\times10^1+3\times10^0$”。

为了便于区分，十进制数用下标 10 或在数字尾部加 D 表示，如$[23]_{10}$或 23D。

2. 二进制数

计算机硬件电路使用十进制数设计，会导致计算机的设计和制造非常复杂，因此，在计算机内部采用二进制数进行存储、传输和计算。用户输入的各种信息，由计算机软件和硬件自动转换为二进制数，在数据处理完成后，再由计算机自动转换为用户熟悉的十进制数或其他信息。

基于同样的原理，二进制数的基本数字符号为“0”和“1”。二进制数的运算规则是“逢 2 进 1，借 1 当 2”。二进制中各数字符号的权为 2 的整数次幂，分别为 2^0，2^1，2^2，…例如，二进制数 10111 可以表示为“$1\times2^4+0\times2^3+1\times2^2+1\times2^1+1\times2^0$”。

为了便于区分，二进制数用下标 2 或在数字尾部加 B 表示，如$[10111]_2$或 10111B。

3. 十六进制数

当用二进制表示一个大数时，位数太多，因此，经常采用十六进制数来表示二进制数。十六进制的数码有 0，1，2，3，4，5，6，7，8，9，A，B，C，D，E，F，其运算规则是“逢 16 进 1，借 1 当 16”。计算机内部并不采用十六进制数进行运算，引入十六进制数的原因是可以很方便地将十六进制数转换为二进制数。

为了便于区分，十六进制数用下标 16 或在数字尾部加 H 表示，如$[18]_{16}$或 18H。

常用数制之间的对应关系如表 1-3 所示。

表 1-3 常用数制之间的对应关系

十进制数	十六进制数	二进制数
0	0	0000
1	1	0001
2	2	0010
3	3	0011
4	4	0100
5	5	0101
6	6	0110

续表

十进制数	十六进制数	二进制数
7	7	0111
8	8	1000
9	9	1001
10	A	1010
11	B	1011
12	C	1100
13	D	1101
14	E	1110
15	F	1111

4. 任意进制数的表示方法

任何一种进制都能用有限的几个基本数字符号表示出所有的数，进制的基本数字符号个数称为基数，如十进制的基数为10、二进制的基数为2；位于不同数位上的数字符号有不同的位权，简称权。对于任意的 R 进制，其基本数字符号有 R 个，任意进制的数可以表示为

$$(A_{n-1}\cdots A_1A_0A_{-1}\cdots A_{-m})_R=A_{n-1}R^{n-1}+\cdots+A_1R^1+A_0R^0+A_{-1}R^{-1}+A_{-2}R^{-2}+\cdots+A_{-m}R^{-m} \quad (1\text{-}1)$$

其中，A 为任意进制数字符号，R 为基数，n、m 分别为数字位数和权，整数有 n 位，小数有 m 位。

例 1-1

十进制数42.71可以表示为 $4\times10^1+2\times10^0+7\times10^{-1}+1\times10^{-2}$。

例 1-2

二进制数1101.11可以表示为 $1\times2^3+1\times2^2+0\times2^1+1\times2^0+1\times2^{-1}+1\times2^{-2}$。

例 1-3

十六进制数4D.25可以表示为 $4\times16^1+13\times16^0+2\times16^{-1}+5\times16^{-2}$。

1.3.2 常用数制之间的转换

1. 二进制数与十进制数之间的转换

将二进制数转换成十进制数时，可以采用按权相加的方法。这种方法是按照十进制数的运算规则，将二进制数各位的数码乘以对应的权再累加起来。

例 1-4

将 $[1101.101]_2$ 转换成十进制数。

解：$[1101.101]_2=[2^3+2^2+2^0+2^{-1}+2^{-3}]_{10}=[8+4+1+0.5+0.125]_{10}=[13.625]_{10}$。

在二进制数到十进制数的转换过程中，要频繁地计算 2 的整数次幂。表 1-4 给出了 2 的整数次幂和十进制数值的对应关系。

表 1-4　2 的整数次幂与十进制数值的对应关系

2 的整数次幂	2^8	2^7	2^6	2^5	2^4	2^3	2^2	2^1	2^0	2^{-1}	2^{-2}	2^{-3}
十进制数值	256	128	64	32	16	8	4	2	1	0.5	0.25	0.125

2. 十进制数与二进制数之间的转换

将十进制数转换成二进制数时，整数部分与小数部分必须分开转换。对于整数部分，采用除 2 取余法。就是将已知十进制数的整数部分反复除以 2，直至商为 0。如果相除之后余数为 1，则二进制数的相应位为 1；如果余数为 0，则相应位为 0。第一次除以 2 得到的余数是二进制数的低位（K_0 所在位），最后一次除以 2 得到的余数是二进制数的高位（K_{n-1} 所在位）。将所得余数从高位到低位进行排列，即得所求二进制数的整数部分。

对于小数部分，采用乘 2 取整法。就是将已知的十进制纯小数反复乘以 2，直到满足精度要求或乘 2 后的小数部分为 0 时为止。每次乘以 2 之后，所得积的整数部分为 1，则二进制数的相应位为 1；如果整数部分为 0，则相应位为 0。将所得积的整数部分从高位向低位进行排列，即得的纯二进制小数为 $0.K_{-1}K_{-2}\cdots K_{-m}$。

例 1-5

将十进制的 18.812 5 转换成二进制数，运算过程如图 1-24 所示，运算结果为$[18.8125]_{10}=[10010.1101]_2$。

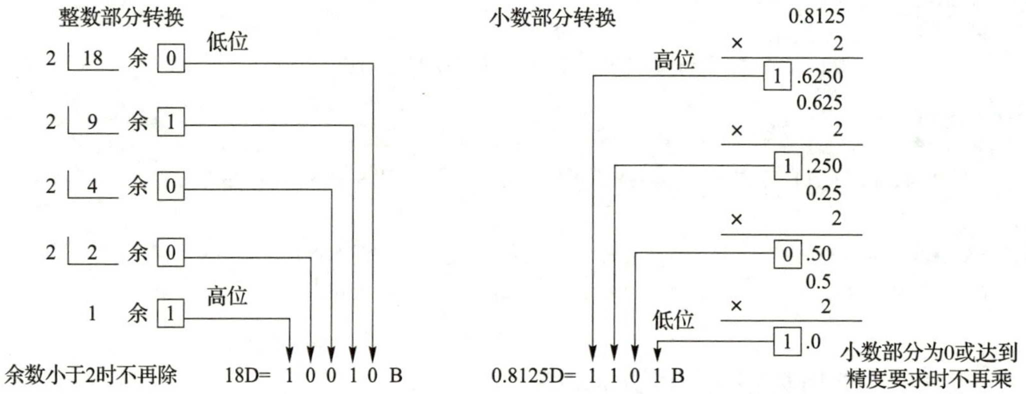

图 1-24　十进制数转换成二进制数的运算过程

3. 二进制数与十六进制数之间的转换

对于二进制整数，自右向左将每 4 位二进制数分为一组，不足 4 位时，在左面添 0 补足 4 位，每组对应一位十六进制数；对于二进制小数，自左向右将每 4 位二进制数分为一组，不足 4 位时，在右面添 0 补足 4 位，每组对应一位十六进制数，即可得到十六进制数。

例 1-6

$[111101.010111]_2=[0011\ 1101.0101\ 1100]_2=[3D.5C]_{16}$（见表 1-5）。

表 1-5　将二进制的 111101.010111 转换为十六进制数

0011	1101	.	0101	1100
3	D	.	5	C

4. 十六进制数与二进制数之间的转换

将十六进制数转换成二进制数非常简单，只要以小数点为界，向左或向右每一位十六进制数用相应的 4 位二进制数表示，然后将其连在一起即可完成转换。

例 1-7

$[4B.61]_{16}=[0100\ 1011.0110\ 0001]_2=[1001011.01100001]_2$（见表 1-6）。

表 1-6　将十六进制的 4B.61 转换为二进制数

4	B	.	6	1
0100	1011	.	0110	0001

1.3.3 反码、补码和移位运算

1. 原码在运算中存在的问题

用原码表示二进制数简单易懂，易于与真值的转换。但二进制数原码在进行加减运算时存在以下问题：一是在原码中，规定最高位是符号位，“0”表示正数，“1”表示负数，$[00000000]_2=[+0]_2$，$[10000000]_2=[-0]_2$，0 有两种形式，产生了“二义性”问题；二是两个带符号的二进制数原码运算时，在某些情况下，符号位会对运算结果产生影响，导致运算出错。

例 1-8

$[01000010]_2+[01000001]_2=[10000011]_2$，进位导致的符号位错误。

例 1-9

$[00000010]_2+[10000001]_2=[10000011]_2$，符号位相加导致的错误。

2. 反码编码方法

正数的反码与原码相同，负数的反码是对该数的原码除符号位外各位取反。

例 1-10

二进制数的字长为 8 位时，$[+5]_{10}=[00000101]_{原}=[00000101]_{反}$。

例 1-11

二进制数的字长为 8 位时，$[-5]_{10}=[10000101]_{原}=[11111010]_{反}$。

3. 补码运算的概念

两个数相加，计算结果的有效位(不包含进位)为0时，称这两个数为互补数。例如，10以内的互补数有1和9、2和8、3和7、4和6、5和5；100以内的互补数有1和99、2和98、……、50和50。

十进制数中，正数 x 的补码为正数本身 $[x]_{补}$，负数的补码为 $[y]_{补}=[模-|y|]_{补}$。例如，+4的补码为+4，−1的补码为+9(10−|1|=9)。

“模”是指计量系统的计数范围，如时钟的计量范围是0~12，模为12。十进制数中，1位数的模为10，2位数的模为100，其余以此类推。模运算具有以下特征：任何有关模的计算，均可将减法转换成加法运算。模为10的十进制数的模运算示意图如图1-25所示。

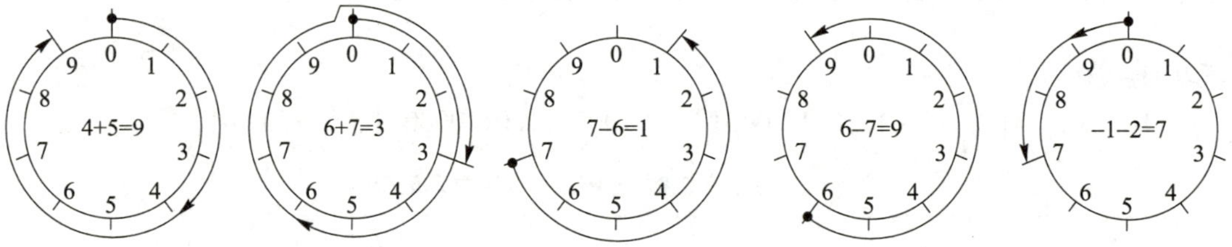

图1-25 模为10的十进制数的模运算示意图(顺时针方向为+，逆时针方向为−)

4. 补码编码方法

二进制数中，正数的补码就是原码，负数的补码等于正数的原码“取反加1”，即按位取反，末位加1。负数的最高位(符号位)为1，无论是原码、反码还是补码，符号位都不变。

例1-12

$[10]_{10}$ 的二进制原码为 $[10]_{10}=[00001010]_{原}$(最高位0表示正数)。

$[-10]_{10}$ 的二进制原码为 $[-10]_{10}=[10001010]_{原}$(最高位1表示负数)。

例1-13

$[10]_{10}$ 的二进制反码为 $[10]_{10}=[00001010]_{反}$(最高位0表示正数)。

$[-10]_{10}$ 的二进制反码为 $=[11110101]_{反}$(最高位1表示负数)。

例1-14

$[10]_{10}$ 的二进制补码为 $[10]_{10}=[00001010]_{补}$(最高位0表示正数)。

$[-10]_{10}$ 的二进制补码为 $[-10]_{10}=[11110110]_{补}$(最高位1表示负数)。

5. 补码运算规则

补码运算的算法思想是：把正数和负数都转换为补码形式，使减法变成加一个负数的形式，从而使减法运算转换为加法运算。补码运算在逻辑电路设计中容易实现。当补码运算结果不超出表示范围(不溢出)时，可得出以下重要结论。

用补码表示的两数进行加法运算时，其结果仍为补码。补码的符号位可以与数值位一同参与运算。运算结果如有进位，则判断是否溢出，如果不溢出，就将进位舍去不要。对于正数和负数，补码都具有以下性质。

$$[A]_{\text{补}}+[B]_{\text{补}}=[A+B]_{\text{补}} \tag{1-2}$$

$$[[A]_{\text{补}}]_{\text{补}}=[A]_{\text{原}} \tag{1-3}$$

其中，A、B 可取正整数、负整数或 0。

例 1-15

$A=[-70]_{10}$，$B=[-55]_{10}$，求 A 与 B 相加之和。

先将 A 和 B 转换为二进制数的补码，然后进行补码加法运算，最后将运算结果(补码)转换为原码即可。在原码、反码、补码的转换中，要注意符号位不变的原则。

$[-70]_{10}=[-(64+4+2)]_{10}=[11000110]_{\text{原}}=[10111001]_{\text{反}}+[00000001]_2=[10111010]_{\text{补}}$

$[-55]_{10}=[-(32+16+4+2+1)]_{10}=[10110111]_{\text{原}}=[11001000]_{\text{反}}+[00000001]_2=[11001001]_{\text{补}}$

两补码相加得$[10111010]_{\text{补}}+[11001001]_{\text{补}}=[10000011]_{\text{补}}$，进位 1 作为模丢失。为什么要丢弃进位呢？因为在加法器设计中，本位值与进位由不同逻辑电路实现。

```
                                        10111010
                               +        11001001
                              ------------------
没有溢出时，进位1自然丢失→      [1]      10000011
```

由补码运算结果再进行一次求补运算(取反加 1)就可以得到真值：

$$[10000011]_{\text{补}}=[11111100]_{\text{反}}+[00000001]_2=[11111101]_{\text{原}}=[-125]_{10}$$

通过例 1-15 可以看到，进行补码加法运算时，不用考虑数值的符号，直接进行补码加法即可。减法可以通过补码的加法运算实现。如果运算结果不产生溢出，且最高位(符号位)为 0，则表示结果为正数；如果最高位为 1，则结果为负数。

6. 补码运算的特征

所有复杂计算(如线性方程组、矩阵、微积分等)都可以转换为四则运算，四则运算理论上都可以转换为补码的加法运算。实际设计中，为了提高 CPU 计算效率，会对乘法和除法运算采用移位操作和加法运算。CPU 内部只有加法器，没有减法器，所有减法都采用补码以加法进行运算。程序编译时，编译器将数值进行了补码处理，并保存在计算机存储器中。补码运算完成后，计算机将运行结果转换为原码或 10 进制数据输出给用户。CPU 对补码完全不知情，它只按照编译器给出的机器指令进行运算，并对某些溢出标志位进行设置。

7. 乘法运算

1)二进制数的移位操作

移位操作是二进制数乘除法的基本操作之一，有逻辑移位和算术移位两种。

逻辑移位时，数码位置变化，数值不变。左移时低位补 0，右移时高位补 0。

算术移位时，数码位置变化，数值变化，符号位不变。左移 1 位相当于带符号数乘以 2；右移 1 位相当于带符号数除以 2。

例 1-16

如果对 8 位二进制数$[00001100]_2=[12]_{10}$进行算术移位操作，左移 1 位后，二进制数变为$[00011000]_2=[24]_{10}$，可见左移1位相当于带符号数乘以2。

例 1-17

如果对8位二进制数$[00001100]_2=[12]_{10}$进行算术移位操作，右移1位后，二进制数变为$[00000110]_2=[6]_{10}$，可见右移1位相当于带符号数除以2。

以上只是简单地说明移位操作的方法与功能，还有许多复杂的问题需要解决，如进位问题、溢出问题、符号问题等。

2）乘法运算的基本思想

定点数的原码乘法运算规则为：积的符号位等于乘数与被乘数的符号位进行异或运算，积的值等于两数绝对值之积，即乘数与被乘数的绝对值先进行移位，再进行加法运算。乘法运算的基本步骤如下。

①检测操作数是否为0，如果有1个操作数为0，则积为0。

②取两数绝对值参与运算，积的符号为两数符号的异或值。

③用移位操作和加法运算实现乘法运算，即将n位数的乘法运算转换为n次移位与n次加法运算。当8位数乘8位数时，需要进行8次移位和8次加法运算。值得注意的是，移位时，人工计算采用相加数逐次左移1位；机器计算大多采用部分积逐次右移1位。

乘法运算需要多个寄存器保存中间运算结果。乘法运算的具体实现过程远比以上描述复杂，需要考虑的问题非常多。

8. 除法运算

除法运算采用原码比较方便。运算规则为：商的符号位与原码乘法运算的处理方法相同，由两数的符号位进行异或运算；然后两数的绝对值部分相除。

定点原码的除法运算有恢复余数法和加减交替法两种方法，在计算机中常用加减交替法，因为它的操作步骤少，而且也不复杂。定点数的原码除法运算基本步骤如下。

①检测操作数是否为0，如果有1个操作数为0，则商为0。

②取两数绝对值参与运算，商的符号为两数符号的异或值。

③用移位操作和加减交替运算实现除法运算。值得注意的是，除法运算移位时，人工计算采用除数逐次右移1位；机器计算大多采用余数逐次左移1位。

除法运算需要用多个寄存器保存中间运算结果。实现除法的逻辑电路与乘法的逻辑电路极其相似。

1.3.4 字符数据的表示

1. 西文字符的 ASCII 编码

计算机除了用于数值计算外，还要处理大量的非数值数据，其中，字符数据占比很大。字符数据包括西文字符（字母、数字和各种符号）和汉字字符。它们也需被二进制编码后，才能存储在计算机中并进行处理。每个字符对应一个唯一的二进制数，这个二进制数称为字符编码。对于西文字符与汉字字符，由于形式的不同，使用的编码方式也不同。

在计算机发展过程中，出现了多种字符编码，美国信息交换标准代码(American Standard Code for Information Interchange，ASCII)是目前使用得最为广泛的字符编码。1967年，这一编码被国际标准化组织(International Organization for Standardization，ISO)确定为国际标准字符编码。ASCII 编码表如表 1-7 所示。

表 1-7 ASCII 编码表(可显示字符部分)

字符	ASCII 编码			字符	ASCII 编码			字符	ASCII 编码		
	二进制	十进制	十六进制		二进制	十进制	十六进制		二进制	十进制	十六进制
回车	0001101	13	0D	?	0111111	63	3F	a	1100001	97	61
Esc	0011011	27	1B	@	1000000	64	40	b	1100010	98	62
空格	0100000	32	20	A	1000001	65	41	c	1100011	99	63
!	0100001	33	21	B	1000010	66	42	d	1100100	100	64
..	0100010	34	22	C	1000011	67	43	e	1100101	101	65
#	0100011	35	23	D	1000100	68	44	f	1100110	102	66
$	0100100	36	24	E	1000101	69	45	g	1100111	103	67
%	0100101	37	25	F	1000110	70	46	h	1101000	104	68
&	0100110	38	26	G	1000111	71	47	i	1101001	105	69
′	0100111	39	27	H	1001000	72	48	j	1101010	106	6A
(	0101000	40	28	I	1001001	73	49	k	1101011	107	6B
)	0101001	41	29	J	1001010	74	4A	l	1101100	108	6C
*	0101010	42	2A	K	1001011	75	4B	m	1101101	109	6D
+	0101011	43	2B	L	1001100	76	4C	n	1101110	110	6E
、	0101100	44	2C	M	1001101	77	4D	o	1101111	111	6F
–	0101101	45	2D	N	1001110	78	4E	p	1110000	112	70
.	0101110	46	2E	O	1001111	79	4F	q	1110001	113	71
/	0101111	47	2F	P	1010000	80	50	r	1110010	114	72
0	0110000	48	30	Q	1010001	81	51	s	1110011	115	73
1	0110001	49	31	R	1010010	82	52	t	1110100	116	74
2	0110010	50	32	S	1010011	83	53	u	1110101	117	75
3	0110011	51	33	T	1010100	84	54	v	1110110	118	76
4	0110100	52	34	U	1010101	85	55	w	1110111	119	77
5	0110101	53	35	V	1010110	86	56	x	1111000	120	78
6	0110110	54	36	W	1010111	87	57	y	1111001	121	79
7	0110111	55	37	X	1011000	88	58	z	1111010	122	7A
8	0111000	56	38	Y	1011001	89	59	{	1111011	123	7B

续表

字符	ASCII 编码			字符	ASCII 编码			字符	ASCII 编码		
	二进制	十进制	十六进制		二进制	十进制	十六进制		二进制	十进制	十六进制
9	0111001	57	39	Z	1011010	90	5A	|	1111100	124	7C
:	0111010	58	3A	[	1011011	91	5B	}	1111101	125	7D
;	0111011	59	3B	\	1011100	92	5C	~	1111110	126	7E
<	0111100	60	3C	]	1011101	93	5D				
=	0111101	61	3D	^	1011110	94	5E				
>	0111110	62	3E	_	1011111	95	5F				

ASCII 编码使用 7 位二进制数对 1 个字符进行编码，共计可以表示 $2^7 = 128$ 个字符的编码。由于计算机存储器的基本单位是字节，因此，以 1 个字节来存放 1 个 ASCII 编码，每个字节的最高位为 0。

例 1-18

“Hello.”的 ASCII 编码如表 1-8 所示。

表 1-8 “Hello.”的 ASCII 编码

H	e	l	l	o	.
01001000	01100101	01101100	01101100	01101111	00101110

例 1-19

利用 ASCII 标准对字符“book”进行编码。

查 ASCII 编码表可知，“book”的 ASCII 编码为

01100010 01101111 01101111 01101011

例 1-20

利用 ASCII 标准对字符“BOOK”进行编码。

查 ASCII 编码表可知，“BOOK”的 ASCII 编码为

01000010 01001111 01001111 01001011

例 1-21

利用 ASCII 标准对字符“1+2”进行编码。

查 ASCII 编码表可知，字符“1+2”的 ASCII 编码为

00110001 00101011 00110010

ASCII 编码定义了 33 个无法显示的控制码。它们主要用于打印或显示时的格式控制，对外部设备的操作控制，进行信息分隔，在数据通信时进行传输控制等。

2. 汉字字符的编码

英文为拼音文字，所有的单词均由 52 个英文大小写字母拼组而成，加上数字及其他标点符号，常用的字符仅 95 种，因此 7 位二进制编码已经够用了。汉字数量庞大、构造复杂，这给计算机处理带来了困难。汉字是象形文字，每个汉字字符都有自己的形状，所以，每个汉字在计算机中都需要一个唯一的二进制编码。

1981 年，我国颁布了《信息交换用汉字编码字符集 基本集》(GB/T 2312—1980)，又称国标码。GB/T 2312—1980 编码标准规定：一个汉字用两个字节表示，每个字节只使用低 7 位，最高位为 0。例如，“大”字的国标码为

0011 0100 0111 0011

GB/T 2312—1980 共收录 6 763 个简体汉字和 682 个符号。其中，一级汉字有 3 755 个，以拼音排序；二级汉字有 3 008 个，以偏旁排序。GB/T 2312—1980 编码的局部编码表如表 1-9 所示。

表 1-9　GB/T 2312—1980 编码表(局部)

第 1 字节编码	区	第 2 字节编码							
		0100001	0100010	0100011	0100100	0100101	0100110	0100111	0101000
		01	02	03	04	05	06	07	08
0110000	16	啊	阿	埃	挨	哎	唉	哀	皑
0110001	17	薄	雹	保	堡	饱	宝	抱	报
0110010	18	病	并	玻	菠	播	拨	钵	波
0110011	19	场	尝	常	长	偿	肠	厂	敞
0110100	20	础	储	矗	搐	触	处	揣	川
0110101	21	怠	耽	担	丹	单	郸	掸	胆

由于国标码每个字节的最高位也为 0，与国际通用的 ASCII 编码无法区分，因此，在计算机内部，汉字编码全部采用机内码表示。机内码就是将国标码两个字节的最高位设定为 1，这样就解决了国标码与 ASCII 编码的冲突，保持了中英文的良好兼容性，如“大”字的机内码为

1011 0100 1111 0011

除此之外，为了利用计算机系统中现有的西文键盘来输入汉字，还要对每个汉字编一个西文键盘输入码(简称输入码)，主要的输入码有拼音码、字形码、区位码等。

1.4 网络安全与防护

信息系统的安全一直是计算机专家努力追求的目标。目前的计算机在理论上还无法消除黑客攻击、计算机病毒和恶意软件的影响，最好的方法是尽量降低这些攻击和破坏对系

统造成的影响。

1.4.1 入侵形式

▲信息安全

1. 黑客攻击

美国国家安全局(National Security Agency，NSA)制定的信息保障技术框架标准认为，有5类攻击形式：被动攻击、主动攻击、物理临近攻击、内部人员攻击和分发攻击。

被动攻击是指对信息的保密性进行攻击，包括分析通信流、监视没有保护的通信、破解弱加密通信和获取口令等。被动攻击会造成在没有得到用户同意或告知的情况下，用户信息或文件的泄露，如泄露个人信用卡号码等。

主动攻击是指篡改信息来源的真实性、信息传输的完整性和系统服务的可用性，如图1-26所示。它包括试图阻断或攻破安全保护机制、引入恶意代码、偷窃或篡改信息等。主动攻击会造成数据资料的泄露、篡改和传播，或导致拒绝服务。

图1-26 黑客对网络安全的攻击

物理临近攻击是指未被授权的个人，在物理意义上接近网络系统或设备，试图改变和收集信息，或拒绝他人对信息的访问，如未授权使用计算机、复制U盘数据、电磁信号截获后的屏幕还原等。

内部人员攻击可分为恶意攻击或无恶意攻击。前者是指内部人员对信息的恶意破坏或不当使用，或使他人的访问遭到拒绝；后者是指由于粗心、无知及其他非恶意的原因造成的破坏。

分发攻击是指在工厂生产或分销过程中，攻击者对硬件和软件进行恶意修改。这种攻击可能是在产品中引入恶意代码，如手机中的后门程序等。

2. 计算机病毒

我国颁布实施的《中华人民共和国计算机信息系统安全保护条例》第二十八条中明确指出：“计算机病毒，是指编制或者在计算机程序中插入的破坏计算机功能或者破坏数据，影响计算机使用，并能自我复制的一组计算机指令或者程序代码。”

计算机病毒(以下简称病毒)具有传染性、隐蔽性、破坏性、未经授权性等特点，其最大的特点是具有传染性。病毒可以侵入计算机的软件系统中，而每个受感染的程序又可能成为一个新的病毒，继续将病毒传染给其他程序。因此，传染性成为判定一个程序是否为病毒的首要条件。

所有杀毒软件要解决的第一个任务是如何发现一个文件是否被病毒感染。因此，杀毒软件必须对常用的文件类型进行扫描，检查是否含有特定的病毒代码字符串。这种病毒扫描软件由两部分组成：一部分是病毒代码库，含有经过特别筛选的各种计算机病毒的特定字符串；另一部分是扫描程序，扫描程序能识别的病毒数目完全取决于病毒代码库内所含病毒种类的多少。这种技术的缺点是，随着硬盘中文件数量的增加，扫描的工作量增大，而且容易造成硬盘的损坏。

3. 恶意软件

中国互联网协会在2006年将恶意软件定义为：恶意软件是指在未明确提示用户或未经用户许可的情况下，在用户计算机或其他终端上安装运行，侵害用户合法权益的软件，但不包含我国法律法规规定的计算机病毒。

恶意软件具有下列特征。

- 强制安装：未明确提示用户或未经用户许可，在用户计算机上安装软件的行为。
- 难以卸载：未提供程序的卸载方式，或卸载后仍然有活动程序的行为。
- 浏览器劫持：未经用户许可，修改用户浏览器的相关设置，迫使用户访问特定网站，或导致用户无法正常上网的行为。
- 广告弹出：未经用户许可，利用安装在用户计算机上的软件弹出广告的行为。
- 恶意收集用户信息：未提示用户或未经用户许可，收集用户信息的行为。
- 恶意卸载：未明确提示用户、未经用户许可，或误导、欺骗用户卸载其他软件的行为。
- 恶意捆绑：在软件中捆绑已被认定为恶意软件的行为。

除此之外，还包括其他侵害用户软件安装、使用和卸载知情权与选择权的恶意行为。

1.4.2 预防攻击

1. 造成网络不安全的主要因素

目前，造成网络不安全的主要因素包括操作系统、网络协议、数据库管理系统等软件自身设计的缺陷，或者人为因素产生的各种安全漏洞。

对于操作系统，在结构设计和代码设计时，偏重于考虑操作系统使用时的易用性，导致操作系统在远程访问、权限控制和口令管理等许多方面存在安全漏洞。网络互联一般采用TCP/IP协议，它是一个工业标准的协议簇，但该协议簇在制定之初，对安全问题的考虑不多，协议中有很多安全漏洞。同样，数据库管理系统也存在数据的安全性、权限管理及远程访问等方面的问题。在数据库管理系统或应用程序中，攻击者可以预先设置情报收集、受控激发、定时发作等破坏程序。

2. 黑客攻击网络的一般过程

1) 收集信息

收集信息并不对目标产生危害，只是为进一步入侵提供有用信息。黑客会利用公开的协议或工具软件，收集网络中某个主机系统的相关信息。

2) 系统安全漏洞的探测

在收集到一些准备要攻击的目标的信息后，黑客就会利用工具软件，对整个网络或子网进行扫描，寻找主机的安全漏洞。

3) 建立模拟环境，进行模拟攻击

根据前面所得到的信息，黑客会建立一个类似攻击对象的模拟环境，然后对此模拟环境进行一系列的模拟攻击。在模拟攻击过程中，黑客将检查被攻击方的日志，观察检测工具对攻击的反应，了解攻击过程中留下的“痕迹”，以及被攻击方的状态等，以此来制定一个较为周密的攻击策略。

4) 具体实施网络攻击

在完成模拟攻击后，黑客将等待时机，以备实施真正的网络攻击。

3. DDoS 攻击与防范

DoS(denial of service，拒绝服务)攻击由来已久，有因特网后就有了 DoS 攻击。美国最新安全损失调查报告指出，分布式拒绝服务(distributed denial of service，DDoS)攻击造成的经济损失已跃居各类网站攻击造成的经济损失的第一位。

1) DDoS 攻击过程

在典型的因特网连接中，用户访问一个网站时，客户端会先向网站服务器发送一条信息要求建立连接，只有当服务器确认该请求合法，并将访问许可返回给用户时，用户才可对该服务器进行访问。DoS 攻击的方法是：攻击者会向服务器发送大量连接请求，使服务器呈现满负载状态，并且对所有请求的返回地址进行伪造。这样，在服务器企图将认证结果返回给用户时，它将无法找到这些用户。这时服务器只好等待，有时可能会等上 1 min 才关闭此连接。可怕的是，在服务器关闭连接后，攻击者又会发送一批新的虚假请求，重复上一次过程，直到服务器因过载而拒绝提供服务。这些攻击事件并没有入侵网站，也没有篡改或破坏资料，只是利用程序在瞬间产生大量的数据包，让对方的网络及主机瘫痪，使正常服务者无法获得网站及时的服务。

有时，攻击者动员了大量“无辜”的计算机向目标网站共同发起攻击，这是一种 DDoS 攻击手段。DDoS 将 DoS 向前发展了一步，DDoS 的行为更为自动化。

2) DDoS 攻击的预防

如果用户正在遭受 DDoS 攻击，能做的防御工作非常有限。因为在用户没有准备好的情况下，巨大流量的数据包冲向用户主机，可能在用户还没回过神之际，网络已经瘫痪。要预防这种灾难性的后果，需要进行以下预防工作。

①屏蔽假 IP 地址。通常黑客会通过很多假 IP 地址发起攻击，可以使用专业软件检查访问者的来源，检查访问者 IP 地址的真假，对假 IP 地址予以屏蔽。

②关闭不必要的端口。使用专业软件过滤不必要的服务和端口。例如，黑客从某些端口发动攻击时，用户可把这些端口关掉，以阻击入侵。

③利用网络保护设备保护网络资源。网络保护设备有路由器、防火墙、负载均衡设备等，利用它们将网络有效地保护起来。如果被攻击时路由器最先宕机，而其他机器没有宕机，则宕机的路由器重启后会恢复正常，而且启动很快，没有损失。如果服务器宕机，其中的数据就会丢失，而且重启服务器是一个漫长的过程，网站会受到无法估量的重创。

4. 提高网络安全的主要技术

1) 数据加密

数据加密的目的是在保护信息系统的数据、文件、口令和控制信息等的同时提高网上传输数据的可靠性。这样，即使黑客截获了传输的数据，一般也无法得到正确的信息。

2)身份认证

身证认证指动态验证码、指纹识别、人脸识别等技术组合，只对通过认证的用户给予相应的访问权限。

3)访问控制

访问控制指系统设置的入网访问权限、网络共享资源的访问权限、目录安全等级控制、网络端口和节点的安全控制、防火墙的安全控制等。通过各种访问控制机制的相互配合，才能最大限度地保护系统免受黑客的攻击。

4)审计

审计指把系统中和安全有关的事件记录下来，保存在相应的日志文件中。例如，记录网络用户的注册信息(如注册来源、注册失败的次数等)，记录用户访问的网络资源等各种相关信息。当遭到黑客攻击时，这些数据可以用来帮助调查黑客，并作为证据来追踪黑客，也可以通过对这些数据的分析来了解黑客攻击的手段，从而找出应对的策略。

5)入侵检测

入侵检测技术是近年出现的新型网络安全技术，目的是提供实时的入侵检测及采取相应的防护手段，如记录入侵证据，用于跟踪和恢复、断开网络连接等。

6)其他安全防护措施

不运行来历不明的软件，不随便打开陌生人发来的电子邮件中的附件；经常运行专门的反黑客软件，在系统中安装具有实时检测、拦截和查找黑客攻击程序功能的工具软件；经常检查系统注册表和系统启动文件中的自启动程序项是否有异常；做好系统的数据备份工作，及时安装系统的补丁程序；等等。

1.4.3 信息加密

信息安全主要包括系统安全和数据安全两个方面。系统安全一般采用安装防火墙、防病毒软件及其他安全防范技术等措施。数据安全则主要采用现代密码技术对数据进行安全保护，如数据加密、数字签名、身份认证等技术。

1. 加密技术的基本原理

加密技术的基本原理就是伪装信息，使非法获取者无法理解信息的真正含义。伪装就是对信息进行一组可逆的数学变换。一般将伪装前的原始信息称为明文，将伪装的信息称为密文，将伪装的过程称为加密，将用于对信息进行加密的一组数学变换方法称为加密算法。

为了有效控制加密、解密算法的实现，在这些算法的实现过程中，需要某些只被通信双方所掌握的关键信息，这些信息称为密钥。

借助加密手段，信息以密文的方式存储在计算机中，或通过网络进行传输，即使发生非法截取信息或因系统故障和操作人员误操作而造成的信息泄露，未授权者也不能理解信息的真正含义，从而达到信息保密的目的。

2. 加密系统的组成

加密系统是一个复杂的系统。以常用的PGP(pretty good privacy，更好的隐私保护)加密软件为例，一个加密系统通常包括4个部分：软件组件、加密算法、协议和加密密钥。软件组件负责各功能子系统的协调和用户交互；加密算法根据一定规则对输入信息进行加密处理；协议为加密系统和运行环境所需；加密密钥是用户加密、解密信息所需的钥匙。加密算法的强度和加密密钥的长度是衡量一个加密系统功能强弱的重要指标。

3. 古典密码算法

古典密码有悠久的历史，尽管这些密码中的大部分比较简单，但仍有参考价值。较为经典的古典密码算法有棋盘密码、凯撒密码(又称为循环移位密码)、代码加密、替换加密、变位加密、一次性密码簿加密等。

例 1-22

公元前2世纪，希腊人波利比奥斯(Polybius)设计了一种表格，将26个字母放在一个5×5的方格里，I和J放在同一个格子里，如图1-27所示。这种密码称为棋盘密码。

	0	2	4	6	8
1	A	B	C	D	E
3	F	G	H	I/J	K
5	L	M	N	O	P
7	Q	R	S	T	U
9	V	W	X	Y	Z

▲中国古代信息加密方式

图 1-27　棋盘密码

在棋盘密码中，每个字母由两个数构成，如C对应14、S对应74等。例如，如果接收到的密文为“38 18 96”，则对应的明文为“KEY”。

4. 密钥与密文的破译方法

密钥是一种参数，是在将明文转换为密文或将密文转换为明文的算法中输入的数据。从用户角度来看，密码学中的密钥，十分类似于银行自动取款机的口令。只要输入正确的口令，系统将允许用户进一步使用，否则不能使用。

口令的长度通常用数字或字母的个数来计算，密码学中的密钥长度往往以二进制数的位数来衡量。正如不同系统使用不同长度的口令一样，不同加密系统也使用不同长度的密钥。一般来说，在条件相同的情况下，密钥越长，破译越困难，加密系统就越可靠。

从窃取者角度来看，主要有3种破译密码、获取明文的方法：一是密钥的穷尽搜索；二是密码分析；三是其他密码破译方法。

1) 密钥的穷尽搜索

破译密文最简单的方法，就是尝试所有可能的密钥组合。虽然大多数的尝试都是失败的，但最终总会有一个密钥让破译者得到原文，这个过程称为密钥的穷尽搜索。

密钥的穷尽搜索虽然可以用计算机完成，但效率很低，甚至有时会达到不可行的程度。例如，PGP加密算法使用128位的密钥时，密钥存在约3.4×10^{38}(2^{128})种可能性，即使破译的计算机能每秒尝试1亿个密钥，每天24个小时不停计算，可能仍需要几百万亿年才能完成密钥破解。

如果加密系统对密钥生成的概率分布不均匀(如有些密钥的组合根本不会出现，而另一些组合则经常出现)，那么密钥的有效长度会减小很多，破译者就能大大加快搜索的进度。例如，用户采用8位数字作密钥时，可能的密钥组合有10^8种；如果用户采用8位数字的生日作密钥，则年的时间可以控制为1900~2025，月的时间为1~12，日的时间为1~31，这样就大大减少了计算的工作量。

2)密码分析

如果密钥长度是决定加密可靠性的唯一因素，就不需要密码学专家钻研这门学问，只要用尽可能长的密钥就足够了，可惜实际情况并非如此。在不知道密钥的情况下，利用数学方法破译密文或找到密钥的方法称为密码分析。密码分析有两个基本目标：一是利用密文发现明文；二是利用密文发现密钥。常见的密码分析方法如下。

一是已知明文的破译方法。在这种方法中，密码分析员掌握了一段明文和对应的密文，目的是发现加密的密钥。

二是选定明文的破译方法。在这种方法中，密码分析员设法让加密者加密一段密码分析员选定的明文，并获得加密后的结果，目的是确定加密的密钥。

3)其他密码破译方法

除了密钥的穷尽搜索和密码分析外，在实际情况中，黑客更可能针对人机系统的弱点进行攻击，而不是攻击加密算法本身。例如，可以欺骗用户，套出密钥；在用户输入密钥时，应用各种技术手段“窥视”或“偷窃”密钥；利用软件设计中的缺陷或漏洞，将用户使用的加密系统偷梁换柱；从用户工作和生活环境的其他方面获得未加密的保密信息(如“垃圾分析”)；让通信的另一方透露密钥或信息；胁迫用户交出密钥；等等。虽然这些方法不是密码学研究的内容，但对每一个使用加密技术的用户来说，都是不可忽视的问题，甚至比加密算法本身更为重要。

5. 用户认证

1)对称密钥加密

对称密钥加密(简称对称加密)是信息的发送方和接收方使用同一个密钥加密和解密数据，而且通信双方都要获得这把密钥，并对密钥保密。常见的对称加密算法有DES(data encryption standard，数据加密标准)、3DES(triple DES，三重数据加密标准)、IDEA(international data encryption algorithm，国际数据加密算法)等。

对称加密的优点在于加密、解密的高效性和使用长密钥时的难以破解，但存在密钥过多和密钥分发问题。

两个用户使用对称加密方法交换数据时，最少需要1个密钥。如果企业有n个用户，则整个企业共需要$\frac{n(n-1)}{2}$个密钥，如10个用户需要45个密钥。多密钥的管理是一件非常困难的事情。如果整个企业共用一个密钥，则整个企业文档的保密性无从谈起。

如果发送方要与接收方使用对称加密方法进行通信，发送方必须先告诉接收方通信所使用的密钥，这称为密钥分发。这个过程实现起来十分困难。发送方必须安全地把密钥护送到接收方，不能泄露其内容。如果密钥能够被安全地送到接收方，那为何不把通信内容用同一方法安全地发送出去呢？对于普通用户，对称加密只能用于对仅自己知道密钥的文件加密，几乎不可能用于日常与他人之间的秘密通信。

2）非对称密钥加密

非对称密钥加密（简称非对称加密）是加密和解密使用不同密钥的加密算法。非对称加密技术采用一对匹配的密钥进行加密和解密。它们具有这种性质：每个密钥执行一种对数据的单向处理，每个密钥的功能恰恰与另一个相反，一个密钥用于加密时，另一个就用于解密。用公钥（公共密钥）加密的文件只能用私钥（私人密钥）解密，而用私钥加密的文件只能用公钥解密。公钥可以公开，而私钥必须保密存放。发送一份保密报文时，发送方使用接收方的公钥对数据进行加密（类似于“锁”），一旦加密，只有接收方用私钥才能解密（类似于“钥匙”）。与之相反，用户也能用私钥对数据加以处理。换句话说，密钥对可以任选方向。

例 1-23

利用素数进行简单的非对称加密。将素数（如3，5，7，…）相乘的算法作为公钥，将所得的乘积分解成原来的素数的算法作为私钥。加密就是将想要传递的信息在编码时加入素数，编码之后传送给接收方，任何人收到此信息后，如果没有私钥，则在解密的过程中（实为寻找素数的过程），将会因为寻找素数的过程（分解质因数）过久而无法解读信息。

采用非对称加密时，如果企业有 n 个用户，企业需要生成 n 对密钥，并分发 n 个公钥。由于公钥可以公开，用户只要保管好自己的私钥即可，因此密钥分发变得十分简单。同时，每个用户的私钥是唯一的，其他用户除了可以通过信息发送方的公钥来验证信息的来源是否真实外，还可以确保发送方无法否认曾发送过该信息。

非对称加密的缺点是加密、解密的速度远远慢于对称加密的速度，在某些极端情况下，甚至比对称加密慢1 000倍。所以在实际应用中，通常将两者结合在一起使用。例如，将对称加密用于加密大量数据信息，而将非对称加密用于加密密钥。

常见的非对称加密算法有RSA、SSL（传输层安全标准）、ECC（移动设备安全标准）、S-MIME（电子邮件安全标准）、SET（电子交易安全标准）、DSA（数字签名安全标准）等。这些加密算法和协议都是一些“事实标准”。

3）Hash算法

Hash（哈希）算法是一种单向加密算法。用户可以通过Hash算法对目标信息生成一段特定长度的唯一Hash值，却不能通过这个Hash值重新获得目标信息。常见的Hash算法有MD5（Message-Digest Algovithm 5，消息摘要第5版）等。MD5常用于密码校验、数字签名等。

例 1-24

网络中经常采用MD5算法进行用户密码校验。在大部分系统中，用户密码经过MD5（或其他算法）运算后保存在文件系统中。当用户登录时，系统将用户输入的密码进行MD5运算，然后再与系统中保存的密码的MD5值进行比较，从而确定输入的密码是否正确。通过这样的步骤，系统在并不知道用户密码的情况下，就可以确定用户登录系统的合法性，从而避免用户密码被具有系统管理员权限的人员知道。

4）认证技术

认证技术按使用目的可分为消息认证、身份验证和数字签名3类。消息认证用于接收方验证收到的消息是不是由约定的发送者发来的，并且未被篡改；身份验证用于识别用户身份；数字签名用于让发送方留下安全的难以假冒的签名证据。

5）数字签名

数字签名就是信息发送方使用公钥算法技术，产生别人无法伪造的一段数字串。发送方用自己的私钥加密数据传给接收方，接收方用发送方的公钥解开数据后，就可以确定消息来自于谁。同时，这也是对发送方发送信息的真实性的一个证明，发送方对所发信息不能抵赖。

数字签名与传统签名的区别在于：需要将签名与消息绑定在一起，通常要考虑防止签名的复制、重用。与数据加密相比，数字签名对安全、防伪、速度的要求更高。

习 题 1

1. 现代计算机的发展经历了哪些阶段？
2. 第4代计算机主要采用什么元件？
3. 计算机大致可以分为哪些类型？
4. 计算机硬件系统的五大基本组成部分是什么？简要说明各自的功能。
5. 计算机软件系统分为哪两大类？举例说明它们的区别与联系。
6. 冯·诺依曼体系结构的计算机模型包括哪些组成部分？
7. 将二进制数1101.1转换成十进制数。
8. 将十进制数25转换成二进制数。
9. 简要说明外部对计算机的攻击有哪些形式。
10. 简要说明非对称加密的基本特征。

第 2 章 Windows 10 操作系统

操作系统是计算机软件系统中的核心软件，是整个计算机系统的控制、管理中心。它统一控制、调度和管理计算机系统中的全部资源，使计算机自动、高效地工作。微软公司推出的 Windows 10 是应用于台式计算机和笔记本计算机的操作系统，具有界面美观、操作简便、运行稳定等优点。本章主要介绍 Windows 10 操作系统的基本操作、文件管理、个性化设置和附件及工具等知识。

2.1 Windows 10 的基本操作

Windows 10 操作系统与之前的版本相比加入了很多新功能，操作方式与方法也发生了较大的变化。本节从启动与关闭、桌面、窗口与对话框、菜单、快捷方式等方面介绍 Windows 10 的基本操作。

2.1.1 启动与关闭

1. Windows 10 的启动

正常安装 Windows 10 操作系统后，打开显示器及主机电源，系统将自动启动。如果是单用户且没有设置密码，则直接进入 Windows 桌面。若设置了密码，则在“密码”文本框中输入密码，按 Enter 键或单击“提交”按钮 ，便可登录 Windows 10 操作系统。如果是多用户，则启动后将进入选择用户的界面，选择所需的用户并输入与该用户对应的密码，按 Enter 键或单击“提交”按钮 ，可登录 Windows 10 操作系统。

2. Windows 10 的睡眠、关机与重启

单击桌面左下角的“开始”按钮 ，在弹出的“开始”菜单中单击“电源”按钮 ，弹出包含“睡眠”、“关机”与“重启”的子菜单，用户可以根据自己的需要进行选择。

睡眠是一种让计算机处于待机状态而不关闭电源的模式，可以节能。当计算机进入睡眠状态时，显示器将关闭，风扇也会停止。如需唤醒计算机，只要双击即可。当再次开始工作时，计算机可快速恢复全功率工作状态(通常在几秒钟之内)。

关机即关闭计算机。关机时，系统会在自动保存文件和各种设置参数后退出。如果还有程序在运行，系统就会提醒用户是否强制关机。此时，如果确定不再使用该程序，只需单击“仍要关机”按钮。

重启即将当前用户打开的程序全部关闭并退出系统，然后计算机立即自动启动，重新进入 Windows 10 操作系统。

3. Windows 10 的更改账户设置、锁定与注销

单击桌面左下角的“开始”按钮，在“开始”菜单中单击“用户”按钮，在弹出的子菜单中进行选择。

“更改账户设置”命令用于对当前账户进行设置。用户选择该命令后，会打开“账户信息”窗口，可对当前账户信息进行详细设置。

如果操作过程中需离开计算机，为了防止他人使用，除关机外，用户还可以使用锁定功能。选择“锁定”命令后，屏幕出现登录界面，只有重新输入密码进行登录后才能继续操作。

“注销”命令用于保存设置并关闭当前登录用户下的所有程序，计算机不会关闭。用户可以在选择用户的界面选择其他用户登录。

“切换用户”命令用于当计算机上有多个用户账户时，在不关闭当前登录用户的情况下，快速切换到另一个用户。用户不用关闭当前用户正在运行的程序，当再次返回时系统会保留原来的状态。当有多个账户时，可以在弹出的列表最下面进行选择。

注销、睡眠、关机与启动的操作，还可以用下面的操作方法实现。右击“开始”按钮，在弹出的快捷菜单中选择“关机或注销”子菜单中的相应命令；或按 Ctrl+Alt+Del 快捷键，在弹出的界面中选择“锁定”“切换用户”“注销”命令。

2.1.2 桌面

桌面是打开计算机并登录到 Windows 操作系统之后看到的主屏幕区域，是用户工作的界面。桌面的组成元素主要包括桌面图标、桌面背景、“开始”菜单、任务栏等。本节介绍其中的 3 个元素，桌面背景将在后续章节中介绍。

1. 桌面图标

桌面图标是代表文件、文件夹、程序和其他项目的小图片。首次安装 Windows 10 操作系统，启动计算机后，用户将在桌面上看到两个默认的桌面图标，即“回收站”和“Microsoft Edge”。为了操作方便，用户可以随时将经常使用的程序、文件和文件夹添加到桌面上，形成桌面图标，如图 2-1 所示。Windows 10 桌面图标的相关操作介绍如下。

▲桌面图标和“开始”菜单

(1)添加或删除常用的桌面图标。常用的桌面图标包括“此电脑”“回收站”“用户的文件”“控制面板”“网络”等。

右击桌面上的任意空白处，在弹出的快捷菜单中选择“个性化”命令，打开“个性化”窗口，选择“主题”命令。在窗口右侧单击“桌面图标设置”链接，弹出“桌面图标设置”对话框，如图 2-2 所示。在“桌面图标”选项组中勾选想要添加到桌面的图标的复选框，或取消勾选想要从桌面上删除的图标的复选框，然后单击“确定”按钮。

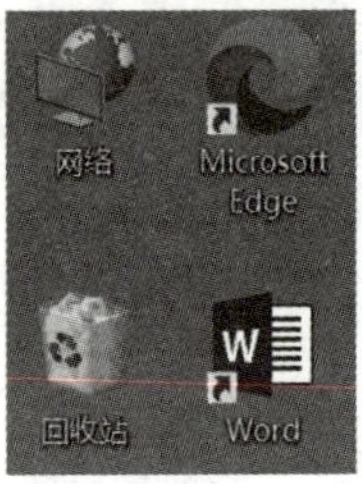

图 2-1　桌面图标

图 2-2　“桌面图标设置”对话框

(2) 将文件夹中的文件复制或移动到桌面上。打开包含该文件的文件夹，然后通过复制或剪切操作，将选择的文件直接粘贴到桌面上。

(3) 在桌面上新建文件或文件夹。右击桌面上的任意空白处，在弹出的快捷菜单中选择“新建”子菜单的某种文件类型，输入新建对象的名称。子菜单中列出了可以在桌面上新建的文件类型，如文件夹、快捷方式、文本文档等。

(4) 从桌面上删除图标。右击桌面上要删除的图标，在弹出的快捷菜单中选择“删除”命令。如果该图标是快捷方式，则只会删除该快捷方式，原始文件不会被删除。或者单击该图标并按住鼠标左键不放，直接将其拖曳至回收站中，也可删除它。

(5) 调整桌面图标的大小。桌面图标的大小可以通过使用不同的视图进行调整。右击桌面上的任意空白处，在弹出的快捷菜单中选择“查看”命令，然后在子菜单中分别选择“大图标”、“中等图标”或“小图标”命令进行调整，如图 2-3 所示。也可使用鼠标上的滚轮调整桌面图标的大小，只要按住 Ctrl 键，滚动滚轮即可放大或缩小桌面图标。

(6) 调整桌面图标的排序方式。右击桌面上的任意空白处，在弹出的快捷菜单中选择“排序方式”命令，然后在子菜单中分别选择“名称”、“大小”、“项目类型”或“修改日期”命令进行调整，如图 2-4 所示。

(7) 显示和隐藏桌面图标。如果要临时隐藏桌面上的所有图标，而实际上并不删除它们，则右击桌面上的任意空白处，在弹出的快捷菜单中选择“查看”命令，然后在子菜单中消除“显示桌面图标”命令的复选标记即可。可以通过再次选择“显示桌面图标”命令来显示图标。

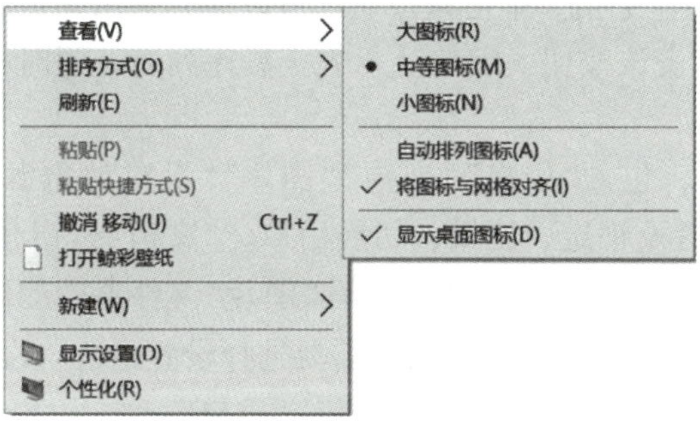

图 2-3 调整桌面图标的大小

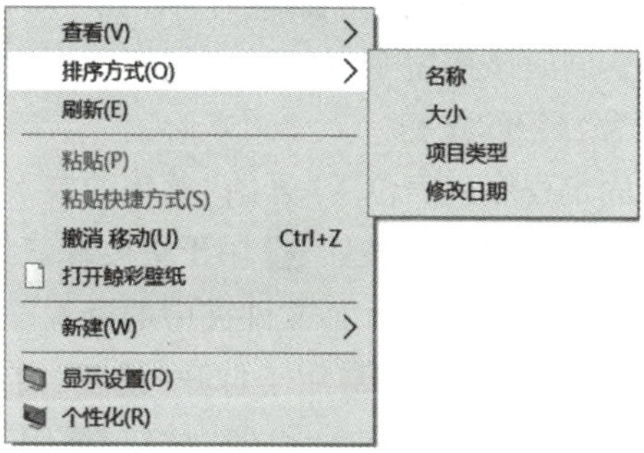

图 2-4 调整桌面图标的排序方式

2. “开始”菜单

“开始”菜单是 Windows 操作系统的重要元素，用于存放系统设置的大多数命令，而且可以在其中找到打开当前操作系统中安装的所有程序的命令。因此“开始”菜单被称为操作系统的中央控制区域。

1)“开始”菜单的组成

单击“开始”按钮或者按键盘上的 Windows 徽标键，弹出“开始”菜单，如图 2-5 所示。“开始”菜单由“展开/开始”按钮、固定程序列表、应用程序列表和“开始”屏幕组成。

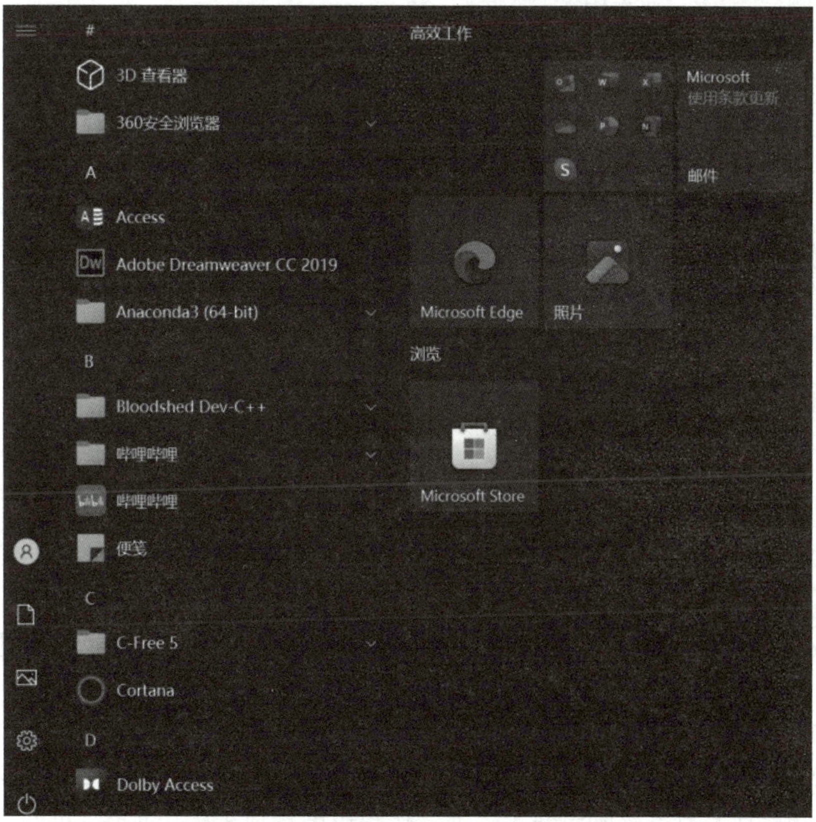

图 2-5 “开始”菜单

“展开/开始”按钮 位于“开始”菜单的左上角。单击该按钮，可以展开显示固定程序列表，同时该按钮变为“开始”按钮。再次单击该按钮，缩略显示固定程序列表，同时该按钮变为“展开”按钮。

固定程序列表位于“开始”菜单的左下侧，包含“用户”“文档”“图片”“设置”“电源”按钮。其中，“用户”按钮 用于更改账户设置及锁定、注销、切换用户。“文档”按钮 用于查看计算机的“文档”文件夹中的资源。“图片”按钮 用于查看“图片”文件夹中的图片文件。“设置”按钮 用于打开“设置”窗口，在窗口中可以根据需要选择设置系统、设备、账户、时间和语言等。“电源”按钮 用于操作计算机“睡眠”“关机”“重启”。

应用程序列表位于“展开/开始”按钮及固定程序列表的右侧，显示了计算机所有已安装的应用程序，通过鼠标滚轮，可以浏览整个列表内容。默认方式下，应用程序或文件夹名称以英文字母分组排序。

“开始”屏幕位于“开始”菜单的右边，以磁贴形式显示应用程序图标。用户可以将常用的应用程序添加到“开始”屏幕中，通过直接单击磁贴启动应用程序。

2) 自定义“开始”菜单

用户可以根据需要对“开始”菜单进行设置。

右击桌面上的任意空白处，在弹出的快捷菜单中选择“个性化”命令，打开“设置”窗口。在窗口的左侧“个性化”列表中选择“开始”命令，在窗口右侧弹出“开始”菜单设置项目，如图 2-6 所示。也可以在任务栏任意空白处右击，在弹出的快捷菜单中选择“任务栏设置”命令，在打开的“设置”窗口左侧选择“开始”命令，在窗口右侧弹出“开始”菜单设置项目。

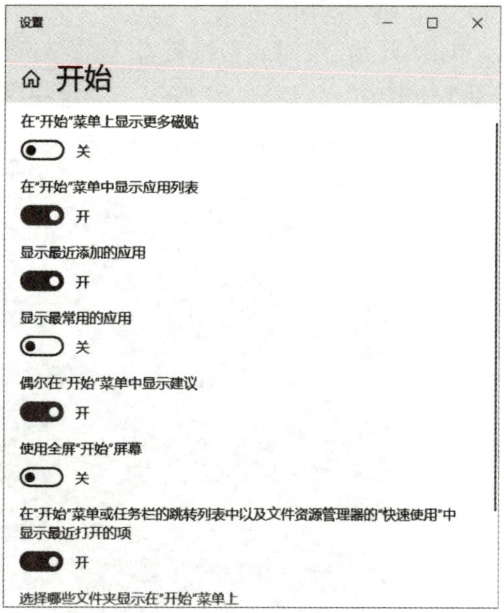

图 2-6 “开始”菜单设置项目

可以调整“开始”菜单的大小：单击“开始”按钮，移动鼠标指针到弹出的“开始”菜单中指向上边缘或右边缘，当鼠标指针变为双箭头时，按住鼠标左键并拖动，可以调整“开始”菜单的大小。也可以将“开始”菜单充满整个屏幕：在打开的“设置”窗口中，在图 2-6 所示的“开始”菜单设置项目中将“使用全屏‘开始’屏幕”设置为“开”状态。

3) 添加/删除应用程序磁贴

在 Windows 10 中，用户可以将常用的应用程序固定到“开始”菜单的“开始”屏幕中，形成磁贴，操作步骤如下。

(1) 单击“开始”按钮，在打开的“开始”菜单的应用程序列表中选择程序图标并右击，在弹出的快捷菜单中选择“固定到‘开始’屏幕”命令。也可以在桌面上或文件夹中找到需要添加的应用程序，右击该应用程序图标，在弹出的快捷菜单中选择“固定到‘开始’屏幕”命令。

(2)如果要将某个应用程序的磁贴从“开始”屏幕中删除，可以在“开始”屏幕中右击该磁贴，在弹出的快捷菜单中选择“从‘开始’屏幕取消固定”命令。也可以在桌面上或文件夹中找到需要删除的应用程序，右击该应用程序图标，在弹出的快捷菜单中选择“从‘开始’屏幕取消固定”命令。

4)磁贴的操作

在“开始”屏幕中，单击某个磁贴，可以启动对应的应用程序。右击某个磁贴，在弹出的快捷菜单中可以对该磁贴进行相应操作，如图2-7所示。具体包括从“开始”屏幕取消固定、调整大小[小、中、宽、大，如图2-7(a)所示]、更多[关闭/打开动态磁贴、从任务栏取消固定/固定到任务栏、应用设置，如图2-7(b)所示]、任务等。

(a) (b)

图2-7 磁贴的操作

拖动“开始”屏幕中的磁贴，可将其移至“开始”屏幕中的任意位置或进行分组。

3. 任务栏

任务栏是位于屏幕底部的水平长条。与桌面不同的是，桌面可以被打开的窗口覆盖，而任务栏几乎始终可见。

▲任务栏

1)任务栏的组成

任务栏包括“开始”按钮、搜索框、任务视图、快速启动区、活动任务区、“显示隐藏的图标”按钮、通知区以及“显示桌面”按钮，如图2-8所示。

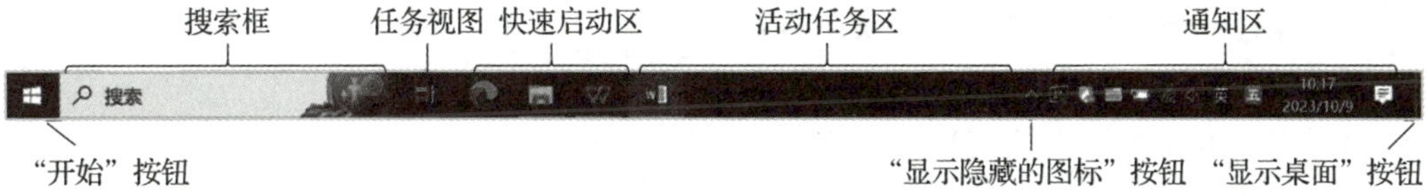

图2-8 任务栏

(1)“开始”按钮。详见前面相应内容。

(2)搜索框。Windows 10将搜索框放置于任务栏上，用来搜索本地计算机或互联网中的信息，功能强大。

(3)任务视图。任务视图用来预览当前计算机中所有正在运行的任务程序，可以实现各个任务程序之间的快速切换。

(4)快速启动区。在该区域有固定的应用程序图标，单击其中的图标可以快速启动相应的应用程序。安装 Windows 10 操作系统后，会自动在快速启动区中生成文件资源管理器、Microsoft Store、Mail 以及 Microsoft Edge 图标。

(5)活动任务区。当用户启动应用程序时，任务栏上的活动任务区中会出现相应的应用程序图标。该区域显示当前正在运行的所有程序，其中的每个按钮都代表已经打开的应用程序窗口，单击这些按钮即可在不同的窗口之间切换。另外，按住 Alt 键不放，然后依次按下 Tab 键，可在不同的窗口之间快速切换，活动任务区中的图标也会相应地切换。

(6)“显示隐藏的图标”按钮。该按钮用来显示隐藏的应用程序图标。

(7)通知区。通知区用于显示在后台运行的应用程序图标，这些图标表示应用程序的状态或提供访问特定设置的途径。通知区中常见的图标包括电源、网络、扬声器、输入法、日期和时间、新通知等，单击图标可打开与其相关的应用程序或设置界面。

(8)“显示桌面”按钮。单击该按钮，可以在当前打开的窗口与桌面之间快速切换。

2)任务栏操作

(1)锁定及解锁任务栏。右击任务栏上的任意空白处，在弹出的快捷菜单中勾选或取消勾选“锁定任务栏”，可实现任务栏的锁定或解锁。锁定任务栏后，不可以调整任务栏的大小及位置。

(2)调整任务栏的大小及位置。右击任务栏上的任意空白处，在弹出的快捷菜单中取消勾选“锁定任务栏”，将鼠标指针指向任务栏边缘，当鼠标指针变为双箭头时，按住鼠标左键并拖动，可将任务栏调整为所需大小。还可以将任务栏拖到屏幕的右边、上边或左边。

(3)隐藏任务栏。右击任务栏上的任意空白处，在弹出的快捷菜单中选择“任务栏设置”命令，打开任务栏的“设置”窗口，如图 2-9 所示，然后将“在桌面模式下自动隐藏任务栏”设置为“开”状态。在该窗口中，还可以实现锁定、解锁、调整任务栏位置等操作。

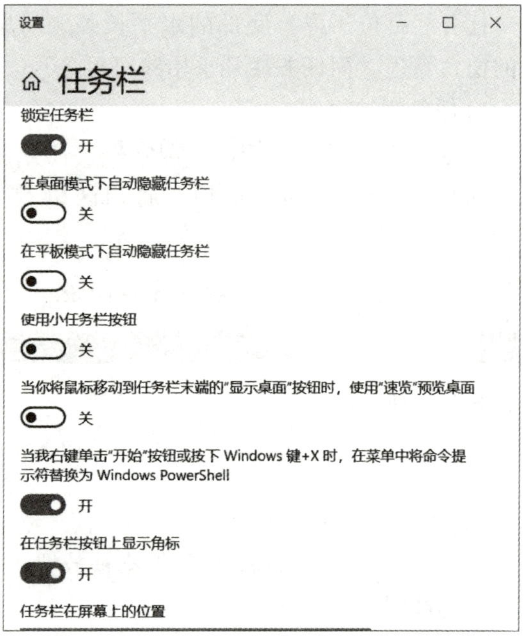

图 2-9　任务栏的“设置”窗口

(4)锁定及解锁任务栏中的应用程序。可以将应用程序直接锁定到任务栏，以快速、方便地打开该应用程序，而无须在“开始”菜单中查找该应用程序。若应用程序正在运行，则右击任务栏中的应用程序图标，在弹出的快捷菜单中选择“固定到任务栏”命令。若要解锁该应用程序，则在任务栏上右击该应用程序图标，选择“从任务栏取消固定”命令。

在“开始”菜单和任务栏中都可以锁定应用程序，而且可以将“开始”菜单中的应用程序锁定到任务栏上，但是不能将任务栏中的应用程序锁定到“开始”菜单中。

3）搜索框操作

单击任务栏中的搜索框或按 Win+S 快捷键，打开搜索主页，将显示热门搜索，如图 2-10(a)所示。热门搜索用于显示热门应用、最近搜索过的结果，以及天气、新闻等快速搜索。单击热门搜索中的应用程序或链接，将打开对应的应用程序，或自动打开浏览器并显示搜索到的对应内容。

在搜索框中输入要搜索的关键字后，Windows 10 将默认显示本地计算机中的相关信息，“最佳匹配”中显示最接近的名称，包括应用程序、文件等。搜索关键字“WPS”后的结果如图 2-10(b)所示。单击“搜索网页”中的选项，将打开网页浏览器并显示搜索结果。

(a) (b)

图 2-10 搜索框界面

4）任务视图

Windows 10 的任务栏上新增加了一个“任务视图”按钮，允许用户快速定位到已打开的应用程序窗口、快速隐藏所有窗口并显示另一个桌面，以及管理多个监视器或虚拟桌面上的窗口。任务视图主要有三大作用：快速关闭打开的应用程序、快速切换到指定的应用程序以及新建桌面。

单击任务栏中的“任务视图”按钮或按 Win+Tab 快捷键，在打开的“任务视图”界面中将以缩略图的形式显示当前计算机最近运行过的所有任务，如图 2-11 所示。通过右侧的滚动条，可以查看以前的任务。

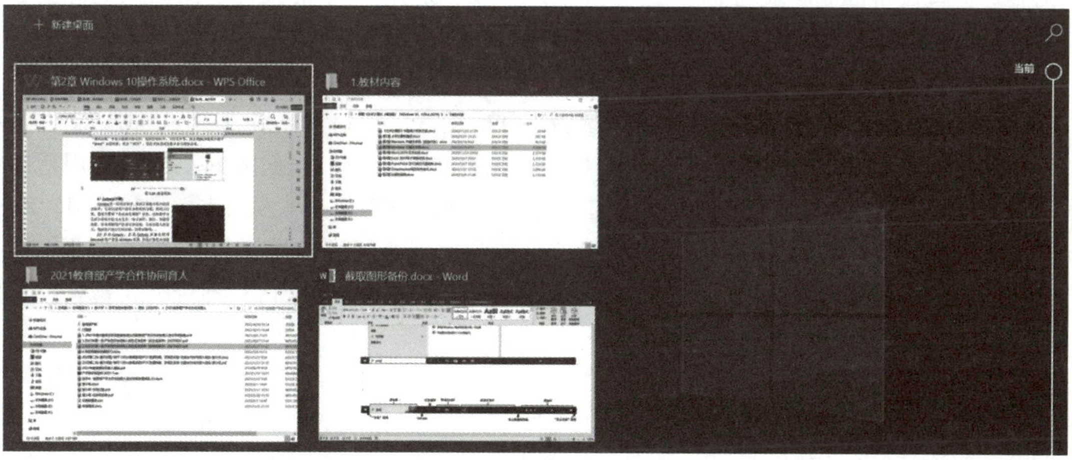

图 2-11 “任务视图”界面

任务视图中的常用操作主要包括以下几种。

(1)打开任务。单击“任务视图”界面中的缩略图，可以激活该任务并显示对应的应用程序窗口，或者右击该缩略图，在弹出的快捷菜单中选择“打开”命令，也可打开指定的任务。前提是该任务当前处于关闭状态。

(2)关闭任务。单击缩略图右上角的“关闭”按钮 ⊠ 即可关闭该任务，或者右击缩略图，在弹出的快捷菜单中选择“关闭”命令，也可关闭该任务。

(3)删除任务。Windows 10 的“任务视图”界面中存放了用户最近一段时间内的所有活动记录，可以删除单个活动或多个活动。如果要删除单个活动，则右击该任务，在弹出的快捷菜单中选择“删除”命令，该活动将在“任务视图”界面中消失。如果要删除多个活动，则右击某个任务，在弹出的快捷菜单中选择“清除××的所有内容”命令。

(4)新建桌面。单击“任务视图”界面左上角的“新建桌面”按钮，将自动创建一个新的桌面。利用此方法可以创建多个桌面，创建的所有桌面风格默认是相同的。

(5)任务转移。当存在多个桌面时，可以将其中一个桌面上的任务转移至其他桌面中，操作步骤：使用鼠标拖动桌面上显示的缩略图到指定的桌面中，或者右击要转移的缩略图，在弹出的快捷菜单中选择“移动到”命令，再单击指定的桌面。

(6)关闭桌面。当存在多个桌面时，单击某个桌面缩略图右上角的“关闭”按钮即可关闭该桌面。

2.1.3 窗口与对话框

窗口与对话框是 Windows 作为图形界面操作系统最显著的外观特征。通过 Windows 操作系统提供的各种窗口和对话框，用户可以方便地使用计算机，并对计算机中的各种资源进行管理。用户可以根据需要打开多个窗口和对话框。

▲窗口和对话框

1. 窗口的组成

每当打开程序、文件或文件夹时，都会在屏幕上称为窗口的矩形框或框架中显示相关内容。窗口在 Windows 系统中随处可见，用户可以浏览窗口中的文件、图标或文件内容等对象，还可以对窗口中的对象进行各种操作，对窗口本身也可以进行打开、关闭、移动等操作。

Windows 系统中的窗口主要分为系统窗口和应用程序窗口。系统窗口一般指“文件资源管理器”“控制面板”“设置”等 Windows 操作系统提供的窗口，它们大同小异。应用程序窗口根据应用程序和功能不同，与系统窗口有所差别，但其组成大致相同，如 Word、Excel 等应用程序窗口。下面以 Windows 10 的“文件资源管理器”窗口为例介绍窗口的主要组成及其功能，该窗口如图 2-12 所示，其主要由标题栏、选项卡、功能区、地址栏、搜索框、导航窗格、内容窗格和状态栏等组成。

(1)标题栏。标题栏位于窗口的最上面，从左到右包括窗口图标(“控制菜单”按钮)、快速访问工具栏、窗口标题以及窗口的“最小化”、“最大化/向下还原”和“关闭”按钮。“控制菜单”按钮随浏览对象不同而改变。单击该按钮会弹出窗口控制菜单，包含“还原”“移动”“大小”“最小化”“最大化”“关闭”命令。双击“控制菜单”按钮，可快速关闭当前窗口。快速访问工具栏中可以设置窗口常用的操作，以图标方式显示。“最小化”按钮 — 用于将窗口缩小为一个图标，放于任务栏中；“最大化”按钮 □ 用于将窗口充满整个屏幕；“向下还原”按钮 ⧉ 用于将窗口恢复到最初大小；“关闭”按钮 ☒ 用于退出程序的运行。

(2)选项卡。Windows 10 操作系统简化了菜单的概念，以选项卡的方式分组显示各类命令和操作。不同程序窗口的选项卡的名称及数目有所差异。如图 2-12 所示，“文件资源管理器”窗口中默认有“文件”“计算机”“查看”3 个选项卡，“共享”选项卡被隐藏。

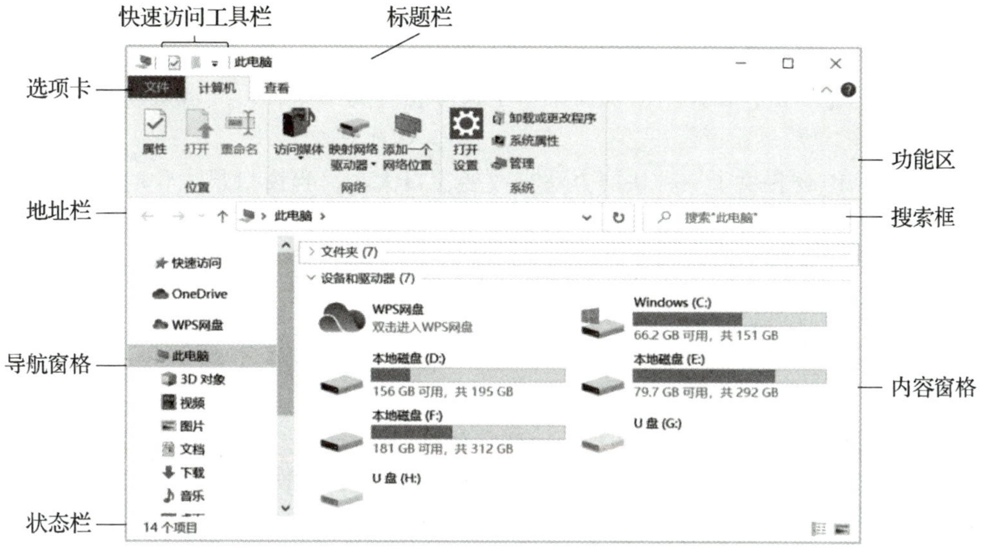

图 2-12 “文件资源管理器”窗口

(3)功能区。Windows 10 使用功能区代替了先前的菜单及工具栏。它将每个选项卡所具有的功能以图标形式分组显示，方便操作。功能区可以显示或隐藏，分别通过单击选项卡右侧的“展开功能区”按钮 ⌄ 或“最小化功能区”按钮 ⌃ 实现。

(4)地址栏。地址栏是系统窗口的重要组成部分，通过它可以清楚地知道当前打开的文件夹的路径。在地址栏中，用户可以直接输入某个文件或程序的路径来打开其所在的文件夹，并且可以“前进/后退”一级文件夹。

(5)搜索框。搜索框用于搜索当前窗口中指定关键字的文件或文件夹。在开始输入关键字时，搜索就开始了，随着输入的关键字越来越完整，符合条件的内容将越来越少，直到搜索出完全符合条件的内容为止。

(6)导航窗格。在导航窗格中，计算机中的资源以树状的目录结构显示各级文件夹名称。用户可以通过导航窗格快速访问相应的目录，并且可以分别通过单击导航窗格中的“展开”按钮 › 或“折叠”按钮 ⌄，显示或隐藏下级的子文件夹。

(7)内容窗格。内容窗格位于导航窗格的右侧，显示导航窗格中选择的对象所包括的内容(子文件夹及文件)，也称为工作区域。

(8)状态栏。状态栏位于窗口最下面，既显示文件夹中的项目数量，也会根据选择的内容，显示所选文件或文件夹的数量、容量等信息。右侧还有两个视图按钮，分别用于在窗口中显示每一项的相关信息和使用大缩略图显示项目。

2. 窗口操作

(1)调整窗口大小。在使用计算机的过程中，为了操作方便，经常需要调整窗口大小。调整窗口大小的方法很多，可根据实际情况选择不同的方法。

①直接单击窗口右侧的“最小化”“最大化”“向下还原”按钮，可以完成相应的最小化、最大化和还原窗口的操作。

②单击窗口标题栏左侧的“控制菜单”按钮，选择其中的“最小化”“最大化”“还原”命令，可以完成相应的最小化、最大化和还原窗口的操作。

③双击窗口的标题栏可以完成最大化、还原窗口的操作。

④在标题栏上右击，在弹出的快捷菜单中选择相应的命令，可完成最小化、最大化和还原窗口的操作。

⑤Windows 10 还提供了一种快捷方法来改变窗口大小。当窗口最大化时，将鼠标指针移至窗口的标题栏上，向下拖动可以还原窗口；还原窗口后将鼠标指针移至窗口的标题栏上，向上拖动，当鼠标指针移至屏幕上边缘时，释放鼠标，窗口将被最大化。

⑥若要任意调整窗口的大小(使其变小或变大)，只需将鼠标指针指向窗口的任意边框或角。当鼠标指针变成↕、⇔、⤡、⤢双箭头形状时，拖动边框或角可以缩小或放大窗口的长和宽。

(2)移动窗口。可以通过以下两种方法移动窗口。

①将鼠标指针指向标题栏，然后将窗口拖动至合适位置释放。

②单击窗口标题栏左侧的“控制菜单”按钮，选择其中的“移动”命令，当鼠标指针变为✥形状时，按住键盘上的→、←、↑、↓键可实现窗口的移动，单击或按 Enter 键结束移动操作。

(3)排列窗口。与其他版本一样，在 Windows 10 中也可以对窗口进行不同的排列，方便用户对窗口进行操作和查看。其方法是，在任务栏任意空白处右击，在弹出的快捷菜单中选择排列方式。

①层叠窗口：在桌面上按照上下层的关系依次排列打开的窗口，并且留下足够的空间，便于查看其他内容或执行其他操作。

②堆叠显示窗口：将当前打开的所有窗口横向平铺显示。

③并排显示窗口：将当前打开的所有窗口纵向平铺显示。

④按比例分屏：当把某个窗口拖至屏幕两边时，系统会自动以 1/2 的比例完成排布，该窗口占 1/2 屏幕，另外 1/2 屏幕显示的是其余窗口的缩略图。

注意：只有打开的多个窗口都显示在桌面上时，才能进行窗口排列；在任务栏上最小化的隐藏窗口不能参与排列。

(4)窗口切换。用户在操作过程中，经常需要打开多个窗口，并在这些窗口之间进行切换预览。

①通过窗口可见区域切换窗口。多个窗口同时显示在桌面上且部分可见时，单击某个窗口的可见区域，即可切换至该窗口。

②通过按 Alt+Tab 快捷键或者按 Alt+Esc 快捷键预览切换窗口。按住 Alt 键不放，按

Tab 键或 Esc 键可以预览所有打开的窗口，当选中某个窗口时，释放 Alt 键可切换至该窗口。

③通过按 Win+Tab 快捷键或单击“任务视图”按钮，显示当前桌面环境中所有窗口的缩略图，单击某个窗口的缩略图，即可快速切换。

④通过任务栏切换窗口。同一个应用程序打开多个窗口时，在任务栏上以同一图标显示，可以通过任务栏在该应用程序打开的不同窗口之间进行预览和切换。其方法是，首先将鼠标指针移至该应用程序在任务栏中对应的图标上，此时在任务栏的上方会出现该应用程序所有窗口的缩略图；然后将鼠标指针移至需要查看的缩略图上，单击该缩略图，便可切换至该窗口。

(5)关闭窗口。关闭窗口有以下几种方法。

①单击窗口标题栏右侧的“关闭”按钮。

②单击窗口标题栏左侧的“控制菜单”按钮，在弹出的菜单中选择“关闭”命令。

③双击窗口标题栏左侧的“控制菜单”按钮。

④按 Alt+F4 快捷键，直接关闭当前活动窗口。

⑤右击窗口在任务栏上对应的图标，在弹出的快捷菜单中选择“关闭窗口”命令。

3. 对话框的组成

对话框是特殊类型的矩形框。当程序或 Windows 系统需要用户进行响应以继续操作时，经常会看到弹出的对话框。对话框具有给用户提供输入信息、选择某项内容、提示进度及显示警告信息等功能。对话框中的元素主要包括选项卡、单选按钮、复选框、文本框、命令按钮、列表框、下拉列表框、数值框等，如图 2-13 和图 2-14 所示。

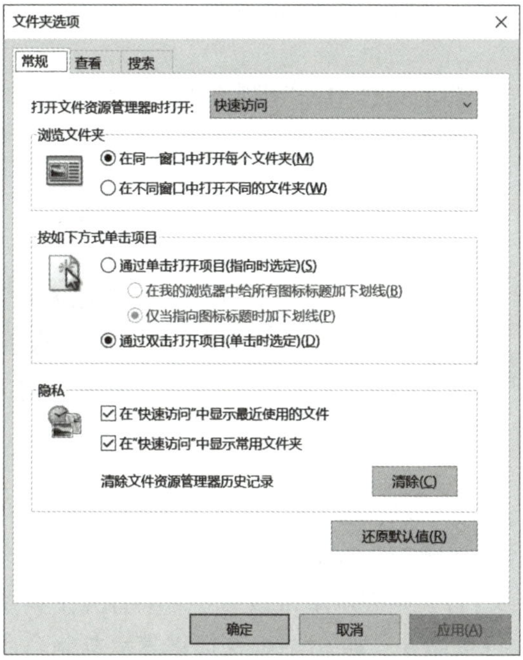

图 2-13 “文件夹选项”对话框

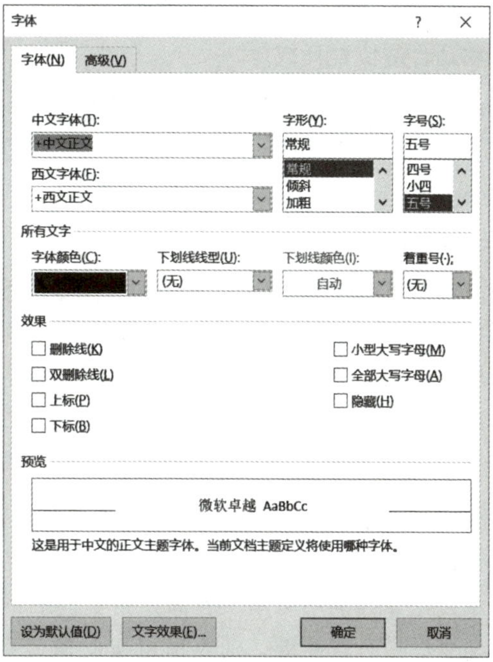

图 2-14 “字体”对话框

(1)选项卡。在一些对话框中，有两个或多个选项卡，每个选项卡代表一个活动的区域。一次只能查看一个选项卡或一组选项，用户可在各个选项卡之间切换以查看不同的内容，不同的选项卡有不同的分组内容。

(2)单选按钮和复选框。单选按钮通常是一个小圆形，其后有相关的文字说明。在一组单选按钮中，一次只能选择一个选项，选中后○变为◉。复选框通常是一个小正方形，其后有相关的文字说明。在一组复选框选项中，每次可以不选或多选，选中后□变为☑。

(3)文本框。文本框显示为一个矩形框，可在其中输入文字或数字。当文本框内有闪烁的竖条时，用户可以直接输入或修改文本框中的数据。此竖条称为插入点，用来确定输入文本的位置。

(4)命令按钮。命令按钮指在对话框中以矩形显示且带有文字说明的按钮。单击命令按钮会立即执行一条命令。对话框中常见的命令按钮有“确定”和“取消”按钮。命令按钮呈灰色，表示其当前不可用；命令按钮后面有省略号“…”，表示单击其会出现一个对话框。

(5)列表框。列表框以矩形框形式列出可供选择的选项。若选项在列表框内显示不下，一般会提供滚动条以便用户浏览信息。

(6)下拉列表框。下拉列表框与列表框类似，只是将选项折叠起来，右侧有一个下拉按钮，如 多倍行距 ▾ ，单击此下拉钮后会弹出所有选项。

(7)数值框。数值框用于输入或选择一个数值，由文本框和微调按钮组成，如 2字符 ⇕ 。可以直接在数值框中输入数值，也可以通过后面的微调按钮 ⇕ 调整数值。

4. 对话框的操作

对话框的操作主要是指对话框的移动及关闭。

(1)移动对话框。与窗口的移动类似，将鼠标指针指向对话框的标题栏，然后将对话框拖动到合适位置释放。

(2)关闭对话框。关闭对话框的常用方法：单击对话框中的“确定”或“取消”按钮；单击对话框标题栏右上角的“关闭”按钮；按 Esc 键。

2.1.4 菜单

在 Windows 10 中，菜单是一组命令的集合，甚至还包含下级的子菜单。要打开菜单，只需单击它。Windows 10 中的菜单类型主要分为“开始”菜单、应用程序窗口菜单(有些应用程序用选项卡代替菜单)、窗口控制菜单和快捷菜单。

▲菜单和快捷方式

1. 选择菜单

单击菜单名或同时按 Alt 键和菜单名后边的英文字母，可打开菜单。若要执行菜单中的某个命令，则选择该命令或按命令后面的字母键，也可按 Enter 键。若命令以灰色显示，则表示该命令当前不可用。若命令带有向右的箭头 ▸，则表示单击该命令后会打开子菜单。若命令后带有快捷键，则表示可按此快捷键执行该命令，如 Ctrl+C 快捷键表示复制命令。若命令带有省略号“…”，则表示选择该命令后会弹出对话框。若命令前有“●”，则表示该命令为单选命令；若命令前有“✓”，则表示该命令为复选命令。

2. 取消菜单选择

打开菜单后，若想取消菜单选择，则单击菜单以外的任何地方或按 Esc 键即可。

3. 快捷菜单

在某对象上右击后出现的菜单称为快捷菜单，有时也称为弹出式菜单，其中列出了与该对象密切相关的常用命令。快捷菜单的内容会因右击时的位置和对象不同而有所不同。例如，右击文件、文件夹或磁盘驱动器，都会弹出一个与选择对象相关的快捷菜单，可根据需要选择执行的命令。

2.1.5 快捷方式

快捷方式是指向计算机上某个项目(文件、文件夹或程序)的链接，方便用户快速地执行程序和打开文档。用户可以先创建快捷方式，然后将其放置在指定的位置，如桌面上或文件夹的导航窗格中，以便通过快捷方式访问链接到的项目。快捷方式图标上的箭头可用来区分快捷方式和原始文件，如图 2-15 所示。

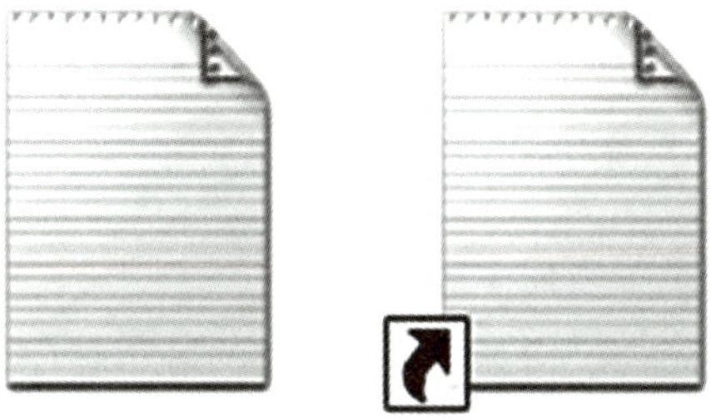

(a) 文件图标　　(b) 快捷方式图标

图 2-15　文件图标和快捷方式图标

1. 在桌面上创建快捷方式

在桌面上创建快捷方式主要有以下两种方法。

(1)通过向导创建对象的快捷方式，操作步骤如下。

①右击桌面上的任意空白处，弹出快捷菜单。选择“新建”子菜单下的“快捷方式”命令，打开“创建快捷方式”向导，如图 2-16(a)所示。

②在“请键入对象的位置”文本框中输入对象的路径及对象名，如“C:\Program Files(x86)\Microsoft Office\root\Office16\WINWORD. EXE”，单击“下一步”按钮。

③在“键入该快捷方式的名称”文本框中输入快捷方式的名称，如图 2-16(b)所示，单击“完成”按钮，则在桌面上生成 WINWORD. EXE 程序的快捷方式 。

在步骤②的操作中，也可以单击图 2-16(a)所示的文本框右侧的“浏览”按钮，将会出现“浏览文件或文件夹”对话框，在该对话框中按对象的路径找到要创建快捷方式的对象，单击“确定”按钮。

(2)直接创建对象的快捷方式，可通过下面两种方法实现。

①通过“文件资源管理器”窗口的导航窗格找到要创建快捷方式的对象并右击，在弹出

的快捷菜单中选择“创建快捷方式”命令，该对象的快捷方式将自动生成，然后将创建的快捷方式图标移至桌面。当然，也可以通过任务栏中的搜索框搜索要创建快捷方式的对象，然后找到对象所在的位置后进行快捷方式的创建。

②找到要创建快捷方式的对象并右击，在弹出的快捷菜单中选择“发送到”子菜单中的“桌面快捷方式”命令。

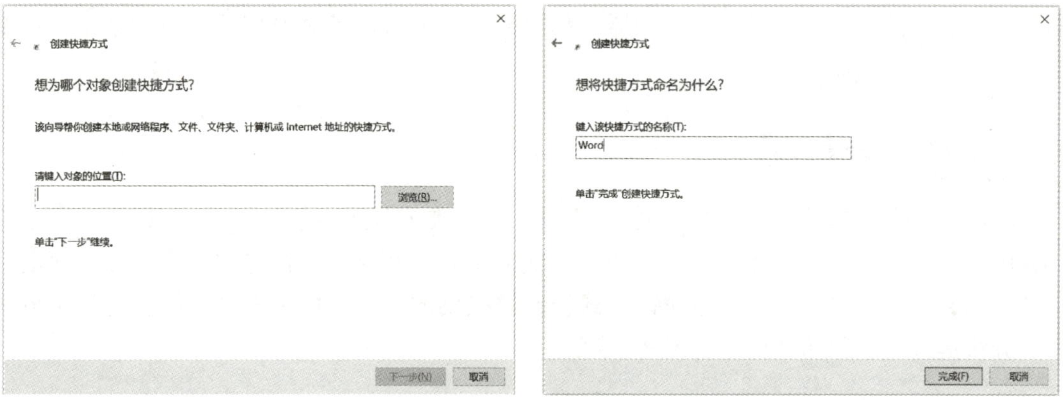

(a) (b)

图 2-16 “创建快捷方式”向导

2. 在“开始”菜单或子菜单上添加快捷方式

将程序或它的快捷方式添加到“开始”菜单左侧的应用程序列表中，可以采用复制的添加方法。“开始”菜单的应用程序列表所在的目录为“C:\ProgramData\Microsoft\Windows\Start Menu\Programs”或者“C:\Users\计算机登录名\AppData\Roaming\Microsoft\Windows\Start Menu”。只要把对象的快捷方式复制到该文件夹中即可。

注意：为了安全，Windows 10 默认将文件夹 ProgramData 和 AppData 设置为隐藏属性。

3. 在任务栏的快速启动区中添加快捷方式

在任务栏的快速启动区中添加快捷方式，可以通过以下两种方法实现。

(1)单击要添加快捷方式的对象，按住鼠标左键不放，将其拖到任务栏上。

(2)右击要添加快捷方式的对象，在弹出的快捷菜单中选择“固定到任务栏”命令。如果程序正在运行，则右击任务栏中的程序图标，选择“固定到任务栏”命令。若要解锁该程序，则在任务栏中右击对象，选择“从任务栏取消固定”命令。

2.2 Windows 10 文件管理

计算机中的所有软件与硬件资源均以文件或文件夹的形式存放，通过 Windows 操作系统来管理。本节主要介绍 Windows 10 的文件及文件夹管理(对文件或文件夹进行创建、删除、移动、复制和重命名），以及库的基本操作，从而实现计算机数据的存储、移动及删除等。

2.2.1 文件、文件夹和库

计算机中的一切数据都是以文件的形式存放在磁盘中的，文件夹是文件的集合。

▲文件、文件夹和库

1. 文件

文件是计算机中最小的信息组织单位，用来存放用户资料，是文本、图像、声音及数值数据等信息的集合。不同种类的信息保存在不同的文件类型中，用户可以根据自己的需要对文件进行设置。Windows 10 中的任何文件都是由文件名来标识的。文件名的格式为“文件名．扩展名”。通常，文件类型是用文件的扩展名来区分的。根据保存的信息和保存方式的不同，文件可分为不同的类型，并在计算机中以不同的图标显示。

Windows 10 中文件支持最长 255 个字符的长文件名，使文件名更容易识别。文件的命名规则如下。

（1）文件名可由英文字母、数字、汉字及一些符号组成。用户最多可使用 255 个字符。一个汉字相当于 2 个字符。

（2）用户可使用多个扩展名，但以最后一个扩展名来区分文件类型，如 mywordfile. doc. docx 是 docx 文件类型。

（3）文件名允许使用空格，但不允许使用下列字符（英文输入法状态）：<、>、/、\、:、"、*、?、|。

（4）Windows 10 保留文件名的字母大小写格式，但不能利用大小写区分文件名。例如，README. TXT 和 readme. txt 被认为是同一个文件。

（5）当搜索和显示文件时，用户可使用通配符（? 和 *）。其中，问号（?）代表任意单个字符，星号（*）代表任意多个字符。例如，“C? . docx”表示文件名由两个字符组成，第一个字符为“C”，第二个字符为任意字符，扩展名“docx”表示其为 Word 文件。“*. docx”表示扩展名为 docx 的所有文件。在 Windows 10 中，常用的文件扩展名及其表示的文件类型如表 2-1 所示。

表 2-1　常用的文件扩展名及其表示的文件类型

扩展名	文件类型	扩展名	文件类型
exe	可执行文件	rtf	文本格式文件
bmp	位图文件	sys	系统文件
bak	备份文件	bin	二进制文件
bat	批处理文件	tif	TIFF 格式图像文件
docx	Word 文件	html	超文本多媒体语言文件
wps	WPS 文字文件	rar	WinRAR 压缩文件

续表

扩展名	文件类型	扩展名	文件类型
avi	视频文件	mpg	基于 MPEG 标准的视频文件
dcx	传真文件	jpg	JPEG 压缩图像文件
txt	文本文件	dll	动态链接库文件
wav	声音文件	dat	数据文件

2. 文件夹

文件夹用于存放和管理计算机中的文件，是为了更好地管理文件而设计的。文件夹中还可以包含文件夹，包含的文件夹通常称为子文件夹。文件夹的外观由文件夹图标和文件夹名称组成。文件夹的命名规则与文件的命令规则相同，但一般不包括扩展名。

3. 库

库用于管理视频、图片、文档、音乐和其他文件夹。在库中，可以使用与在文件夹中浏览文件相同的方式浏览文件，也可以查看按序（如日期、类型和作者）排列的文件。Windows 10 有 4 个默认库，即文档、音乐、图片和视频，用户也可以新建库。

在某些方面，库类似于文件夹。例如，打开库时将看到一个或多个文件或文件夹。但与文件夹不同的是，库可以收集存储在多个位置的文件或文件夹，可以将来自多个不同位置的文件或文件夹包含到库中，如计算机的 C 驱动器、外部硬盘驱动器或网络。这是一个细微但重要的差异。库不存储项目，它监视包含项目的文件夹，并允许用户以不同的方式访问和排列这些项目。例如，如果在硬盘和外部硬盘驱动器的文件夹中有音乐文件，则可以使用音乐库同时访问所有的音乐文件。

4. 文件、文件夹及库的关系

文件和文件夹都是存放在计算机磁盘中的，文件夹中可以包含文件和子文件夹，子文件夹中又可以包含文件和子文件夹，以此类推，即可形成文件和文件夹的树形关系。树形关系就像一棵倒置的树，如图 2-17 所示。树根是根目录（文件夹），树根上长出的分枝为子目录（子文件夹），长出的叶子是文件；分枝上既能再长分枝（下一级子文件夹），又可以是叶片（文件）。这样可以按层次，一级级划分各层文件夹，便于管理。文件夹中可以包含多个文件和子文件夹，也可以不包含任何文件和子文件夹。不包含任何文件和子文件夹的文件夹称为空文件夹。

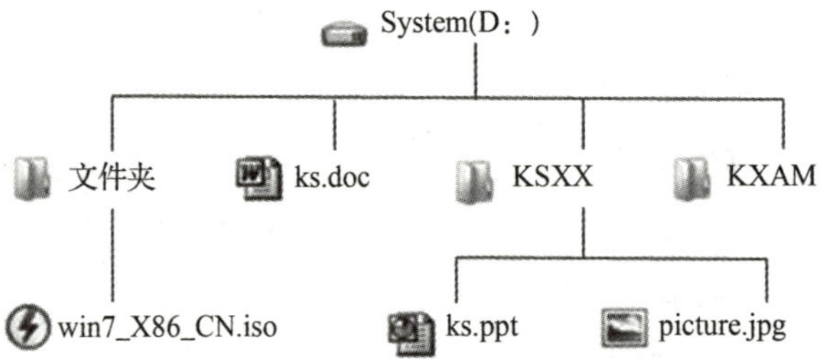

图 2-17　文件与文件夹结构

库跟文件夹有相似的地方。例如，跟文件夹一样，库也可以包含各种各样的文件夹与文件，但其本质跟文件夹有很大的不同。在文件夹中保存的文件或者子文件夹都是存储在同一个地方的，而在库中存储的文件和文件夹则可以来自不同地方，如来自用户计算机上的关联文件或者来自移动硬盘上的文件。其实库的管理方式更加接近于快捷方式，用户可以不用关心文件或者文件夹的具体存储位置，把它们都链接到一个库中进行管理。库中的对象就是各种文件夹与文件的一个映射。库并不真正存储文件和文件，仅提供一种更加快捷的管理方式。例如，用户有一些工作文档主要存储在自己计算机的 D 盘和移动硬盘中，为了以后工作的方便，用户可以将 D 盘与移动硬盘中的文件都放置到库中。在需要使用的时候，只要直接打开库(前提是移动硬盘已经连接到用户主机)，而不需要再定位到 D 盘与移动硬盘上。

5. 文件与文件夹的路径

路径是指文件与文件夹在计算机中的存储位置。当打开某个文件夹时，在地址栏中即可看到该文件夹的路径。访问文件时也需要确定该文件的路径。路径在表示的时候有两种方法：绝对路径和相对路径。

(1)绝对路径是从根目录开始的表示方法，根通常用“\”表示(区别于网络路径)。绝对路径的结构一般包括磁盘名称、文件夹名称和文件名称，它们之间用“\”隔开，形式为“[C:（或 D:、E:）]\[Path]\[Filename[.ext]]”。其中，“C:（或 D:、E:）”表示驱动器，“Path”表示路径，“Filename”表示文件名，“.ext”表示文件扩展名，括号[ ]表示其中的内容可根据需要省略。例如，“Myword.docx”存放在 D 盘的 Myfile 文件夹的 Work 子文件夹中，则访问“Myword.docx”文件的绝对路径为“D:\Myfile\Work\Myword.exe”。

(2)相对路径是从当前文件夹开始的表示方法，如当前文件夹为“D:\Myfile”，如果访问其下面的“Work”子文件夹中的“Myword.exe”文件，则相对路径为“Work\Myword.exe”。

2.2.2 文件资源管理器

Windows 10 把所有软件与硬件资源都当作文件或文件夹进行管理，并借助文件资源管理器进行浏览及操作。与以往的 Windows 操作系统相比，Windows 10 的文件资源管理器的功能更加强大，并在界面和功能上有了较大的改进。

▲文件资源管理器

1. 文件资源管理器的启动

可以通过下面几种方法启动 Windows 10 的文件资源管理器。

(1)单击“开始”按钮右侧的“文件资源管理器”按钮。

(2)单击“开始”按钮，选择“Windows 系统”子菜单中的“文件资源管理器”命令。

(3)右击“开始”按钮，在弹出的快捷菜单中选择“文件资源管理器”命令或按 Win+E 快捷键。

(4)单击“开始”按钮，再单击固定程序列表中的“文档”或“图片”按钮。

(5)双击桌面上的“此电脑”“回收站”图标或任意文件夹。

在 Windows 10 操作系统中，用户打开文件资源管理器时，左侧导航窗格默认显示的文件夹是“快速访问”，右侧内容窗格显示的是“快速访问”文件夹中的“常用文件夹”和“最近使用的文件”，如图2-18所示。

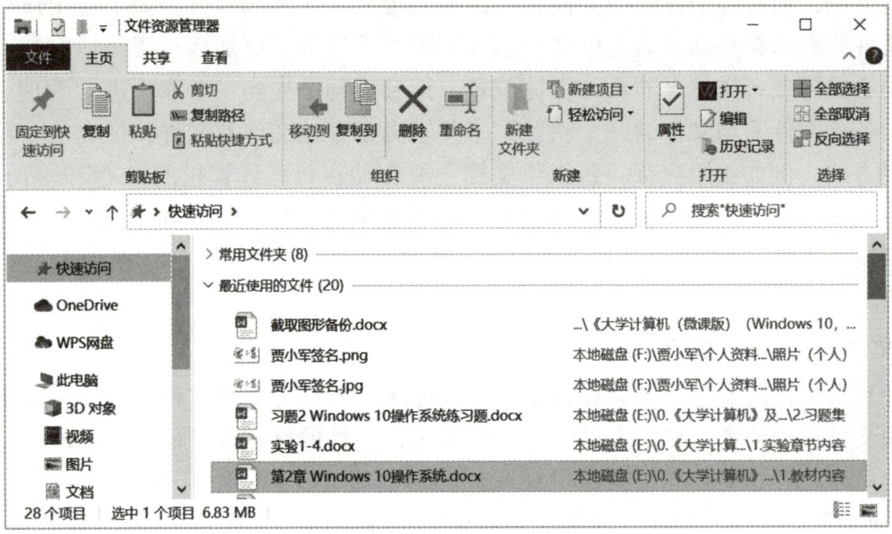

图 2-18　文件资源管理器

2.“文件资源管理器”窗口及显示方式

“文件资源管理器”窗口的组成及各部分的详细说明请参阅2.1.3节及图2-12。

1）导航窗格

默认的导航窗格包含“快速访问”“OneDrive”“此电脑”“网络”4个文件夹，用户可以通过这些文件夹快速切换至需要跳转的文件夹。例如，“快速访问”文件夹中默认有“桌面”“下载”“文档”“图片”4个固定的文件夹，用户可以打开文件夹查看其中的文件，也可以将常用的文件夹以链接的形式加入此文件夹。

用户可以设置导航窗格显示的文件夹及内容。单击窗口中的“查看”选项卡，然后单击功能区中的“导航窗格”下拉按钮，在弹出的下拉菜单中根据需要进行选择，主要有以下命令。

①导航窗格：用来显示或隐藏导航窗格。勾选该命令则显示导航窗格，否则隐藏导航窗格。

②展开到打开的文件夹：如果勾选该命令，用户在右侧的内容窗格中进行操作时，左侧的导航窗格中将自动展开各级文件夹，与内容窗格相对应。

③显示所有文件夹：在导航窗格中显示所有的文件夹。在这种显示方式中，导航窗格将以“快速访问”“桌面”作为所有文件夹的根文件夹，“桌面”文件夹中将显示“控制面板”“回收站”等项目。

④显示库：在导航窗格中，库默认为隐藏，若要显示库，则用户可以勾选此命令或勾选“显示所有文件夹”命令。

通过导航窗格，用户可以快速查看计算机中的所有资源。操作步骤：将鼠标指针移至导航窗格，单击需要查看资源所在的对象前的“展开”按钮 >，可展开下一级文件夹。单击某个文件夹，在右侧的内容窗格中将显示该文件夹的内容。导航窗格和内容窗格之间为分隔条，其大小可以调整，以改变导航窗格和内容窗格的大小。如果单击导航窗格中的“折叠”按钮 ⌄，将自动收缩其下一级文件夹，将其隐藏起来。

在导航窗格中，计算机中的资源以树状的目录结构显示各级文件夹名称。用户还可以通过导航窗格上方的导航按钮来实现导航。

①“后退”按钮 ←：单击该按钮，将返回到前一个浏览的位置，最终可退回到“快速访问”文件夹。

②“前进”按钮 →：在单击“后退”按钮后，该按钮有效。单击该按钮，将前进到下一个浏览的位置。

③“最近浏览的位置”按钮 ⌄：单击该按钮，弹出一个下拉菜单，其中显示用户最近浏览的位置，用户可单击要转到的位置进行快速定位。

④“上移一级”按钮 ↑：根据导航窗格中各文件夹的层次关系，单击该按钮可返回上一层文件夹，最终退回到“桌面”文件夹。

2）地址栏

地址栏显示当前内容窗格中选定的对象的从根目录开始的文件夹名称列表。各级文件夹名称以箭头 › 分隔，通过这种结构可以浏览当前打开的文件夹的路径，如图 2-19(a)所示。

①单击其中任意的文件夹名称，则内容窗格中将显示该文件夹包含的内容。

②单击文件夹名称后的分隔箭头 ›，弹出一个下拉菜单。其中显示该文件夹中的各子文件夹名称，单击子文件夹名称将切换到该子文件夹，如图 2-19(b)所示。

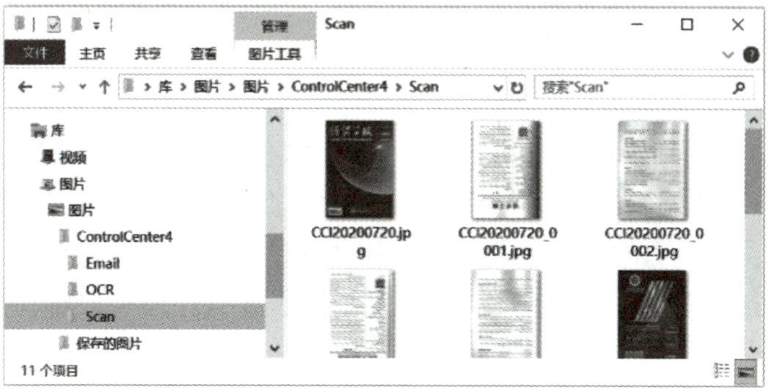

(a)

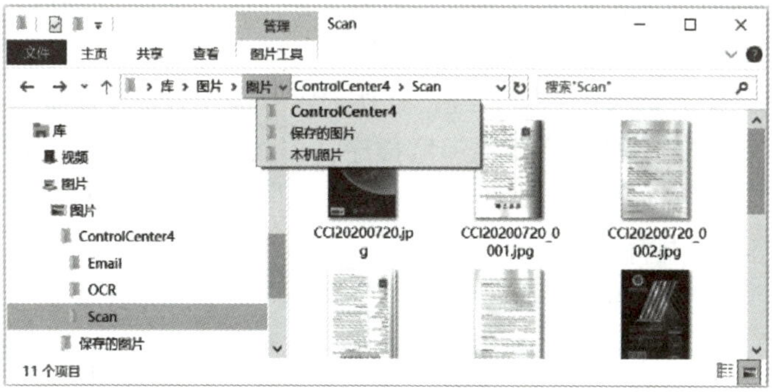

(b)

图 2-19　地址栏

③单击地址栏左侧的图标，或在地址栏任意空白处单击，则地址栏中的文件夹名称显示为路径。

3)“快速访问”文件夹

打开“文件资源管理器”的默认界面，右侧的内容窗格中显示“快速访问”文件夹中的内容，包括“常用文件夹”和“最近使用的文件”。也可在文件资源管理器的导航窗格中单击“快速访问”文件夹来浏览其内容。

在右侧的内容窗格中双击“常用文件夹”名称或单击名称前的“展开/折叠”按钮，可在内容窗格中显示或隐藏其中的项目。“常用文件夹”中显示用户经常访问的文件夹，如桌面、图片、文档等。

“最近使用的文件”中显示用户最近操作过的文件，默认为20个，用户可以在这里快速打开文件。如果需要打开某个文件，则双击它。

对于常用的文件夹，用户可以将其固定在“快速访问”列表中，操作步骤如下：选中需要固定在“快速访问”列表中的文件夹并右击，在弹出的快捷菜单中选择“固定到‘快速访问’”命令。

4)文件和文件夹的显示方式

在内容窗格中查看文件和文件夹时，系统提供了多种文件和文件夹的显示方式。在“查看”选项卡的“布局”组中，列出了8种显示方式(超大图标、大图标、中等图标、小图标、列表、详细信息、平铺及内容)，单击其中的某个选项可更改文件及文件夹的显示方式。也可以在内容窗格的任意空白处右击，在弹出的快捷菜单中选择“查看”命令，然后选择某种显示方式，如图2-20(a)所示。也可以单击状态栏右侧的两个图标按钮来设置“详细信息”或“大图标”显示方式。

5)文件和文件夹的排序方式

在Windows 10中，用户可方便地对文件和文件夹进行排序，以便快速找到所需的文件或文件夹。Windows 10提供了多种排序方法。单击“查看”选项卡的“当前视图”组中的“排序方式”下拉按钮，在弹出的下拉菜单中选择一种排序方式。这些排序方式有“名称”“修改日期”“类型”“大小”“创建日期”“作者”“标记”“标题”8种。还可以选择按“递增”(默认方式)或“递减”排序。也可以在内容窗格的任意空白处右击，在弹出的快捷菜单中选择“排序方式”命令，然后选择某种排序方式，如图2-20(b)所示。也可以采用如下步骤进行排序。

①单击状态栏右侧的“详细信息”按钮，内容窗格的文件或文件夹以详细信息方式排序；或者单击“布局”组中的“详细信息”按钮。

②在内容窗格的上方会显示一行标题，默认显示“名称”“修改日期”“类型”“大小”。单击任意标题，文件和文件夹将以该标题递增排序，再次单击将以该标题递减排序。单击每个标题名称后面的下拉按钮，还可以设置排序方式，例如，按“名称”排序，可设置按“0～9”“A～H”“I～P”等方式排序。

6)预览窗格和详细信息窗格

为了实现在不打开文件的情况下预览文件中的内容，可以使用“预览窗格”功能。

“详细信息窗格”用来显示文件和文件夹的概要信息。对于文件夹，将显示其包括的对象数目等信息；对于文件，将显示其名称、创建时间、修改时间、大小等信息，可修改文件的各种附加信息并添加标记。

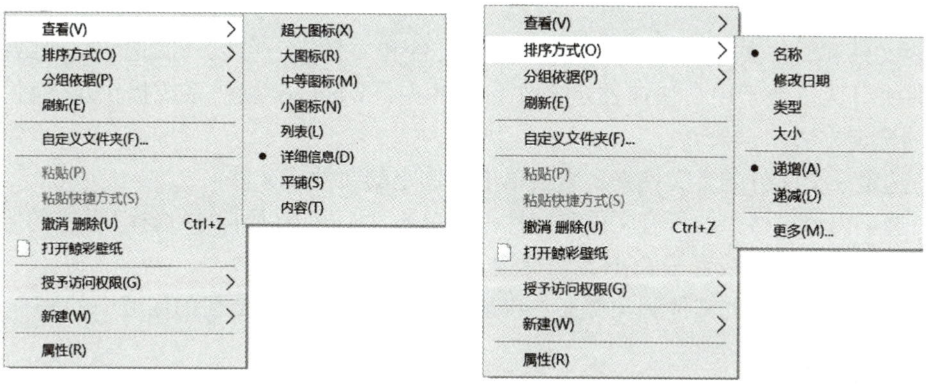

(a) (b)

图 2-20　文件和文件夹的显示方式及排序方式

单击“查看”选项卡，再单击“窗格”组中的“预览窗格”按钮或“详细信息窗格”按钮，在内容窗格的右侧将单独开辟一块信息区，用于显示文件内容或概要信息。在同一时刻，“预览窗格”和“详细信息窗格”功能只能选择其一显示。

7）显示文件的扩展名和隐藏的项目

Windows 10 默认不显示文件的扩展名，不显示隐藏的文件和文件夹，而且对于比较重要的文件和文件夹，如系统文件和系统文件夹，会将其设为隐藏。如果想要查看文件的扩展名或隐藏的项目，可以进行以下设置。在“查看”选项卡的“显示/隐藏”组中勾选“文件扩展名”复选框和单击“隐藏的项目”按钮即可实现。也可以将选择的文件和文件夹设置为隐藏，方法是选择文件和文件夹，单击“显示/隐藏”组中的“隐藏所选项目”按钮。

对于显示或隐藏文件的扩展名、项目，除了使用上面介绍的方法外，还可以利用“文件夹选项”对话框进行设置。单击“查看”选项卡的“显示/隐藏”组右侧的“选项”按钮，弹出“文件夹选项”对话框。单击该对话框中的“查看”选项卡，在“高级设置”列表框中可以根据需要进行勾选，单击“确定”按钮完成设置，如图 2-21 所示。

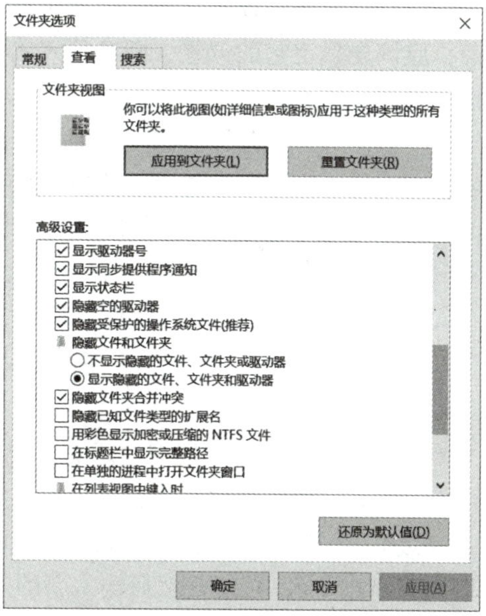

图 2-21　“文件夹选项”对话框

2.2.3　文件和文件夹操作

文件和文件夹的操作包含文件和文件夹的选定、新建、重命名、复制和移动、设置属性等，主要通过文件资源管理器来实现。

▲文件和文件夹操作

1. 选定

要对文件和文件夹进行操作，首先要选定文件和文件夹，可以一次选定一个或多个文件和文件夹。为了便于用户快速选定文件和文件夹，Windows 操作系统提供了多种文件和文件夹的选定方法。

(1)选定一个文件或者文件夹：直接单击要选定的文件或文件夹。

(2)选定内容窗格中的所有文件和文件夹：单击“主页”选项卡的“选择”组中的“全部选择”或“反向选择”按钮或者按 Ctrl+A 快捷键。

(3)选定某一区域的文件和文件夹：在某一区域拖动鼠标，框住的区域中的所有文件和文件夹均被选定。

(4)选定多个不连续的文件和文件夹：按住 Ctrl 键不放，然后逐个单击要选定的文件和文件夹。

(5)选定多个连续的文件和文件夹：按住 Shift 键不放，单击第一个文件或文件夹，然后单击最后一个文件或文件夹，即可选定它们之间的所有文件和文件夹。另外，还可以按 Shift 键配合键盘上的方向键来选定多个连续的文件和文件夹。

(6)反向选择：单击“主页”选项卡的“选择”组中的“反向选择”按钮，将选定的文件或文件夹变为不选定，将不选定的文件或文件夹变为选定。

2. 新建

可以在桌面或磁盘的任何文件夹中创建新的文件或文件夹。在创建新的文件或文件夹之前，应该先确定它的位置，即路径。确定路径是通过文件资源管理器的导航窗格或内容窗格实现的。主要有以下两种新建方法。

(1)单击“主页”选项卡的“新建”组中的“新建项目”下拉按钮，在弹出的下拉菜单中选择创建文件的类型，如文件夹、快捷方式、文本文档等，如图 2-22 所示，在出现的文本框内输入名称，按 Enter 键或单击其他任何地方即可。也可以直接单击“新建”组中的“新建文件夹”按钮实现文件夹的创建。

(2)右击目标文件夹中的任意空白处，在弹出的快捷菜单中选择“新建”子菜单中的文件类型，然后输入名称，按 Enter 键或单击其他任何地方即可。

3. 重命名

Windows 10 允许用户根据实际需要更改文件和文件夹的名称，以方便对文件和文件夹进行统一管理。更改文件和文件夹名称的操作方法有以下几种。

(1)选定需要更改名称的文件或文件夹(单个文件或文件夹)，单击“主页”选项卡的“组织”组中的“重命名”按钮，然后输入新的名称，按 Enter 键或单击其他任何地方即可。

(2)右击选定的文件或文件夹，在弹出的快捷菜单中选择“重命名”命令，然后输入新的名称。

(3)单击文件或文件夹的名称两次，然后输入新的名称。

(4)选定需要更改名称的文件或文件夹，按 F2 键，然后输入新的名称。

注意：如果文件已经被打开或正在被使用，则它不能被重命名；不要对系统自带的文件或文件夹以及其他程序安装时所创建的文件或文件夹重命名，否则可能引起系统或程序的运行错误；不要随便更改文件的扩展名，否则可能导致文件不能使用。若确定要修改文件的扩展名但文件的扩展名被隐藏，可先显示文件的扩展名后再重命名。

图 2-22 “新建项目”下拉菜单

4. 复制和移动

在进行复制或移动时会用到剪贴板，先对其进行简单介绍。

(1)剪贴板。剪贴板是内存中开辟的临时存储区域。剪贴板在 Windows 系统中无时不在，剪切、复制和粘贴信息(包括文件、文件夹、文本、图片等)时，都要使用剪贴板。剪贴板总是保留最近存储的信息。剪贴板中存入的信息在没有被新存入的信息取代之前，会一直存储在剪贴板中。而且，其中的内容可以多次粘贴，既可以在同一文件中多次粘贴，也可以在不同文件中多次粘贴。剪贴板用来实现 Windows 系统中各种信息的交换。

通过剪贴板实现信息交换的基本方法：将选择的信息复制或剪切到剪贴板中，然后将其从剪贴板中复制到目标位置。复制是指将选定的对象增加一份，原位置的对象不受影响；剪切是指将选定的对象从一个位置移动到另一个位置，原位置的对象被删除。

按 PrintScreen 键，可将整个屏幕图像复制到剪贴板中。按 Alt+PrintScreen 快捷键，可将当前活动窗口的图像复制到剪贴板中。

(2)文件和文件夹的复制或移动。复制或移动文件和文件夹的主要操作步骤如下。

步骤 1：选定要复制或移动的文件和文件夹，可以是单个或多个。

步骤 2：选择“复制”或“剪切”命令，选定的文件和文件夹被复制或移动到剪贴板中。

步骤 3：选定目标位置，一般是桌面或某个文件夹。

步骤 4：选择“粘贴”命令，将剪贴板中的对象复制或移动到目标位置。

实现“复制”“剪切”或“粘贴”命令的方法有很多，现介绍如下。

①用按钮或命令。

方法 1：单击“主页”选项卡的“剪贴板”组中的“复制”、“剪切”或“粘贴”按钮。

方法 2：右击选定的文件或文件夹图标，在弹出的快捷菜单中选择“复制”、“剪切”或“粘贴”命令。

方法 3：按快捷键实现。Ctrl+C 快捷键实现“复制”操作，Ctrl+X 快捷键实现“剪切”操作，Ctrl+V 快捷键实现“粘贴”操作。

方法 4：首先选定要复制或移动的文件和文件夹，单击“主页”选项卡的“组织”组中的“复制到”或“移动到”下拉按钮，在弹出的下拉菜单中选择“选择位置”命令，将分别出现图 2-23 所示的“复制项目”对话框或图 2-24 所示的“移动项目”对话框。其次在对话框中选择复制或移动的目标位置，也可以新建文件夹。最后单击“复制”或“移动”按钮实现相应操作。

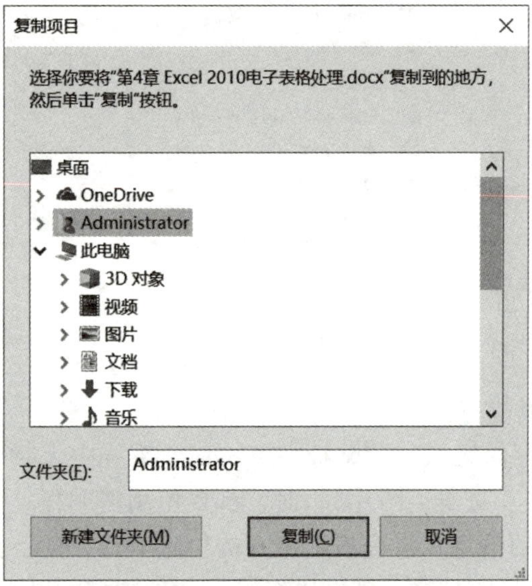

图 2-23 “复制项目”对话框

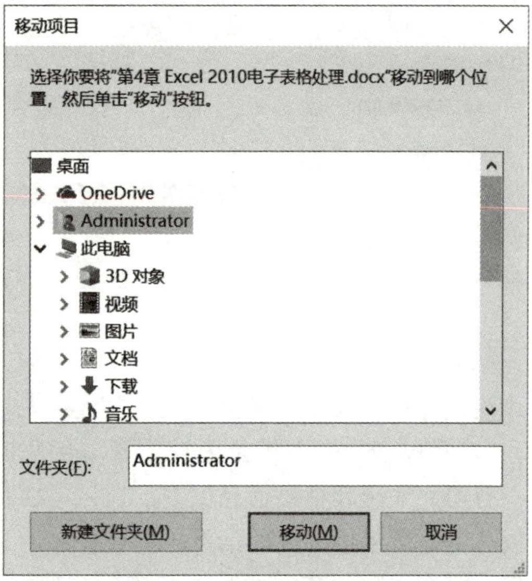

图 2-24 “移动项目”对话框

②用鼠标。

方法 1：选择要复制或移动的文件和文件夹，将鼠标指针指向选择的文件和文件夹，按住鼠标左键将选定的文件和文件夹拖动到目标位置的文件夹中，拖动时视不同情况而选择不同的操作方法。

• 若目标文件夹与源文件和文件夹处于同一驱动器，直接拖动鼠标实现移动操作。

• 若目标文件夹与源文件和文件夹处于同一驱动器且要实现复制操作，必须按住 Ctrl 键并拖动鼠标。

• 若目标文件夹与源文件和文件夹处于不同驱动器，直接拖动鼠标实现复制操作。

• 若目标文件夹与源文件和文件夹处于不同驱动器且要实现移动操作，必须按住 Shift 键并拖动鼠标。

在采用鼠标拖动方式实现选定的文件和文件夹的复制或移动操作的过程中，根据复制或移动操作，分别出现如 + 复制到 SLmodel 或 → 移动到 QMDownload 形式的信息提示，后面的字符表示目标文件夹名称。

方法 2：选择要复制或移动的文件和文件夹，将鼠标指针指向选择的文件和文件夹，按住鼠标右键将选定的文件和文件夹拖动到目标位置的文件夹中。松开右键后会自动弹出一个快捷菜单，选择其中的“复制到当前位置”或“移动到当前位置”命令，即可实现复制或移动操作。

注意：在复制或移动文件时，如果目标位置有类型相同并且名称相同的文件，系统会给出提示，用户可在弹出的对话框中选择“覆盖同名文件”“不移动文件”或者“保留两个文件”命令。

③用复制路径、粘贴快捷方式及“发送到”命令。

复制路径是把选定的文件或文件夹的路径复制到剪贴板，而不是文件或文件夹本身，然后把路径字符串粘贴到任何位置。操作步骤：选定文件或文件夹，单击“主页”选项卡的“剪贴板”组中的“复制路径”按钮，然后在目标位置粘贴。

粘贴快捷方式用于实现粘贴文件或文件夹的快捷方式。操作步骤：首先选定要复制的文件或文件夹(可以是单个或多个)，单击“复制”按钮，然后确定目标文件夹，单击“主页”选项卡的“剪贴板”组中的“粘贴快捷方式”按钮，将自动产生所有选定文件或文件夹的快捷方式。这个操作也可以通过在目标文件夹的空白处右击，在弹出的快捷菜单中选择“粘贴快捷方式”命令实现。

“发送到”命令用于把选定的文件或文件夹复制到“文档”“邮件收件人”“U 盘”“移动磁盘”(U 盘及移动磁盘必须接入计算机)等位置。操作步骤：右击选定的文件或文件夹，在弹出的快捷菜单中选择“发送到”子菜单中的命令。发送到“文档”、“U 盘”或“移动磁盘”，实际上是将选择的文件或文件夹复制到“文档”、“U 盘”或“移动硬盘”；发送到“邮件收件人”，实际上是作为电子邮件的附件发送；发送到“桌面快捷方式”，实际上是在桌面上创建快捷方式图标，而不是复制。

5. 设置属性

在 Windows 的文件资源管理器的内容窗格中，用户可以很方便地查看文件或文件夹的属性，并对它们进行修改。文件或文件夹的属性包含 3 种：只读、隐藏和存档。只读属性表示可以查看该文件或文件夹的内容，但不能更改和删除内容；隐藏属性表示该文件或文件夹在常规显示中不可见；存档属性表示该文件或文件夹已经存档，有些程序用此选项来确定哪些文件或文件夹需备份。

▲属性设置、压缩解压缩和搜索

查看文件或文件夹属性的操作方法：选定文件或文件夹，单击“主页”选项卡的“打开”组中的“属性”按钮；也可以单击“属性”下拉按钮，在弹出的下拉菜单中选择“属性”命令；或者右击选定的文件或文件夹，在弹出的快捷菜单中选择“属性”命令。利用上述方法均会弹出其属性对话框。

文件属性对话框和文件夹属性对话框有所区别。文件属性对话框如图 2-25 所示，文件夹属性对话框如图 2-26 所示。与文件属性对话框相比，文件夹属性对话框多了“共享”和“自定义”选项卡，少了“详细信息”和“输出转换”选项卡。根据需要，用户可以在对话框中单击不同的选项卡，然后进行详细设置。

图 2-25　文件属性对话框

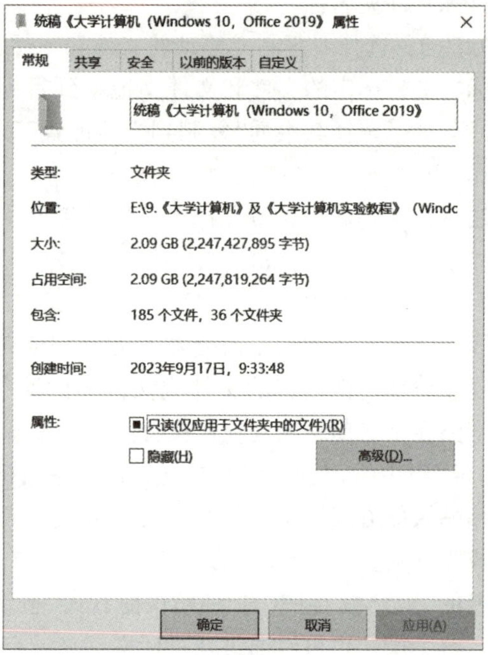

图 2-26　文件夹属性对话框

在“常规”选项卡中，可以设置文件或文件夹的只读和隐藏属性，通过勾选或取消勾选属性名前面的复选框实现属性的修改。若需要设置存档属性，需单击“高级”按钮，在打开的“高级属性”对话框中进行设置。修改了文件或文件夹属性后，若单击“应用”按钮，不关闭对话框就可使属性修改有效；若单击“确定”按钮，则关闭对话框才保存修改的属性。

注意：Windows 10 中隐藏文件或文件夹的默认状态为不可见。若要修改其属性，可通过“查看”选项卡的“显示/隐藏”组或“文件夹选项”对话框中的“查看”选项卡让其显示出来，然后进行属性设置。

6. 压缩和解压缩

对于存储容量占用较高的文件或文件夹，可采用压缩方法减小其存储容量；当需要访问压缩内容时，可以解压缩。Windows 10 自带压缩和解压缩功能，下面以文件资源管理器的压缩和解压缩功能为例介绍如何压缩和解压缩文件或文件夹。

压缩文件或文件夹的操作步骤：在文件资源管理器的内容窗格中选择需要压缩的文件或文件夹，单击“共享”选项卡的“发送”组中的“压缩”按钮，可将所选文件或文件夹压缩成一个以“zip”为扩展名的压缩文件，可根据需要重命名压缩后的文件；或者右击选择的文件或文件夹，在弹出的快捷菜单中选择“发送到”子菜单中的“压缩(Zipped)文件夹”命令，也可实现压缩操作。

解压缩文件或文件夹的操作步骤：直接双击压缩包文件，然后根据需要将要提取的文件或文件夹从压缩文件夹拖至新位置；也可以采用复制、剪切操作实现；或右击压缩文件包，从弹出的快捷菜单中选择“全部解压缩”命令，将弹出“提取压缩(Zipped)文件夹”对话框，根据提示进行操作。

7. 搜索

Windows 10 提供了强大的搜索功能。用户利用搜索功能可快速地查找到所需的文件或文件夹，并且搜索操作简单、方便。搜索将遍历系统中的程序以及个人文件夹(包括“文档”“图片”“音乐”“桌面”库以及其他常见位置)中的所有文件。它还可以搜索用户的电子邮件、已保存的即时消息、约会和联系人，以及文件中与搜索关键字相同的内容。在 Windows 10 操作系统中，搜索功能无处不在，如文件资源管理器、控制面板、“开始”按钮右侧的搜索框，甚至 Windows 10 自带的很多程序都有搜索框。下面介绍 Windows 10 的文件资源管理器的搜索框，其位于地址栏的右侧。

默认的搜索范围为地址栏中指定的位置。搜索的操作方法：在搜索框中输入搜索的关键字或短语，即可搜索到相关的文件或文件夹。Windows 10 提供了即时搜索功能，一旦输入内容即开始搜索，随着关键字的输入，搜索结果不断精确，直到搜索出需要的信息。图 2-27 所示是输入关键字“windows 10”并且在“此电脑”范围内搜索的结果。

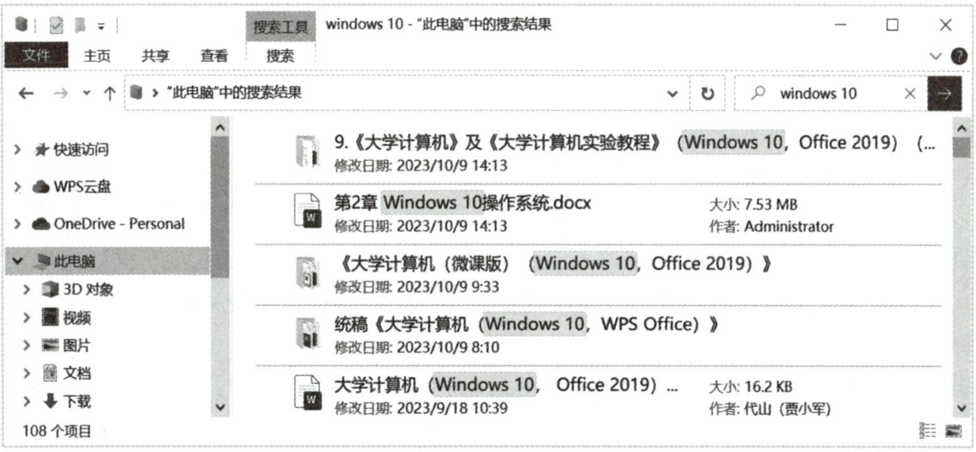

图 2-27　搜索结果

如果在特定库或文件夹中无法找到要查找的内容，则可以扩大搜索范围；也可以根据用户的需要，更改搜索位置、设置搜索优化或设置搜索选项。

(1)更改搜索位置。默认情况下，系统在当前文件夹及子文件夹中进行搜索，用户可以在“搜索工具”→“搜索”选项卡的“位置”组中设置搜索位置，可以单击“当前文件夹”、“所有子文件夹”或“在以下位置再次搜索”按钮。其中，单击“在以下位置再次搜索”下拉按钮，在弹出的下拉菜单中可以指定搜索位置，甚至在互联网中进行搜索。

(2)设置搜索优化。在搜索过程中，为了加快搜索速度，可以通过“搜索工具”→“搜索”选项卡的“优化”组中提供的功能对搜索结果设置“修改日期”“类型”“大小”“其他属性”等优化项目。“修改日期”可以设置为今天、昨天、本周等。“类型”可以设置为日历、联系人、文档等。“大小”可以设置为极小、小、大等。“其他属性”可以设置为类型、名称、文件夹路径等。

(3)设置搜索选项。在 Windows 10 中，默认情况下系统会为常见的文件类型自动建立索引，如库中的文件夹、电子邮件、脱机文件，但是应用程序文件和系统文件默认为不被索引，因为一般情况下用户不需要搜索这些文件。如果要让这些文件包含到索引中，可以通过设置搜索选项来完成。用户还可以查看最近搜索的内容或保存搜索结果。可以通过单击“搜索工具”→“搜索”选项卡的“选项”组中的“最近的搜索内容”下拉按钮，在弹出的下拉菜单中可以查看最近的搜索情况，也可以清除搜索历史记录。单击“高级选项”下拉按钮，在弹出的下拉菜单中可以设置“更改索引位置”，为指定位置建立索引。单击“保存搜索”按钮，可以将搜索结果保存为“已保存的搜索（*.search-ms）”文件类型。保存搜索结果后，在文件资源管理器中通过导航窗格可以找到保存结果的位置。

8. 删除

为了节省磁盘空间，用户经常需要删除一些没有用或已损坏的文件或文件夹。删除的文件或文件夹一般被放入回收站，也可以被直接删除。放入回收站的文件或文件夹根据需要可以恢复。要删除文件或文件夹，要先选定要删除的文件或文件夹（可以是单个或多个），然后执行下列操作之一即可。

▲删除和回收站

(1)右击所选文件或文件夹，在弹出的快捷菜单中选择“删除”命令。

(2)按 Delete 键。

(3)直接将选定的文件或文件夹拖到回收站中。

(4)单击文件资源管理器的“主页”选项卡的“组织”组中的“删除”按钮。

以上删除方法都会自动弹出一个“删除项目”提示对话框，单击“是”按钮完成所选文件或文件夹的删除操作，即把这些文件或文件夹移至回收站中；单击“否”按钮，则取消删除操作。存放在回收站的文件或文件夹可以恢复，若想彻底删除这些文件或文件夹，可清空回收站。

若要将文件或文件夹直接从计算机中删除，而不存放在回收站中，可以在按住 Shift 键的同时进行以上删除操作；也可以单击“主页”选项卡的“组织”组中的“删除”下拉按钮，在弹出的下拉菜单中选择“永久删除”命令。使用这种方法删除的文件或文件夹不能用普通方法恢复。

注意：正在使用的文件或文件夹，系统不允许对其进行删除操作。若要删除这些文件或文件夹，应先将其关闭再做删除操作。如果要从网络文件夹、U 盘、移动硬盘中删除文件或文件夹，或者要删除的文件过大，那么这些文件或文件夹将被永久删除而不会存储在回收站中。

9. 回收站

在删除文件或文件夹时，若没有按 Shift 键或选择“永久删除”命令，被删除的文件或文件夹将移至回收站中，并没有从计算机中真正删除它们。下面介绍回收站中文件或文件夹的管理。

回收站是计算机硬盘中的一块存储区域，放入回收站的资源同样占用磁盘空间，可以将其中没用的文件或文件夹彻底删除，以释放磁盘空间。如果回收站中有被误删除的文件或文件夹，还可以将其恢复到原来的位置。

(1)彻底删除文件或文件夹。操作方法：双击桌面上的“回收站”图标，打开“回收站”

窗口；在窗口右侧的内容窗格中选定要彻底删除的文件或文件夹，按 Delete 键，或单击“主页”选项卡的“组织”组中的“删除”按钮；或右击选定的文件或文件夹，在弹出的快捷菜单中选择“删除”命令，在打开的“删除文件”或“删除文件夹”提示对话框中，单击“是”按钮完成删除操作。

若要一次性清空回收站中的所有内容，可选择如下操作方法。

①右击桌面上的“回收站”图标，在弹出的快捷菜单中选择“清空回收站”命令，在弹出的提示对话框中单击“是”按钮。

②在打开的“回收站”窗口中，单击“管理”→“回收站工具”选项卡的“管理”组中的“清空回收站”按钮；或右击内容窗格中的任意空白处，在弹出的快捷菜单中选择“清空回收站”命令。

(2)还原文件或文件夹。可以将回收站中存放的文件或文件夹恢复到原来的位置。操作方法：打开“回收站”窗口，在窗口右侧的内容窗格中选择要还原的文件或文件夹，单击“管理”→“回收站工具”选项卡的“还原”组中的“还原选定的项目”按钮，如果单击“还原所有项目”按钮，则一次性恢复回收站中的所有文件和文件夹；或右击选定的文件或文件夹，在弹出的快捷菜单中选择“还原”命令，被选定的项目将从回收站移回原来的位置。

(3)回收站属性。打开“回收站”窗口，单击“管理”→“回收站工具”选项卡的“管理”组中的“回收站属性”按钮；或右击桌面上的“回收站”图标，在弹出的快捷菜单中选择“属性”命令，弹出“回收站 属性”对话框，如图2-28所示。在“回收站位置”列表框中可以选择硬盘的任意分区。单击选中“自定义大小”单选按钮，在“最大值”文本框中可以设置回收站的空间容量，但不能超过所选硬盘分区的可用空间。“不将文件移到回收站中。移除文件后立即将其删除”单选按钮若被选中，将停止使用回收站，所有被选中的文件或文件夹直接被永久删除。若勾选“显示删除确认对话框”复选框，则在每次删除文件或文件夹时都将显示“删除文件”或“删除文件夹”提示对话框。

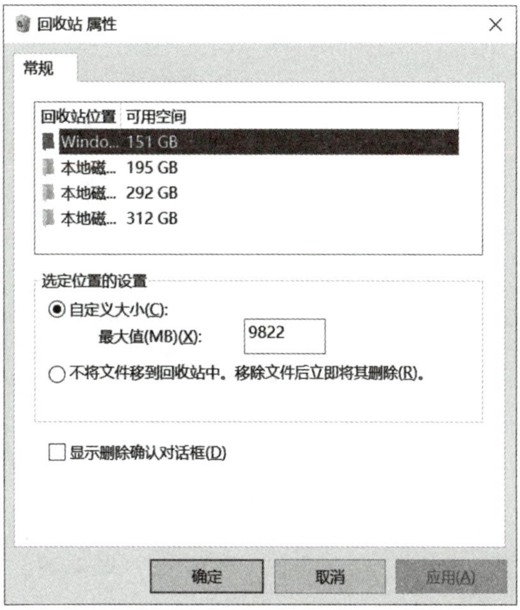

图 2-28 “回收站 属性”对话框

2.3 Windows 10 个性化设置

在计算机中安装好 Windows 10 操作系统后，系统将自动设置计算机的工作环境。用户在使用计算机的过程中可进行个性化设置，以方便各项操作以及美化计算机的使用环境。

控制面板是 Windows 10 的个性化设置中心，用户可以通过控制面板提供的各种功能实现 Windows 10 的外观和个性化、时钟和区域、卸载或更改程序、用户账户等项目的设置。除了控制面板，Windows 10 操作系统还提供了“设置”窗口，供用户进行个性化设置。

2.3.1 控制面板和“设置”窗口

控制面板是 Windows 10 个性化设置的操作中心，包含设置计算机工作环境的所有功能。单击“开始”按钮，在打开的“开始”菜单的“Windows 系统”子菜单中选择“控制面板”命令，出现图 2-29 所示的“控制面板”窗口。其中显示的是常用的项目设置对象，这些项目按类别进行显示。单击某个图标或类别名称，可查看该项的详细功能分类。根据这些详细功能，可具体对某一对象的相应操作进行设置。也可以在打开的“文件资源管理器”窗口的导航窗格中单击“控制面板”选项，以打开“控制面板”窗口。但这种方法需要先将导航窗格设置为“显示所有文件夹”（在导航窗格任意空白处右击，在快捷菜单中选择“显示所有文件夹”命令），否则，“控制面板”选项默认为隐藏。

▲控制面板和“设置”窗口

图 2-29 “控制面板”窗口

可以对控制面板中分类设置对象的显示方式进行修改，以显示计算机中的全部设置对象。单击“控制面板”窗口中的“查看方式”下拉按钮，在弹出的下列菜单中可选择类别、大图标、小图标显示方式。控制面板的小图标显示方式如图 2-30 所示。

打开“设置”窗口的操作方法有以下几种。

(1) 单击“开始”按钮，在打开的“开始”菜单左侧列表中单击“设置”按钮。

(2) 按 Win+I 快捷键。

(3) 右击“开始”按钮，在弹出的快捷菜单中选择“设置”命令。

(4) 右击桌面上的任意空白区域，在弹出的快捷菜单中选择“显示设置”或“个性化”命令，在显示的窗口左侧单击“主页”按钮，也将出现“设置”窗口。

图 2-30 控制面板的小图标显示方式

打开的“设置”窗口如图 2-31 所示。直接在窗口中选择要设置的项目，将打开对应项目，也可以通过在窗口的“查找设置”搜索框中输入要进行设置的关键字来打开相应的设置界面。

图 2-31 “设置”窗口

控制面板包括对计算机内所有环境的设置，可以分类分层进行设置；而“设置”窗口提供了搜索功能，可以方便查找。两者都可以实现对某个具体项目的设置，用户可根据需要选择其一或结合两者使用。

2.3.2 外观和个性化

外观和个性化设置主要包含屏幕、桌面背景、颜色、锁屏界面、主题、字体等项目的设置。

▲外观和个性化设置

1. 屏幕

屏幕设置主要包括亮度、文字大小、屏幕分辨率等设置。在桌面上任意空白处右击，在弹出的快捷菜单中选择“显示设置”命令，打开“屏幕”设置窗口，如图2-32所示；或在“设置”窗口中单击“系统”选项。

(1)更改内置显示器的亮度。显示器的亮度可以通过显示器自带的旋钮或按键调整，也可以通过拖动图2-32所示的“更改内置显示器的亮度”滑块进行调整。

(2)缩放与布局。单击“更改文本、应用等项目的大小”下拉按钮，在下拉列表中可以根据需要选择100%(推荐)、125%、150%、175%进行调整。单击“高级缩放设置”按钮，在弹出的“高级缩放设置”窗口中可以自定义缩放大小。单击“显示分辨率”下拉按钮，在下拉列表中可以根据需要选择所需的分辨率。单击“显示方向”下拉按钮，在下拉列表中可以设置横向、纵向、横向(翻转)、纵向(翻转)。

(3)多显示器设置。如果用户外接多个显示器，可以通过“多显示器”选项提供的功能进行设置。

2. 桌面背景

桌面背景也称为壁纸，是用户启动操作系统后见到的桌面背景图片或颜色。用户可以选择一张图片作为桌面背景，也可以显示幻灯片图片。对桌面背景进行个性化设置可以使桌面效果更加丰富。操作方法：在“控制面板”窗口中单击“外观和个性化”类别，然后单击“任务栏和导航”按钮，或单击下方的“导航属性”按钮，在弹出的“设置”窗口中单击“背景”按钮，打开“背景”设置窗口，如图2-33所示；可以在桌面上任意空白处右击，在弹出的快捷菜单中选择“个性化”命令；也可以在“设置”窗口中单击“个性化”按钮。

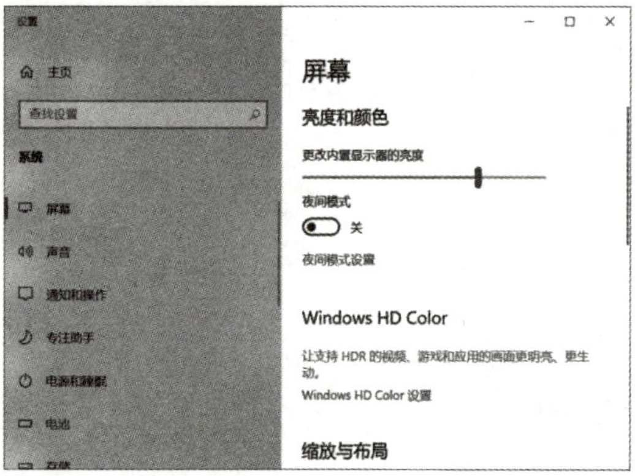

图2-32 “屏幕”设置窗口

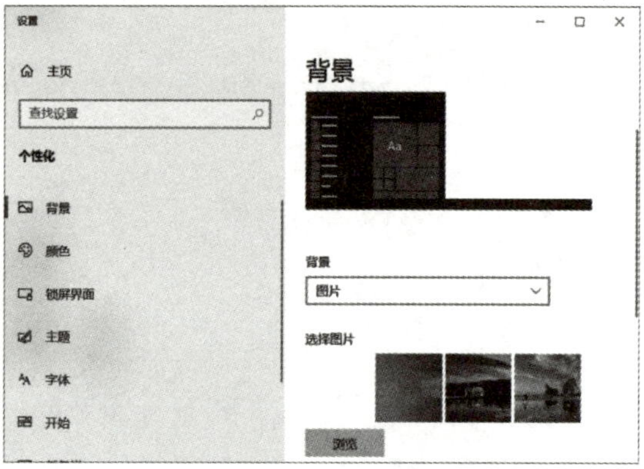

图2-33 “背景”设置窗口

如图2-33所示，单击“背景”下拉按钮，在下拉列表中可以选择图片、纯色和幻灯片放映 3 种背景样式，其中图片是系统默认的样式。用户可以根据需要进行设置。

(1)图片。单击“选择图片”下方的任意图片，可以将选中的图片设置为桌面背景，在“预览”中可以看到效果。单击“浏览”按钮，打开“打开”对话框，可以选择某张图片作为桌面背景，单击“选择图片”按钮后返回。单击“选择契合度”下拉按钮，在下拉列表中可以选择填充、适应、拉伸、平铺、居中、跨区等选项，设置图片在桌面上的排列方式。其中，“跨区”选项用来实现将图片延伸到辅助显示器的桌面中。

(2)纯色。可以在“选择你的背景色”下面提供的 24 种颜色中选择一种作为桌面背景色；也可以“自定义颜色”。

(3)幻灯片放映。可以为幻灯片选择相册，单击“浏览”按钮，弹出“选择文件夹”对话框，可以选择某个文件夹作为图片的来源，单击“选择此文件夹”按钮后返回；还可以设置“图片切换频率”“无序播放”“选择契合度”等选项。

3. 颜色

Windows 10 为窗口边框提供了丰富的颜色类型，不仅可以对颜色进行细致的改变，还可以采用透明效果。用户可以根据自己的喜好自定义窗口、“开始”菜单以及任务栏的颜色和外观。操作方法：在“背景”设置窗口左侧单击“颜色”按钮，出现如图 2-34 所示的“颜色”设置窗口。

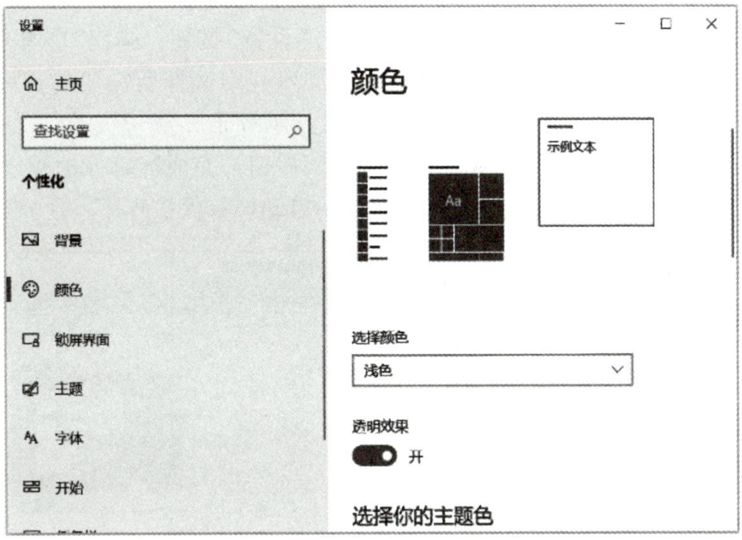

图 2-34 “颜色”设置窗口

可以在“选择颜色”下拉列表中选择浅色、深色和自定义。用户可以根据需要进行设置。

用户可以将“透明效果”设置为“开”，将显示部分背景颜色。如果勾选“从我的背景自动选取一种主题色”复选框，将随机从“Windows 颜色”列表中选取一种颜色作为主色调。用户可以根据需要从“最近使用的颜色”列表中选择颜色，甚至可以单击“自定义颜色”按钮进行设置。如果在“在以下区域显示主题色”下面勾选“‘开始’菜单、任务栏和操作中心”或“标题栏和窗口边框”复选框，则相应对象的颜色将从默认的背景色变为选中的颜色。单击“高对比度设置”按钮，将显示“高对比度”设置窗口。在“高对比度”设置窗口中，将“打开高对比度”选项设置为“开”后，在“选择主题”下拉列表中提供了几个高对比度选项，用户可以根据需要进行选择。

4. 锁屏界面

为了保护计算机的隐私安全，并在不关机的情况下省电，Windows 10 提供了计算机锁屏功能。锁屏所用的图片称为锁屏界面。

在“背景”设置窗口左侧单击“锁屏界面”按钮，出现如图 2-35 所示的“锁屏界面”设置窗口。单击“背景”下拉按钮，在下拉列表中设置用于锁屏的背景，包括 Windows 聚焦、图片和幻灯片放映 3 种类型，系统默认为“Windows 聚焦”。“选择在锁屏界面上显示详细状态的应用”选项用于在锁屏界面上显示一个应用的详细状态，如天气、日历等。“选择在锁屏界面上显示快速状态的应用”选项用于在锁屏界面上显示指定的应用。

单击“屏幕超时设置”按钮，弹出“电源和睡眠”窗口。在“屏幕”下方，可以设置经过多长时间不操作，计算机将关闭显示器。在“睡眠”下方，可以设置经过多长时间不操作，计算机将进入睡眠状态。还有一些其他设置，如处于睡眠状态是否允许与网络断开连接、其他电源设置等。按 Win+L 快捷键可快速进入锁屏状态。

若用户在一定时间内没有使用鼠标或键盘进行任何操作，系统就会启动屏幕保护程序。设置屏幕保护程序可以对显示器起到保护作用，并使显示器处于节能状态。Windows 10 为用户提供了 3D 文字、变幻线、彩带和照片等屏幕保护程序。操作方法：在“锁屏界面”设置窗口中拖动垂直滚动条，然后单击“屏幕保护程序设置”按钮，弹出“屏幕保护程序设置”对话框，如图 2-36 所示。在“屏幕保护程序”下拉列表中选择所需要的程序，如“气泡”，在“等待”数值框中设置等待时间，勾选“在恢复时显示登录屏幕”复选框。如果需要设置电源管理，可单击“更改电源设置”链接。单击“确定”按钮，完成屏幕保护程序的设置。当屏幕静止时间超过设定的等待时间后，系统即可自动启动屏幕保护程序。

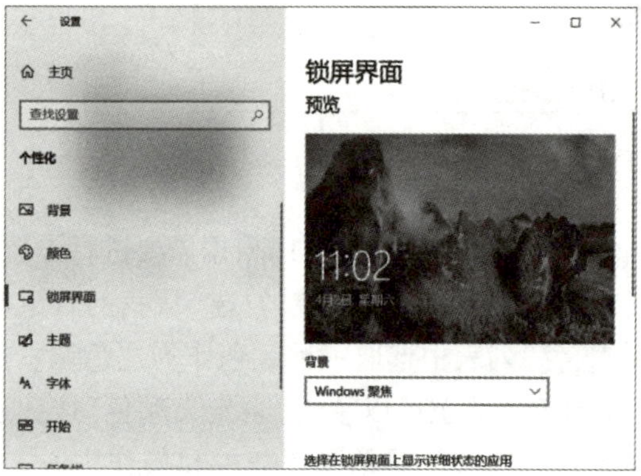

图 2-35 “锁屏界面”设置窗口

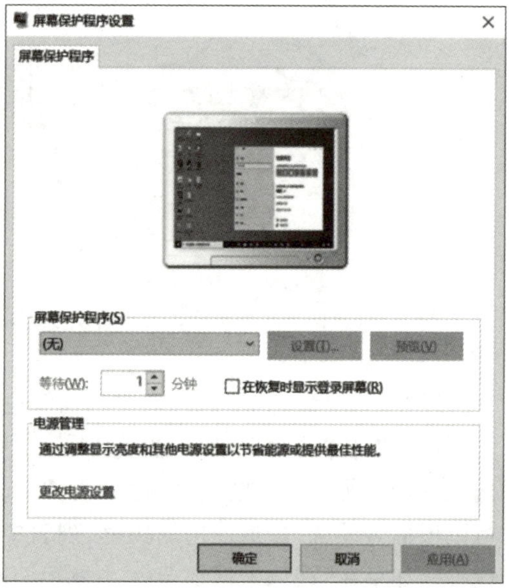

图 2-36 “屏幕保护程序设置”对话框

5. 主题

主题是指 Windows 系统的视觉外观，是计算机中图片、颜色和声音的组合，包括桌面背景、颜色、声音、鼠标光标的外观设置等。同一台计算机上的不同用户账户可以选择不同的主题。

(1)设置主题。在“背景”设置窗口左侧单击“主题”按钮，出现如图 2-37 所示的“主题”设置窗口。在“当前主题：自定义”下方，分别单击“背景”“颜色”“声音”“鼠标光标”按钮，可以设置主题内容。

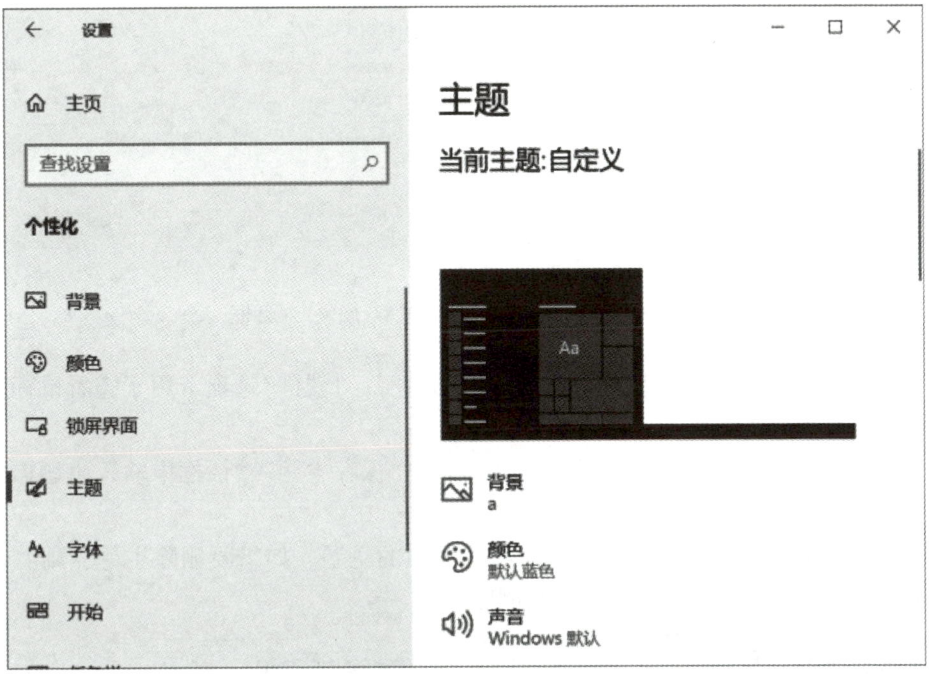

图 2-37 “主题”设置窗口

系统声音是 Windows 操作系统在程序执行时发出的声音，如计算机开机或关机的声音、程序打开或关闭的声音、操作错误时的报警声等。单击“主题”设置窗口中的“声音”按钮，弹出“声音”对话框，默认为“声音”选项卡，如图 2-38(a)所示。在“程序事件”列表框中选择要自定义声音的程序事件，勾选“播放 Windows 启动声音”复选框，单击“声音”下拉按钮，在下拉列表中选择声音文件；或者单击“浏览”按钮，在弹出的对话框中选择声音文件，单击“打开”按钮返回。单击“确定”按钮即可保存设置的声音。在“声音”对话框中，还有“播放”“录制”“通信”3 个选项卡，用户可根据需要进行设置。

单击“主题”设置窗口中“声音”按钮下方的“鼠标光标”按钮，弹出“鼠标 属性”对话框，默认为“指针”选项卡，如图 2-38(b)所示。在“方案”下拉列表中选择一种方案，在“自定义”列表框中选择指针形状，或者单击“浏览”按钮，在弹出的对话框中选择指针形状，单击“打开”按钮返回。根据需要勾选“启用指针阴影”复选框，单击“确定”按钮使设置生效。

在“鼠标 属性”对话框中，在“鼠标键”选项卡下可以交换鼠标左右键功能、设置双击速度及单击锁定等；“指针选项”选项卡用于设置鼠标的移动速度、对齐方式及移动轨迹可见

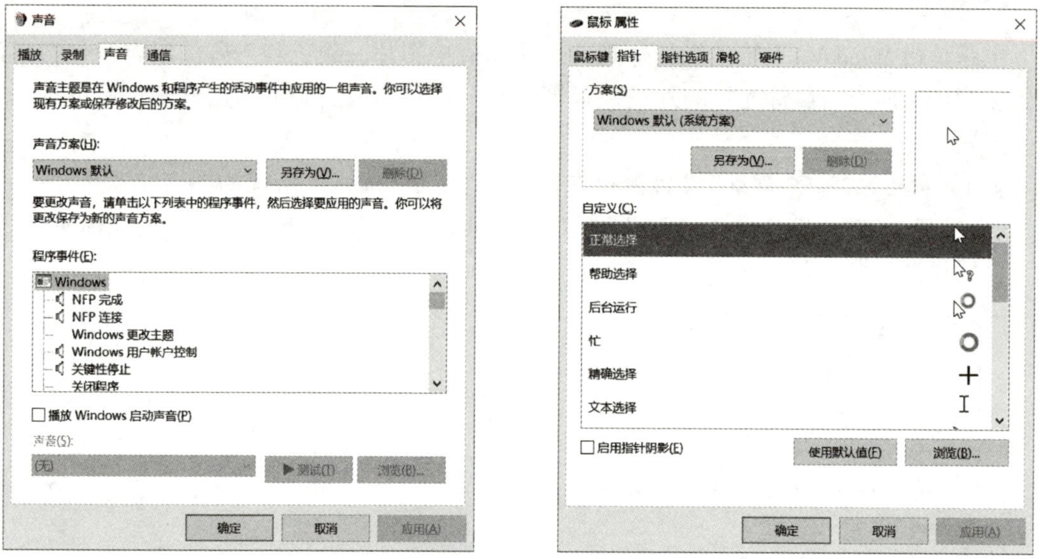

(a) (b)

图 2-38 “声音”对话框和“鼠标 属性”对话框

性等；“滑轮”选项卡用于设置鼠标滚动键的滚动数字；“硬件”选项卡用于查看鼠标属性以及设置鼠标驱动程序等。

主题更改后，单击“保存主题”按钮，在弹出的“保存主题”对话框中输入主题名，单击“保存”按钮进行保存。

（2）删除主题。在“更改主题”下面显示了常用的主题。如果要删除主题，则右击要删除的主题，然后单击“删除”命令。不能删除系统自带的主题，也不能删除当前应用的主题。

（3）桌面图标设置。在“主题”设置窗口的右侧向下拖动垂直滚动条，单击“相关的设置”下面的“桌面图标设置”按钮，弹出“桌面图标设置”对话框，通过勾选或取消勾选桌面图标名称前面的复选框，可以添加或删除常用的桌面图标，如“计算机”“回收站”“控制面板”等，并且可对这些图标形式进行更改。操作方法：在矩形框中选择某个图标，单击“更改图标”按钮，弹出如图 2-39 所示的“更改图标”对话框，选择某个图标形式，单击“确定”按钮，也可单击“浏览”按钮，在计算机中选择其他的图标形式，单击“确定”按钮返回；然后单击“确定”按钮使桌面图标设置生效。

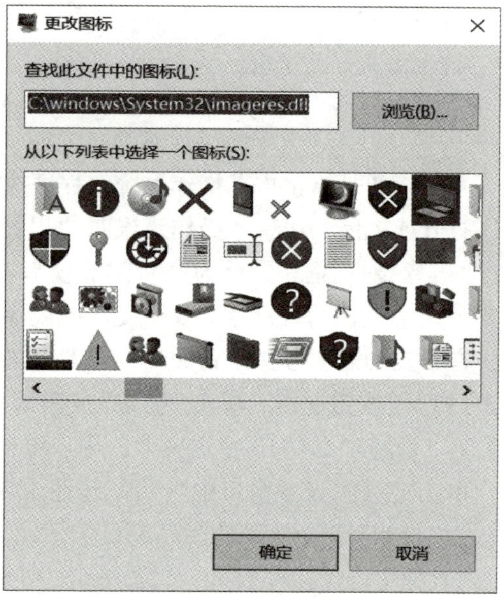

图 2-39 “更改图标”对话框

6. 字体

字体是指文字的显示风格。计算机中的字体是一套字形与字符的电子数据文件，通常以 ttf 或 ttc 为文件扩展名。在 Windows 10 操作系统中，用户可以使用多种字体，还可以根据需要对字体进行添加、隐藏与显示、删除等操作。

(1)添加字体。Windows 操作系统自带了一些字体，用户可以根据需要安装其他字体，主要有以下几种安装方法。

①通过搜索引擎(如百度)找到需要的字体并下载。直接双击下载好的字体文件，或右击字体文件并在弹出的快捷菜单中选择“安装”命令，安装下载好的字体文件；或者将其复制到文件夹“C:\ Windows \ Fonts”(系统默认存放字体文件的位置)下进行安装。

②在“背景”设置窗口左侧列表中单击“字体”按钮，出现如图 2-40(a)所示的“字体”设置窗口。将下载的字体文件直接拖到“添加字体”虚线框中。如果要获取更多字体，则可以单击“在 Microsoft Store 中获取更多字体”按钮，启动 Microsoft Store，并根据需要获取。

③在控制面板中，将查看方式设置为“大图标”或“小图标”形式，单击“字体”按钮，将出现如图 2-40(b)所示的“字体”窗口。在窗口任意空白处右击，在弹出的快捷菜单中选择“粘贴”命令，将自动安装字体；或单击“组织”下拉按钮，在弹出的下拉菜单中选择“粘贴”命令。

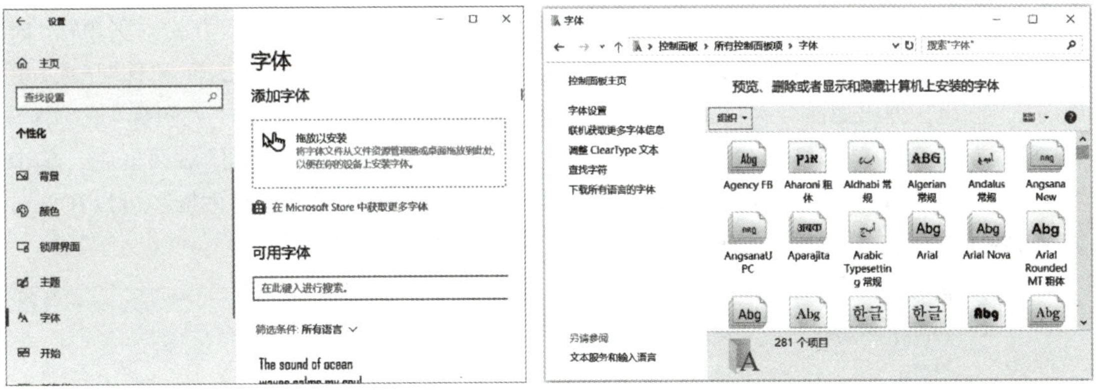

(a) (b)

图 2-40 “字体”设置窗口及控制面板的“字体”窗口

(2)隐藏与显示字体。在控制面板的“字体”窗口中，选中要隐藏的字体，单击列表框上方的“隐藏”按钮；或者右击要隐藏的字体，在弹出的快捷菜单中选择“隐藏”命令。隐藏后的字体呈半透明状。

在“字体”窗口中，选中要显示的字体(先前被隐藏)，单击列表框上方的“显示”按钮；或者右击要显示的字体，在弹出的快捷菜单中选择“显示”命令。

(3)删除字体。在控制面板的“字体”窗口中，选中要删除的字体，单击列表框上方的“删除”按钮；或者单击“组织”下拉按钮，在弹出的下拉菜单中选择“删除”命令；也可以右击要删除的字体，在弹出的快捷菜单中选择“删除”命令。

(4)调整 ClearType 文本。ClearType 是 Windows 10 操作系统中的一种字体显示技术，可提高字体的清晰度及平滑度。在“字体”设置窗口的下方或控制面板的“字体”窗口左侧单击

“调整 ClearType 文本”按钮，将会自动出现操作向导，用户可根据提示进行操作。

(5)其他操作。其他操作主要包括字体设置、查找字符、下载所有语言的字体、联机获取更多字体信息等。用户可以在控制面板的“字体”窗口的左侧列表中进行相应操作。“字体设置”按钮用于根据语言设置隐藏或显示字体。“查找字符”按钮用于在“字符映射表”中查找各种字符。“联机获取更多字体信息”按钮及“下载所有语言的字体”按钮用于在网络中查找或下载需要的字体。

2.3.3 时间和语言

计算机时钟用于记录创建或修改计算机中文件的日期和时间。用户可以更改时钟的时间和时区，具体包括更改日期、时间、货币和度量的格式。用户可以通过更改输入语言，使采用多种语言输入文本或编辑文档更加便利。Windows 包含多种输入语言，但在使用之前，需要将它们添加到语言列表。为了方便输入文本，Windows 10 还提供了各种输入法的安装以及设置功能。

▲时针和区域以及移除卸载

1. 日期和时间

Windows 10 在任务栏上不仅显示了系统时间，还显示了系统日期，可根据需要对日期和时间进行调整。操作方法：打开“控制面板”窗口，如果是“类别”显示方式，则单击“时钟和区域”按钮，然后单击“日期和时间”按钮，也可单击其下方的“设置时间和日期”或“更改时区”按钮，弹出如图 2-41(a)所示的“日期和时间”对话框。如果是“大图标”或“小图标”显示方式，则单击其中的“日期和时间”按钮。在打开的“日期和时间”对话框中，单击“更改日期和时间”按钮，弹出如图 2-41(b)所示的“日期和时间设置”对话框，可以在该对话框中对日期和时间的具体值进行设置，单击“确定”按钮完成设置。

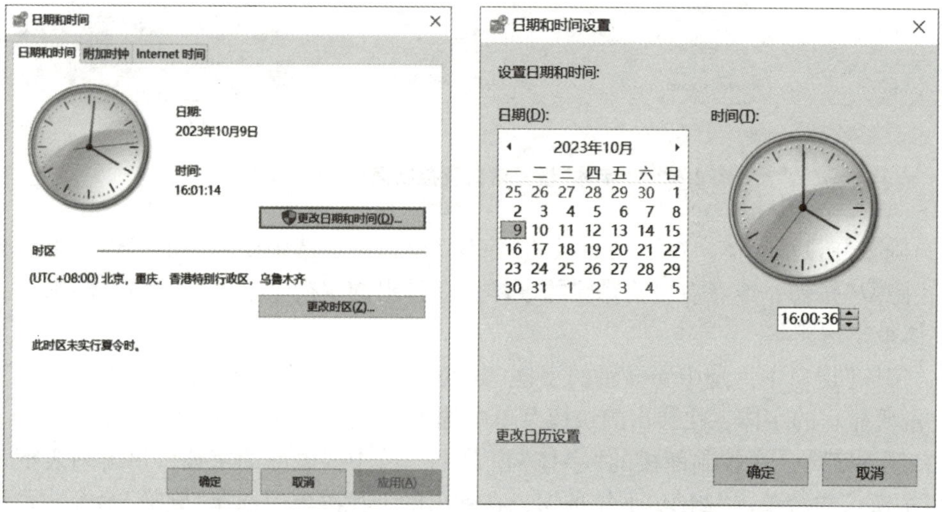

(a) (b)

图 2-41 “日期和时间”对话框及“日期和时间设置”对话框

如果从任务栏设置日期和时间，则稍显烦琐。右击任务栏右侧的“日期和时间”选项，在弹出的快捷菜单中选择“调整日期/时间”命令，打开“日期和时间”设置窗口。单击“相关设置”下方的“添加不同时区的时钟”按钮，打开“日期和时间”对话框，单击“日期和时间”选项卡，然后单击“更改日期和时间”按钮，弹出“日期和时间设置”对话框，再进行日期和时间的设置。

在“日期和时间”对话框中，“更改时区”按钮用于设置世界不同地区的时区；“附加时钟”选项卡用于显示其他时区的时间；“Internet 时间”选项卡用于更新计算机上的时钟，与互联网时间服务器上的时钟匹配，确保计算机上时钟的准确性。

2. 区域

区域的主要功能是设置选定国家的日期、时间、货币和度量的格式。操作方法：打开“控制面板”窗口，如果是“类别”显示方式，则单击“时钟和区域”下面的“更改日期、时间或数字格式”按钮，弹出“区域”对话框，如图 2-42(a)所示；或者在“控制面板”窗口中单击“时钟和区域”按钮，在打开的窗口中单击“区域”按钮或下方的“更改日期、时间或数字格式”按钮。如果是“大图标”或“小图标”显示方式，则单击“区域”按钮。在“日期和时间设置”对话框中，单击“更改日历设置”按钮，也会弹出“区域”对话框。

在“区域”对话框中，有“格式”和“管理”两个选项卡。“格式”选项卡用于实现对选定国家的日期和时间格式的详细设置，如短日期、长日期、短时间、长时间等格式。单击“其他设置”按钮，弹出“自定义格式”对话框，如图 2-42(b)所示。在“自定义格式”对话框中，可以设置计算机中数字、货币、时间和日期的详细格式，用户可根据需要设置，单击“确定”按钮返回“区域”对话框。

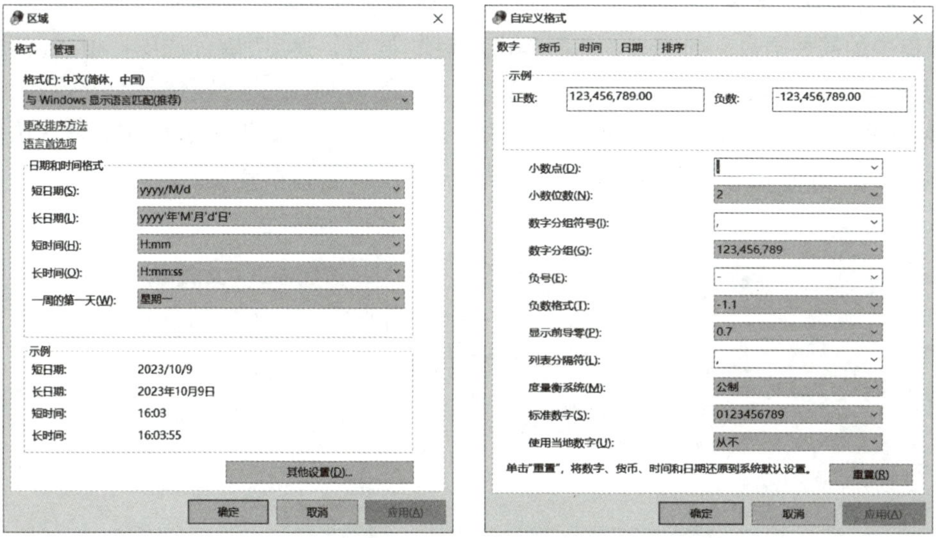

(a) (b)

图 2-42 “区域”对话框及“自定义格式”对话框

• “数字”选项卡：设置小数点、小数位数、数字分组、负号、负数格式、度量衡系统等格式。

- “货币”选项卡：设置货币符号、货币格式、小数点、小数位数等格式。
- “时间”选项卡：设置时间格式、上午和下午符号格式。
- “日期”选项卡：设置日期格式。
- “排序”选项卡：设置按拼音、姓氏、笔画排序。

“区域”对话框的“管理”选项卡用于查看计算机的国际设置并将其复制到欢迎屏幕、系统账户和新的用户账户。单击“复制设置”按钮，在弹出的“欢迎屏幕和新的用户账户设置”对话框中进行设置，单击“确定”按钮返回。单击“更改系统区域设置”按钮，在弹出的“区域设置”对话框中可以选择当前系统区域设置，单击“确定”按钮返回“区域”对话框，然后单击“确定”按钮关闭“区域”对话框。

3. 语言

“语言”设置窗口用来设置计算机中使用的首选语言以及相应的输入法。在“区域”对话框中，单击“日期和时间格式”选项组上方的“语言首选项”，弹出“语言”设置窗口，如图2-43(a)所示；或者在“设置”窗口中单击“时间和语言”按钮，在打开的窗口的左侧单击“语言”按钮。

(1)添加和删除首选的语言。中文版操作系统默认的语言为中文，可以添加其他语言。单击窗口右侧的“添加首选的语言”按钮，在弹出的“选择要安装的语言”列表框中选择一种语言，如“德语(德国)”，单击“下一步”按钮，然后单击“安装”按钮，该语言将被安装到系统。对于系统中的多种语言，可以通过上下移动调整优先次序。

如果要删除已安装的语言，则单击“语言”设置窗口中的某种语言，然后单击“删除”按钮。

(2)语言选项。对于安装的语言，可以进行设置，如添加合适的输入法。单击“语言”设置窗口中的某种语言，如中文，然后单击“选项”按钮，弹出“语言选项：中文(简体，中国)”设置窗口，如图2-43(b)所示。在“键盘”下方列出了已经选择好的输入法。在Windows 10操作系统中内置了微软拼音和微软五笔输入法。如果要选择新的输入法，其操作步骤：单击“添加键盘”按钮，在弹出的列表中选择要添加的输入法。

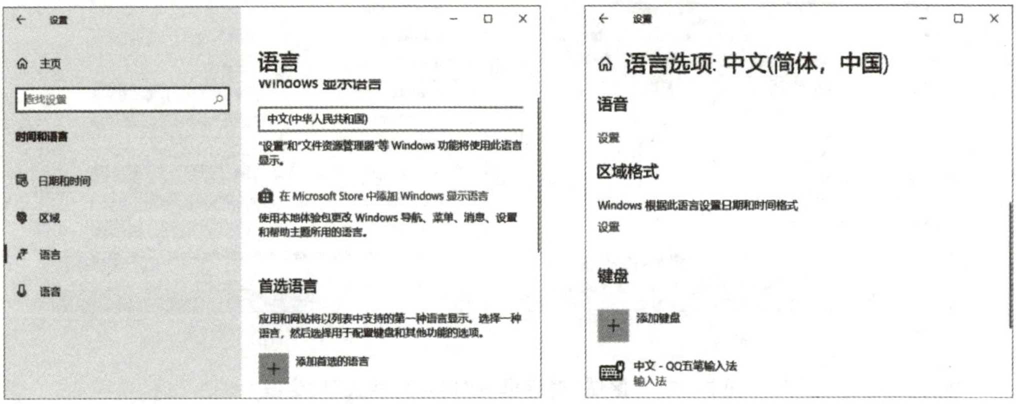

(a) (b)

图2-43 “语言”设置窗口和“语言选项：中文(简体，中国)”设置窗口

如果要删除已选择的输入法，则单击“语言选项：中文(简体，中国)”设置窗口中的某种语言，然后单击“删除”按钮。如果要对某种输入法进行设置，则在“语言”设置窗口中拖动垂直滚动条，然后单击其中的“拼写、键入和键盘设置”，再单击“高级键盘设置”按钮，弹出“高级键盘设置”窗口。在该窗口中可以设置替换默认输入法、切换输入法、语言栏选项、输入语言热键。

①替换默认输入法：在“替换默认输入法”下拉列表中，可以选择其中的一种输入法作为默认输入法。

②切换输入法：直接勾选对应的复选框，可允许为不同的应用窗口使用不同的输入法以及使用桌面语言栏。

③语言栏选项：对语言栏位置及其他选项进行设置。单击“语言栏选项”按钮，将弹出“文本服务和输入语言”对话框，可以进行详细设置。

④输入语言热键：用于设置输入法的快捷键，实现快速切换。单击“输入语言热键”按钮，将弹出“文本服务和输入语言”对话框，并默认打开“高级键设置”选项卡，可以在其中进行详细设置。

(3)其他输入法。Windows 10 操作系统只提供了微软拼音和微软五笔输入法，用户可以根据需要安装其他输入法，如搜狗输入法、QQ 输入法等。这些输入法需要在网上下载，然后进行安装。安装后用户可根据需要设置各种输入法的优先次序、热键等。

2.3.4 卸载或更改程序

若不再使用某个程序，或者希望释放硬盘上的空间，则可以从计算机上卸载该程序。除了使用程序内置的卸载程序和专门的卸载程序工具外，还可以使用控制面板中的“程序”按钮卸载程序。另外，单击“程序”按钮，还可通过添加或删除某些选项来更改程序配置。

打开“控制面板”窗口，若控制面板为“类别”显示方式，则单击“程序”按钮，然后单击“卸载程序”按钮，也可直接单击其下方的“卸载程序”按钮，弹出如图 2-44(a)所示的“程序和功能”窗口。若控制面板为“大图标”或“小图标”显示方式，则单击其中的“程序和功能”按钮。

在窗口右侧的“卸载或更改程序”下方的列表框中，显示了计算机中已安装的程序，可以详细查看每个程序的名称、发布者、安装时间、大小及版本等信息，而且可以改变程序列表的显示方式及排列方式，类似于“文件资源管理器”窗口的内容窗格的操作。若要卸载或更改某个程序，则在列表框中选择该程序，单击列表框上方的“卸载”、“更改”或“修复”按钮，分别实现程序的删除、更新或功能修复；也可以直接在列表框中双击某个程序进行卸载。

若要查看或删除系统中的一些更新程序，可单击窗口左侧列表中的“查看已安装的更新”按钮，在右侧的“卸载更新”下方的列表框中列出了更新程序的列表，用户可根据需要选择，然后单击“卸载”按钮进行删除。

Windows 10 附带的某些程序和功能(如 Internet 信息服务)必须启用才能使用，而某些功能在默认情况下是启用的，在不使用它们时可以将其关闭。“程序和功能”窗口提供了启用和关闭 Windows 功能的操作。操作方法：在“程序和功能”窗口的左侧，单击“启用或关闭

Windows 功能”按钮，弹出如图 2-44(b)所示的“Windows 功能”窗口。若要启用某种功能，则勾选其复选框；若要关闭某种功能，则取消勾选其复选框。然后单击“确定”按钮，系统将自动启用或关闭相应的 Windows 功能。

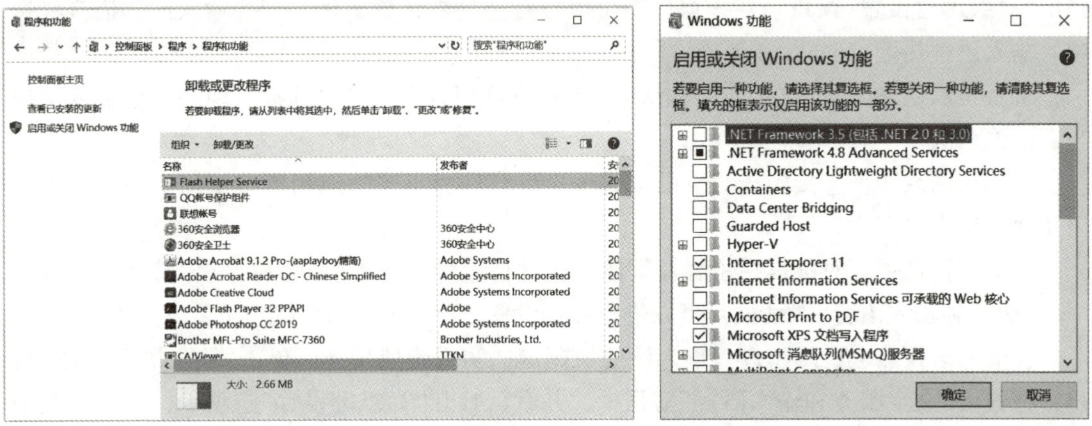

(a) (b)

图 2-44 “程序和功能”窗口以及“Windows 功能”窗口

2.3.5 用户账户

Windows 10 操作系统是一个多用户、多任务的操作系统，具有强大的用户账户管理功能，可以在一台计算机中为多个使用者创建不同的用户账户，使其在独立的用户环境中工作而互不影响。Windows 10 操作系统的账户管理主要通过“控制面板”窗口和“设置”窗口来实现。Windows 10 操作系统还提供了强大的权限管理机制，可限制用户更改系统设置，以确保计算机的安全。根据不同用户对计算机使用需求的不同，Windows 10 操作系统将用户账户分为两种类型：本地账户和 Microsoft 账户(微软账户)。下面主要介绍用户账户的添加、管理、权限设置等操作。

▲用户账户

1. 本地账户

本地账户分为管理员账户和标准账户。管理员账户可以在系统内进行任何操作，具有最高权限，如更改安全设置、安装软件和硬件、更改其他用户账户等。标准账户可以使用计算机上安装的大多数程序和实现大多数功能，但在进行一些影响其他用户安全的操作时将受到限制。

1)创建新账户

管理用户账户的基本操作就是创建新账户，以创建“SXXY”标准账户为例介绍其创建及管理方法。用户在安装 Windows 10 的过程中，第一次启动时建立的用户账户就是管理员账户，在系统中只有管理员账户才能创建新账户。创建新账户的操作方法：单击“开始”按钮，在打开的“开始”菜单的“Windows 系统”子菜单中选择“控制面板”命令，打开“控制面板”窗口；或者在打开的“文件资源管理器”窗口的导航窗格中单击“控制面板”选项，打开“控制面板”窗口，但这种方法需要先将导航窗格设置为“显示所有文件夹”，否则“控制面板”选项默认为隐藏。如果控制面板为“类别”显示方式，则单击“用户账户”①下面的“更改账户类型”按钮，打开“管理账户”窗口，如图 2-45(a)所示。或者在“控制面板”窗口中单击“用户账户”按钮，在弹出的窗口中单击“更改账户类型”按钮。如果控制面板为“大图标”或“小图标”显示方式，则单击“用户账户”按钮，在打开的窗口中单击“管理其他账户”按钮。

在“管理账户”窗口中单击“在电脑设置中添加新用户”按钮，打开“其他用户”设置窗口，如图 2-45(b)所示。单击“将其他人添加到这台电脑”按钮，弹出“本地用户和组(本地)”窗口，如图 2-46(a)所示。

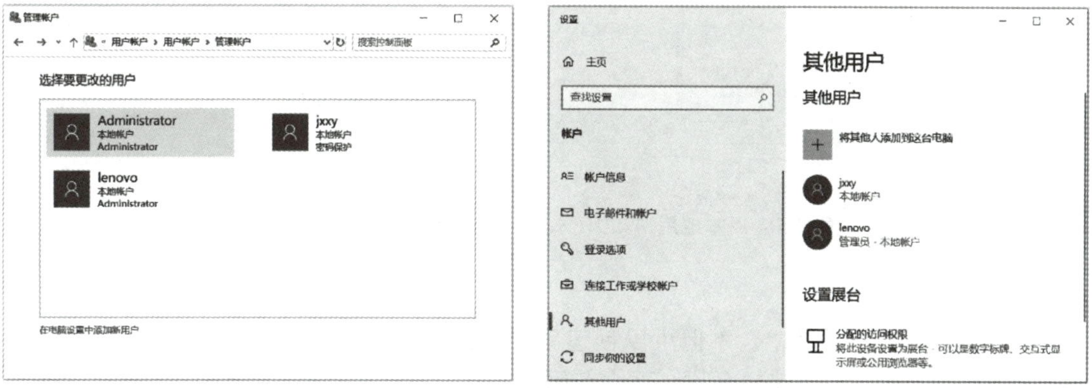

(a) (b)

图 2-45 “管理账户”窗口和“其他用户”设置窗口

在“本地用户和组(本地)”列表框中单击“用户”按钮，“名称”列表框中将显示计算机中的所有本地用户。右击“名称”列表框中任意空白处，在弹出的快捷菜单中选择“新用户”命令，弹出“新用户”对话框，输入新用户的用户名、全名、密码、确认密码以及其他可选项等信息，单击“创建”按钮，如图 2-46(b)所示。可以在“新用户”对话框中继续创建新用户。单击“关闭”按钮，弹出“新用户”对话框。在“名称”列表框中就可以看到创建的新用户 SXXY。还可以用以下方法打开“新用户”对话框：单击“本地用户和组(本地)”窗口的“操作”菜单，选择其中的“新用户”命令；或单击“本地用户和组(本地)”窗口中“操作”列表框中的“更多操作”按钮，选择其中的“新用户”命令。

要打开“其他用户”设置窗口，还可以采用以下方法实现：打开“设置”窗口，单击“账户”按钮，然后在左侧列表中单击“其他用户”按钮，将出现“其他用户”设置窗口。

“本地用户和组(本地)”窗口提供了对计算机中所有本地用户进行管理的功能，可以查看所有本地用户名称、每个用户的信息，可以对每个用户进行修改密码、重命名、设置用户属性、删除等操作，通过“操作”菜单提供的子菜单或右击用户名，在弹出的快捷菜单中实现相应的操作。

用户账户的管理还可以通过以下方法实现：右击桌面上的“此电脑”图标，在弹出的快捷菜单中选择“管理”命令，打开“计算机管理”窗口，单击“计算机管理(本地)”列表框中的“本地用户和组”按钮，然后在“名称”列表框中实现用户账户的管理。

---

①计算机操作界面中常使用“帐户”，但为规范起见，本书正文中一律使用“账户”。

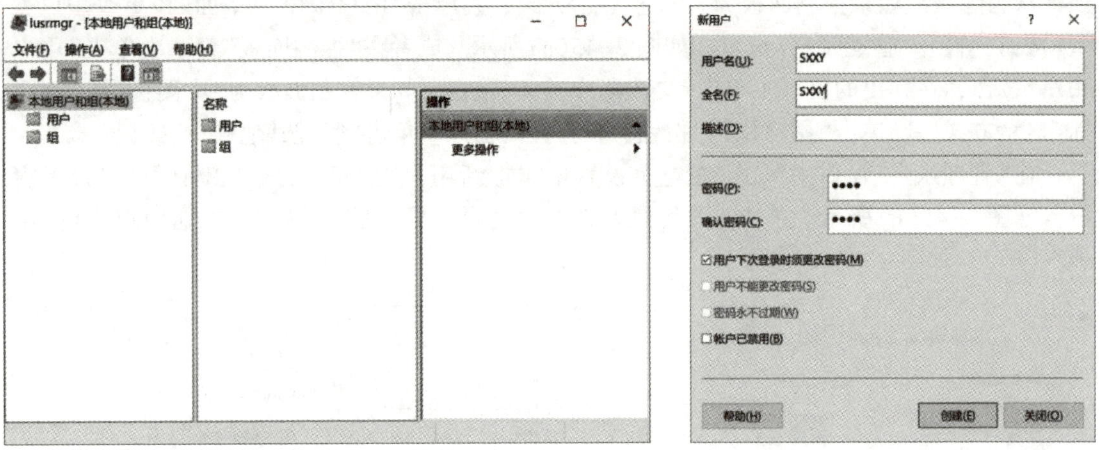

(a) (b)

图 2-46 “本地用户和组（本地）”窗口和“新用户”对话框

2）管理用户账户

在 Windows 操作系统中，不但可以创建新用户，还可以对已有的用户账户进行管理，包括更改账户类型、更改账户名称、更改密码、删除账户等。打开“控制面板”窗口，进入“管理账户”窗口。以管理新建的用户账户 SXXY 为例进行相应介绍。单击“SXXY”账户，弹出如图 2-47 所示的“更改 SXXY 的账户”窗口。在窗口左侧的导航栏中，列出了可以对该用户账户进行设置的所有操作。

图 2-47 “更改 SXXY 的账户”窗口

（1）更改账户名称。单击左侧列表中的“更改账户名称”按钮，在弹出的窗口的“新账户名”文本框中输入新的账户名称，单击“更改名称”按钮，实现重命名。

（2）创建/更改密码。若创建的新用户账户没有设置密码，则该项显示为“创建密码”，否则为"更改密码"。单击左侧列表中的"创建密码"或"更改密码"按钮，在弹出的窗口中的相应位置输入密码，单击"创建密码"或"更改密码"按钮，实现密码设置。设置密码后，该用户登录计算机时必须输入密码才能进入系统。

(3)更改账户类型。管理员账户和标准账户可以相互转换。单击左侧列表中的"更改账户类型"按钮，在弹出的窗口中的相应位置选中"标准"或"管理员"，单击"更改账户类型"按钮。

(4)删除账户。删除账户即删除已创建的用户账户及其相应的文件。单击左侧列表中的"删除账户"按钮，在弹出的窗口中根据用户需要单击"删除文件"或"保留文件"按钮。

(5)更改头像。在"设置"窗口中单击"账户"按钮，在打开的"账户信息"窗口中显示的是当前登录的账户信息。单击"创建头像"下方的"相机"或"从现有图片中选择"按钮，可调用摄像头抓拍头像或在计算机中选择需要的头像。

除了上面介绍的方法，管理用户账户还可以通过"设置"窗口、"本地用户和组(本地)"窗口及"计算机管理"窗口进行。也可通过快捷菜单的方式实现创建新账户、查看现有用户账户属性、更改用户账户及删除用户账户等操作。

2. Microsoft 账户

Microsoft 账户是 Windows 10 操作系统特有的一种用户账户，可以在所有设备(PC、平板计算机、手机、Xbox 主机等)上登录并使用任何微软应用程序和服务(Windows、Office、OneDrive、Xbox 等)。可以从 Windows 应用商店下载应用，从微软应用中自动获取在线内容、在线同步等。添加 Microsoft 账户的详细操作步骤如下。

(1)打开"设置"窗口，单击"账户"按钮，在窗口的左侧列表中单击"电子邮件和账户"按钮，出现"电子邮件和账户"设置窗口，如图 2-48 所示。

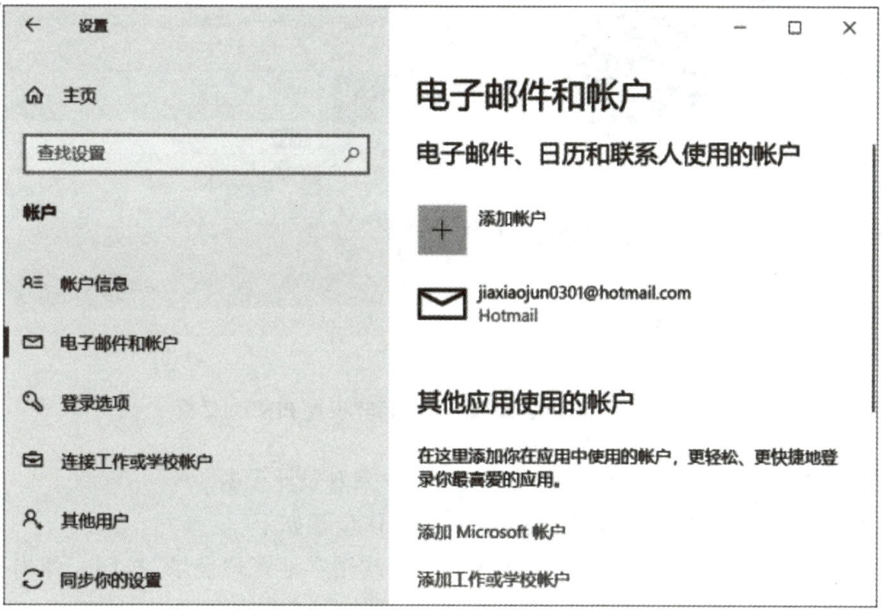

图 2-48 "电子邮件和账户"设置窗口

(2)单击右侧窗格中的“添加 Microsoft 账户”按钮，弹出 Microsoft“登录”对话框。单击“创建一个”按钮，弹出“创建用户”对话框。

(3)创建 Microsoft 账户可以使用电话号码或电子邮件两种方式，操作步骤类似。这里介绍第二种方式。单击“获取新的电子邮件地址”按钮，然后输入电子邮件地址，单击“下一步”按钮。输入电子邮件地址对应的密码，单击“下一步”按钮。

(4)输入个人信息，如姓和名，单击“下一步”按钮。输入出生日期，单击“下一步”按钮。

系统将自动创建一个 Microsoft 账户。

3. 本地账户与 Microsoft 账户之间的切换

(1)从本地账户切换到 Microsoft 账户，具体操作步骤如下。

①打开“设置”窗口，单击“账户”按钮，出现“账户信息”设置窗口，如图 2-49(a)所示。

②单击“改用 Microsoft 账户登录”按钮，然后输入 Microsoft 账户(电子邮件地址)，单击“下一步”按钮。输入对应的密码，单击“下一步”按钮。

③输入当前的 Windows 登录密码，单击“下一步”按钮。

④设置 Windows Hello，可以使用面孔识别(需要摄像头)或使用指纹(需要指纹传感器)登录，也可以单击“先跳过”按钮。

⑤创建 PIN。PIN 是可以替代登录密码的一组数据，当用户登录设备、应用和服务时，系统会要求用户输入 PIN，如图 2-49(b)所示。输入两次 PIN，单击“确定”按钮。

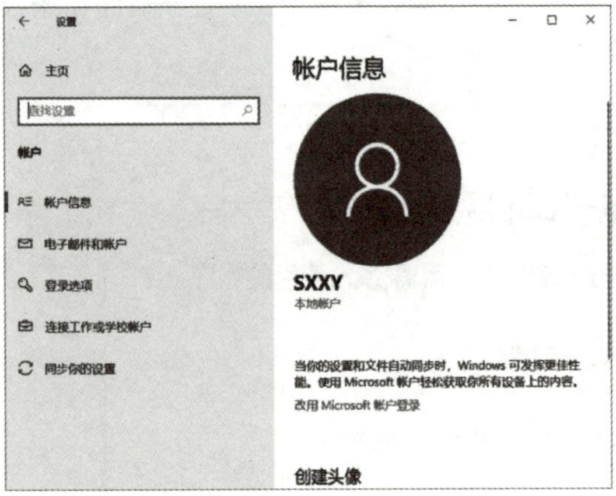

(a)

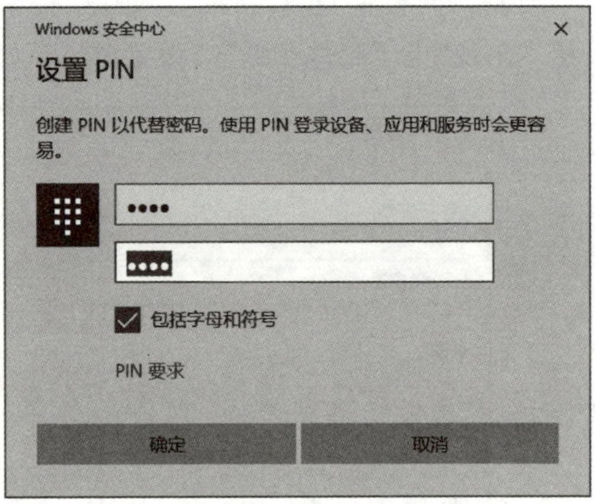

(b)

图 2-49 “账户信息”设置窗口和“设置 PIN”对话框

⑥系统将自动从本地账户切换到 Microsoft 账户来登录此设备。

(2)从 Microsoft 账户切换到本地账户，具体操作步骤如下。

①在“账户信息”设置窗口的右侧窗格中单击“改用本地账户登录”按钮，弹出确认对话框，单击“下一步”按钮。

②输入 Microsoft 账户的登录密码，单击“确定”按钮，弹出“输入你的本地账户信息”对话框，如图 2-50 所示。输入本地账户的用户名、新密码、确认密码和密码提示信息，单击

“下一步”按钮。

③在弹出的对话框中单击“注销并完成”按钮，即可将 Microsoft 账户切换到本地账户。

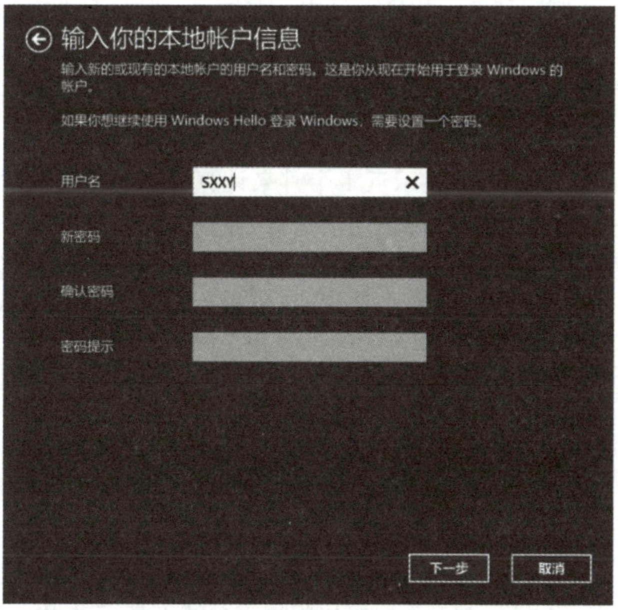

图 2-50 “输入你的本地账户信息”对话框

2.3.6 任务管理器和资源监视器

1. 任务管理器

Windows 任务管理器提供了有关计算机性能的信息，并显示了计算机上所运行的程序和进程的详细信息；如果连接到网络，还可以查看网络状态并及时了解网络信息；可以结束一些卡死的程序。操作方法：右击任务栏的任意空白处，在弹出的快捷菜单中选择“任务管理器”命令，打开“任务管理器”简略窗口。该窗口用于显示当前正在运行的程序，可以直接选择这些程序，单击“结束任务”按钮来停止程序的运行。单击“详细信息”按钮，出现如图 2-51(a)所示的显示详细信息的“任务管理器”窗口。它提供了“文件”、“选项”和“查看”3 个菜单，其下还有“进程”、“性能”、“应用历史记录”、“启动”、“用户”、“详细信息”和“服务”7 个选项卡。中间显示的是各种任务状态数据，默认设置下系统每隔两秒钟对数据进行一次自动更新，也可以选择“查看”菜单中的“更新速度”命令重新设置。

▲任务管理器

打开“任务管理器”窗口的方法还有：按 Ctrl+Shift+Esc 快捷键，或者先按 Ctrl+Alt+Del 快捷键，然后单击“任务管理器”按钮，或者打开“开始”菜单，选择“Windows 系统”子菜单中的“任务管理器”命令。

接下来介绍“任务管理器”窗口中的 7 个选项卡。

(1)“进程”选项卡。按序显示计算机中正在运行的程序的进程信息。进程分成两类，分别是打开的程序和后台运行的进程。每个进程均显示相关的 CPU、内存、磁盘、网络、

GPU(图形处理单元)等资源的使用信息。这些信息既可以按名称升序或降序排列，也可以按 CPU、内存、磁盘、网络、GPU 等的使用信息排序。如果要结束某个程序或进程的运行，释放 CPU 和内存空间，则先选择该程序或进程，然后单击窗口右下角的“结束任务”按钮。

(2)“性能”选项卡。以折线图的形式显示 CPU、内存、磁盘、网络、GPU 的使用率，默认显示的是 CPU 的使用率和相关的详细信息。单击左侧列表中的标签可以查看其他硬件的信息。

(3)“应用历史记录”选项卡。显示近 1 个月来计算机中的应用程序累计使用的资源情况。要删除这些历史记录，单击“删除使用情况历史记录”按钮即可。

(4)“启动”选项卡。显示系统开机后各启动项占用 BIOS(基本输入输出系统)的时间以及对启动的影响。如果要禁止某个程序在计算机开机后自动启动，则可以选择该程序，单击右下角的“禁用”按钮。

(5)“用户”选项卡。显示各个用户分别占用 CPU、内存、磁盘、网络、GPU 资源的情况。可以进行用户账户间的切换，选择当前用户，单击“断开连接”按钮或选择其他某个用户，单击“切换用户”按钮，可从当前用户切换到指定用户。如果选择其他用户，单击“注销”按钮，则选择的用户将退出。

(6)“详细信息”选项卡。显示当前运行的进程的详细信息，包括进程的名称、PID(进程 ID)、状态、用户名、CPU、内存等。可以根据需要结束某个进程的运行。

(7)“服务”选项卡。显示计算机上的服务名称及这些服务的运行状态。选择某个服务，单击状态栏中的“打开服务”按钮，出现“服务”窗口，可根据需要启动或停止该服务项。

2. 资源监视器

除任务管理器外，资源监视器也是一种监视计算机运行状态的重要工具，可以借助这个工具查看计算机中资源的使用情况。单击“开始”按钮右侧的搜索框，输入“资源监视器”，在搜索结果中单击“资源监视器”按钮，弹出“资源监视器”窗口，如图 2-51(b)所示。选择“开始”菜单的“Windows 管理工具”中的“资源监视器”命令；或选择“任务管理器”窗口的“性能”选项卡，然后单击状态栏中的“打开资源监视器”按钮，也可以打开“资源监视器”窗口。“资源监视器”窗口包括“概述”、“CPU”、“内存”、“磁盘”和“网络”5 个选项卡。

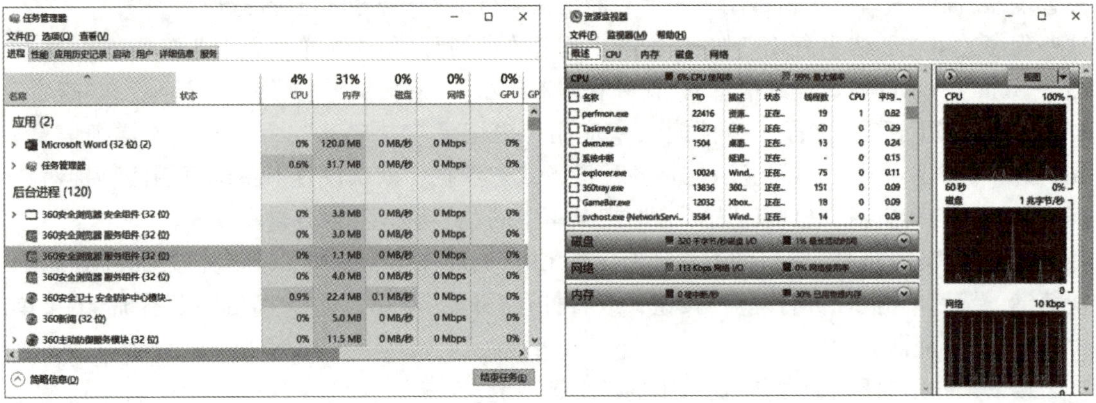

(a)　　(b)

图 2-51 “任务管理器”窗口和“资源监视器”窗口

(1)“概述”选项卡。显示计算机中所有资源的使用情况。左侧是 CPU、磁盘、网络、内存使用情况的列表信息，右侧是以图形方式显示的信息。

(2)“CPU”选项卡。显示 CPU 的使用情况。左侧是进程、服务、关联的句柄、关联的模块的信息，右侧是 CPU 的总体使用情况和 CPU 各核心使用情况的图形显示。

(3)“内存”选项卡。左侧显示计算机中各个进程的使用情况以及物理内存的分配情况，右侧以图形方式显示内存使用情况。

(4)“磁盘”选项卡。显示计算机中磁盘的详细使用信息。左侧显示进程的读写信息，右侧以图形方式显示磁盘读写速率的信息。

(5)“网络”选项卡。显示计算机中各个进程的网络活动信息。左侧显示网络活动的进程、网络活动、TCP 连接和侦听端口的信息，右侧以图形方式显示网络带宽的使用情况。

2.4 Windows 10 附件及工具

为了满足用户的不同需求，Windows 10 操作系统自带了许多非常实用的程序工具，如便笺、画图、计算器、记事本、写字板、截图工具等。这些系统自带的程序虽然体积小巧、功能简单，但却发挥着很大的作用。即使计算机中没有安装专业的应用程序，通过使用 Windows 10 自带的程序，也能满足日常工作需求，让用户使用计算机时更便捷、更有效率。

本节主要介绍 Windows 10 自带的程序工具，打开这些程序工具的操作方法：单击“开始”按钮，选择“Windows 附件”命令，然后根据需要选择所需的程序工具。

2.4.1 便笺

便笺用于帮助用户记录待办事项列表、电话号码、会议通知等，起到提醒用户和记录信息的作用。其最大的优点是以计算机桌面为媒介，不需要任何纸张。

▲常用附件及工具(1)

单击“开始”菜单中的“便笺”命令，可打开一个便笺，如图 2-52(a)所示。在“开始”按钮右边的搜索框中输入“便笺”或“Sticky Notes”，在搜索结果中单击“便笺”按钮也可打开一个便笺。“便笺”中间的空白区为文字输入区域，可直接输入汉字、英文和标点符号。“便笺”界面上方有 3 个按钮。其中，单击 + 按钮，系统会立刻创建一个新的便笺；单击 × 按钮，关闭当前便笺；单击 ··· 按钮，弹出一个列表，包括底色、便笺列表、删除笔记。

- 底色：用于设置便笺的底色(黄色、绿色、粉色、紫色、蓝色、灰色、炭笔)，单击其中一种颜色即可将其设置为便笺的底色。
- 便笺列表：用于记录建立便笺后输入的内容，如图 2-52(b)所示。只要不删除便笺，建立的便笺内容将自动保存，即使关机也会在下次开机时自动打开便笺。如果建立的便笺比较多，还可以搜索便笺。也可以将便笺同步到云，方法是单击笔记列表右上角的“设置”按钮 ⚙，在打开的“设置”对话框中进行设置。

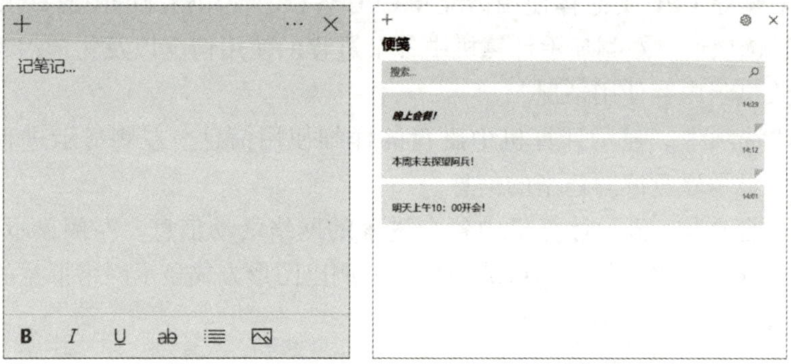

(a) (b)

图 2-52 “便笺”界面和便笺列表

• 删除笔记：用于删除建立的便笺。当删除便笺时，将弹出确认对话框，单击“删除”按钮即可删除便笺。

在“便笺”界面的最下方，提供了对便笺内容进行格式设置的图标，如加粗、倾斜、下画线、删除线、切换项目符号、添加图像。操作方法：选择便笺内容，直接单击相应图标即可得到相应的效果。如果要添加图片，单击“添加图像”图标，弹出“打开”对话框，确定图片所在的位置及图片名称，单击“打开”按钮。

2.4.2 画图

画图软件用于绘制、编辑图形以及为图形着色。可以使用画图软件绘制简单的图形、制作有创意的设计，或者将文本和设计图案添加到其他图形中。利用画图软件，可以打开并查看 WMF 和 EMF 格式的图像文件，也可以打开并保存 BMP、JPEG、GIF、PNG 及 TIFF 格式的图像文件。

单击“Windows 附件”中的“画图”程序，打开“画图”窗口，如图 2-53 所示。整个窗口主要由以下几部分组成。

• 快速访问工具栏：包含常用操作的快捷按钮，方便用户使用。用户可以自定义该工具栏。

• 标题栏：位于窗口的最上方，显示当前文件名，包括“最小化”、“最大化/向下还原”和“关闭”按钮。

• 选项卡：用于实现对画图的一些常用操作，包括“文件”菜单及“主页”和“查看”选项卡。

• 功能区：提供绘制、编辑图形时所需的各种常用工具，单击其中的按钮即可使用选取的工具，选择其中某些工具可激活其他栏中的选项。

• 绘图区：绘制、编辑图形的区域，可调节大小。

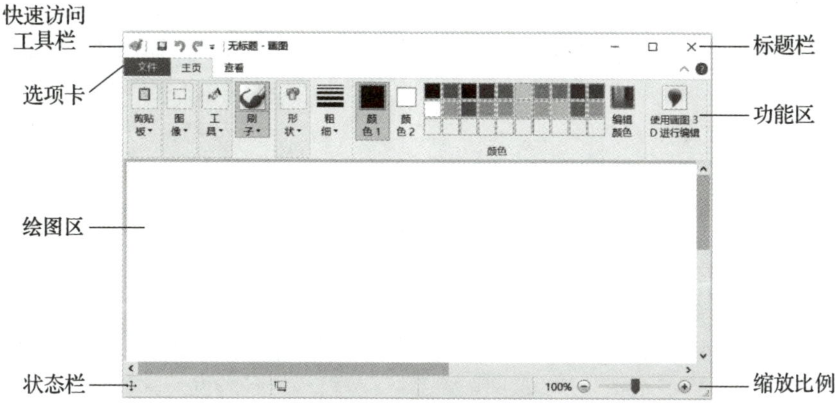

图 2-53 “画图”窗口

- 状态栏：显示当前绘图区的状态。
- 缩放比例：用于调整绘图区的比例大小。

1. 绘制图形

根据用户需求，利用画图软件提供的各种工具，绘制相应图形。绘制图形时要注意各种工具的搭配，以产生最佳效果。可以借助颜色、线条粗细、形状、刷子、工具及图形选择工具进行绘制。

2. 编辑图形

单击“画图”窗口的“文件”菜单，选择其中的“打开”命令，确定要打开的图形文件，单击“打开”按钮。也可以直接右击要打开的文件，从弹出的快捷菜单中选择“打开方式”子菜单中的“画图”命令，打开要编辑的图形文件。编辑图形主要涉及的操作有翻转与旋转、调整与扭曲、裁剪、缩放和移动等。绘制或编辑图形后，可直接单击快速访问工具栏中的“保存”按钮，进行保存操作。

2.4.3 计算器

计算器是 Windows 10 操作系统中的一个数学工具，其功能和日常生活中的计算器的功能类似。计算器除了提供标准的加、减、乘、除等运算外，还提供科学、程序员和日期计算等运算功能以及转换器功能。单击“开始”菜单中的“计算器”命令，打开“计算器”窗口，如图 2-54(a)所示。

计算器默认的计算模式为标准型，其使用方法与现实生活中的计算器的使用方法基本相同，单击操作界面中的相应按钮即可得出计算结果，也可借助键盘上的数字键输入数据。对于不同的用户，计算器设计了不同的计算模式，可以更好地适应不同的工作场景。单击窗口左上角的“打开导航”按钮 ≡，如图 2-54(b)所示，可以看到计算器提供了“计算器”(包括标准、科学、程序员、日期计算)和“转换器”(包括货币、容量、长度)两大类计算模式，只需单击其中的一个子模式便可打开该模式窗口，进行相应计算。对计算器中的数据还可以进行复制、粘贴操作，从而将计算器计算出的数据应用在其他地方。

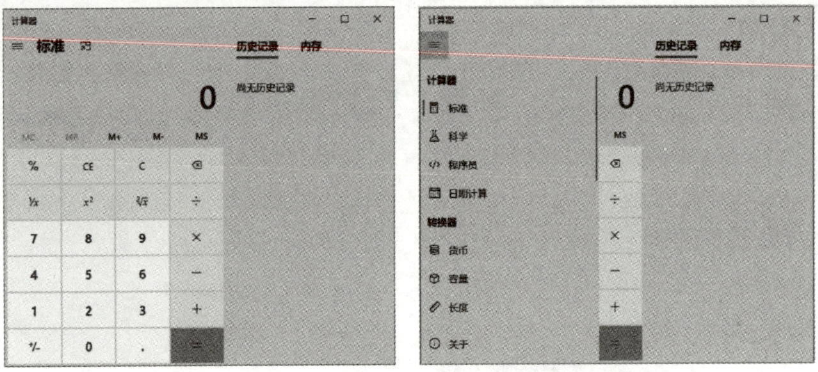

(a)　　(b)

图 2-54　“计算器”窗口及计算器模式

2.4.4　记事本

Windows 10 操作系统提供的记事本是一个简单的文本编辑器，用于进行纯文本的简单编辑，不支持复杂格式以及图文混排，其保存的文件的扩展名为 txt。单击“开始”菜单的“Windows 附件”子菜单的“记事本”命令，打开“记事本”窗口，如图 2-55(a)所示；或在“开始”按钮右边的搜索框中输入“记事本”或“Notepad”，单击搜索结果中的“记事本”按钮也可打开“记事本”窗口。

在“记事本”窗口的文本编辑区域可以输入文字。记事本主要提供了两类格式编辑，均在“格式”菜单中。若选择“自动换行”命令，在输入文本后按 Enter 键，文本将自动分段。若选择“字体”命令，则可以设置字体格式，包括字体、字形和字号。操作方法：选中文本，单击“格式”菜单中的“字体”命令，弹出“字体”对话框，如图 2-55(b)所示。根据需要进行字体的设置，单击“确定”按钮使设置生效。

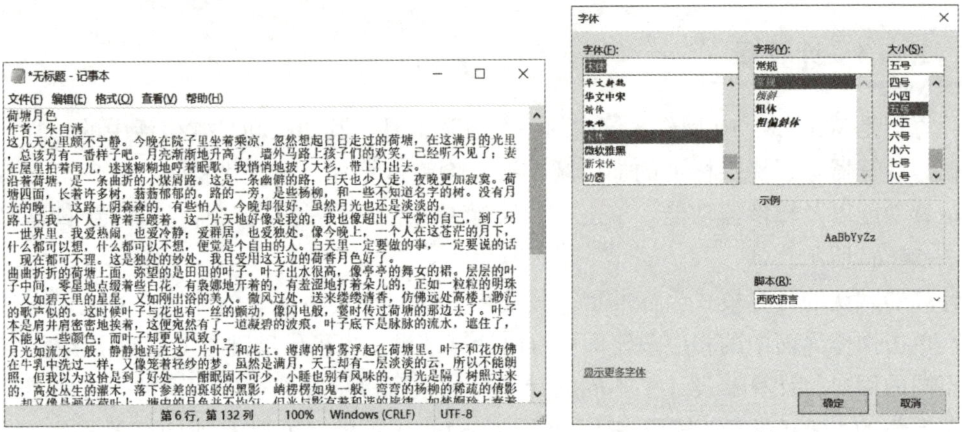

(a)　　(b)

图 2-55　“记事本”窗口和“字体”对话框

记事本中的文本支持常规的编辑操作，如复制、粘贴、查找、替换等。

编辑完成后，单击“文件”菜单中的“保存”或“另存为”命令，根据提示进行保存。

2.4.5 写字板

写字板是 Windows 10 自带的一个功能强大的文字编辑和排版工具，不仅可以用于创建、编辑、查看和打印文档，还可以用于输入文本、设置文本格式、插入图片等。

▲常用附件及工具(2)

单击“开始”菜单的“Windows 附件”子菜单中的“写字板”命令，打开“写字板”窗口，如图 2-56(a)所示。在“开始”按钮右边的搜索框中输入“写字板”或“Wordpad”，单击搜索结果中的“写字板”按钮也可打开“写字板”窗口。“写字板”窗口主要由快速访问工具栏、标题栏、选项卡、功能区、文档编辑区、状态栏和缩放比例等部分组成，和“画图”窗口的结构类似，各部分的功能和操作方法也类似，这里不再赘述。与“画图”窗口的不同之处在于，“写字板”窗口的文档编辑区用于输入及编辑文本，而不是用于绘制图形。用写字板创建的文档的默认扩展名为 rtf。本书在第 3 章将详细讲解 Word 2016 文字处理软件，因此此处对写字板的相应编辑操作仅进行概要介绍。

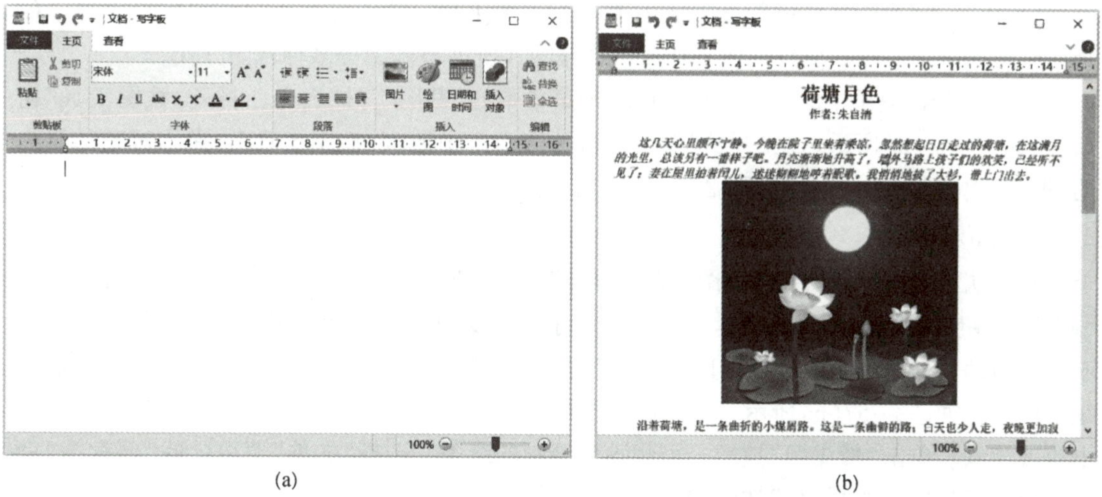

图 2-56 “写字板”窗口及“荷塘月色 .rtf”设置后的显示效果

1. 创建文档

启动“写字板”程序后，会自动创建一个空白文档，默认名为“文档 .rtf”。在窗口的文档编辑区中有一个闪烁的竖条，称为插入点，用于确定输入文档内容的位置。选择一种输入法，然后在文档编辑区中输入文档内容。在输入文档内容时，输入一段文字后，按 Enter 键分段，再输入下一段文字。在输入文字的同时，还可以插入特殊符号、图片、日期和时间、绘图以及对象(如 Excel 工作表、公式、图表等)。

2. 编辑文档

输入完文档内容后即可对文档进行编辑，编辑操作主要涉及文档内容的选定、复制和移动、格式设置等。

(1)选定。从选定内容的开始处，拖动鼠标到选定内容的结束位置。还可以用其他方法选定一行、一段、全文，操作方法：在选定栏(将鼠标指针移至文档左侧的空白处，鼠标指针变成一个箭头，此区域称为选定栏)处单击、双击、三击可分别选中一行、一段、全文。

(2)复制和移动。先选定要复制或移动的内容，在“主页”选项卡的“剪贴板”组中单击“复制”或“剪切”按钮，然后单击目标位置处，再单击“粘贴”按钮。复制、剪切、粘贴可通过功能区、快捷菜单和快捷键等方式实现。

(3)格式设置。写字板的格式设置主要包括设置字符格式、段落格式、项目符号和编号等，可通过功能区或快捷菜单中的相应命令实现。图 2-56(b)是以“荷塘月色 .rtf”为编辑对象，进行字符格式和段落格式设置后的显示效果。

(4)保存。在文档编辑过程中或者编辑完成时，应注意及时保存文档，以避免丢失文档。单击快速访问工具栏中的“保存”或“另存为”按钮，根据提示进行保存操作，或通过选择“文件”菜单中的相应命令实现。

2.4.6 截图工具

Windows 10 操作系统的附件中提供了一个截图工具，能够方便用户截取屏幕上显示的画面，包括矩形截图、窗口截图、任意格式截图、全屏幕截图等多种截图方式。

单击“开始”菜单中的“Windows 附件”子菜单中的“截图工具”命令，打开“截图工具”窗口，如图 2-57(a)所示。在“开始”按钮右边的搜索框中输入“截图工具”，单击搜索结果中的“截图工具”按钮，也可打开“截图工具”窗口。

1. 矩形截图

在默认设置下，打开的“截图工具”窗口即矩形截图模式。单击“截图工具”窗口中的“新建”按钮，在截图工具的工具栏之外，鼠标指针变为十字形状，用户只需按住鼠标左键不放并拖动，即可选定一个矩形区域。松开鼠标左键，在“截图工具”窗口内将显示截取的矩形区域，如图 2-57(b)所示。可以通过选择“笔”或“荧光笔”工具，在截图上或截图周围书写或绘画。单击“橡皮擦”按钮，可删除已绘制的线条。选择“文件”菜单中的“保存为”命令或单击工具栏中的“保存”按钮进行保存。

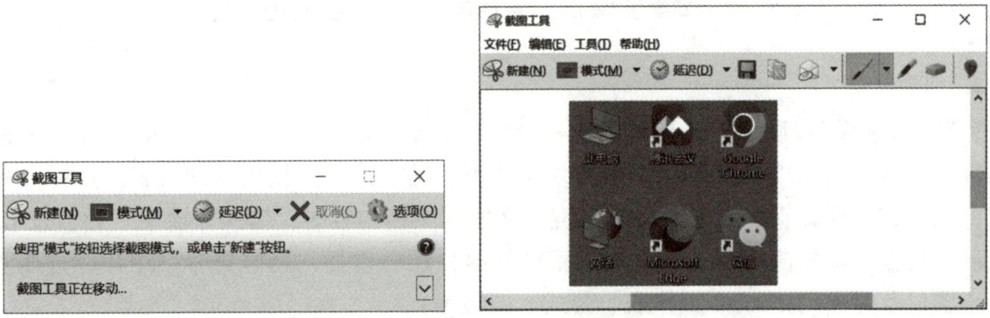

(a) (b)

图 2-57 “截图工具”窗口及截取的矩形区域

2. 窗口截图

在“截图工具”窗口中，单击“模式”下拉按钮，在弹出的下拉菜单中选中“窗口截图”选项，截图工具会自动识别当前打开的窗口区域。用户只需在要截取的窗口中单击，即可截取该窗口，截图结果自动显示在“截图工具”窗口中。

注意：要截取的窗口不能被遮挡，否则被遮挡的部分出现的是其他窗口的内容。

3. 任意格式截图

任意格式截图可以不受形状的限制，截取屏幕上任意大小的一块区域。单击“模式”下拉按钮，在弹出的下拉菜单中选中“任意格式截图”选项，即可拖动鼠标在屏幕上截取一个任意大小和形状的区域，截取的区域自动显示在“截图工具”窗口中。

4. 全屏幕截图

用户若要截取整个计算机屏幕，可使用全屏幕截图功能。单击“模式”下拉按钮，在弹出的下拉菜单中选择“全屏幕截图”选项，即可自动截取当前屏幕中的内容，屏幕内容自动显示在“截图工具”窗口中。

5. 截图选项

在“截图工具”窗口中单击“选项”按钮，可打开“截图工具选项”对话框，用户可在该对话框中设置相关参数，单击“确定”按钮关闭该对话框。

2.4.7 磁盘清理和磁盘优化

长期使用的计算机的磁盘上会产生大量的临时文件。这些文件既占用磁盘空间，又影响磁盘性能，甚至导致系统运行故障，因此，间隔一段时间就需要对磁盘进行清理。同时，由于用户经常添加或删除程序、创建或删除文件，磁盘中会产生零星的小文件块，称为碎片。碎片也会影响系统性能，需要进行磁盘碎片整理(磁盘优化)。Windows 操作系统提供了这方面的功能，现介绍如下。

1. 磁盘清理

磁盘清理的具体操作步骤如下。

(1)单击“开始”按钮，选择“Windows 管理工具”子菜单中的“磁盘清理”命令，弹出如图 2-58(a)所示的“磁盘清理：驱动器选择”对话框；或者在“开始”按钮右边的搜索框中输入“磁盘清理”或“Cleanmgr”，单击搜索结果中的“磁盘清理”按钮。

(2)选择要清理的驱动器，单击“确定”按钮，系统将自动扫描要清理的驱动器。

(3)扫描结束后，弹出如图 2-58(b)所示的磁盘清理对话框。选择要删除的文件，单击“确定”按钮，将弹出一个对话框。在对话框中单击“删除文件”按钮，系统立即开始清理磁盘。

磁盘清理还有一种操作方法：打开“文件资源管理器”窗口，在导航窗格中单击“此电脑”按钮或直接双击桌面上的“此电脑”图标；然后在右侧的内容窗格中右击要清理的盘符，在弹出的快捷菜单中选择“属性”命令；在弹出的属性对话框中单击“磁盘清理”按钮，然后在弹出的磁盘清理对话框中进行操作。

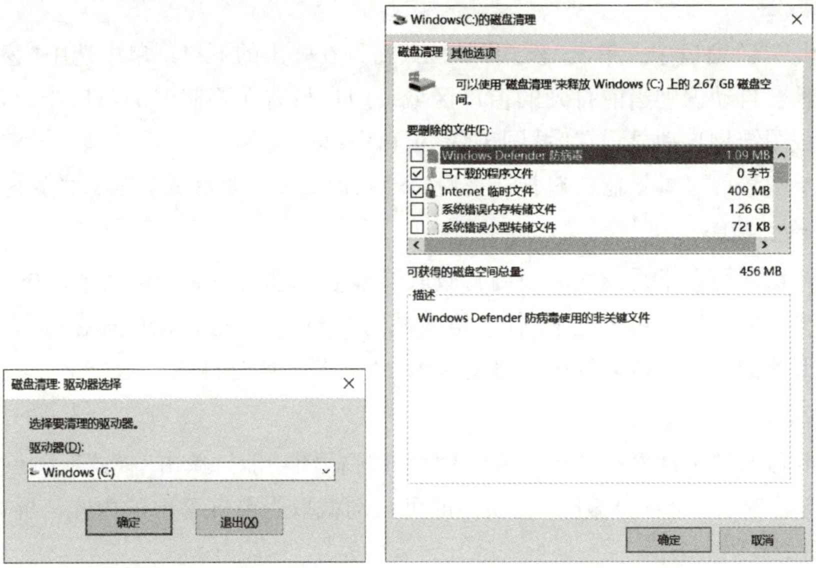

(a)　　　　　　　　　　　　　　(b)

图 2-58　"磁盘清理：驱动器选择"对话框及磁盘清理对话框

2. 磁盘优化

磁盘优化的具体操作步骤如下。

(1) 单击"开始"按钮，选择"Windows 管理工具"子菜单中的"碎片整理和优化驱动器"命令，弹出如图 2-59(a) 所示的"优化驱动器"窗口。在"开始"按钮右边的搜索框中输入"碎片整理"，单击搜索结果中的"碎片整理和优化驱动器"按钮，也可打开该窗口。

(2) 分别选定 C 盘和 D 盘，单击"优化"按钮，系统将自动对选定的磁盘进行磁盘碎片整理。

(3) 也可以对磁盘优化设定操作计划。单击"更改设置"按钮，弹出如图 2-59(b) 所示的"优化计划"对话框，设置对应磁盘以及操作计划，单击"确定"按钮。

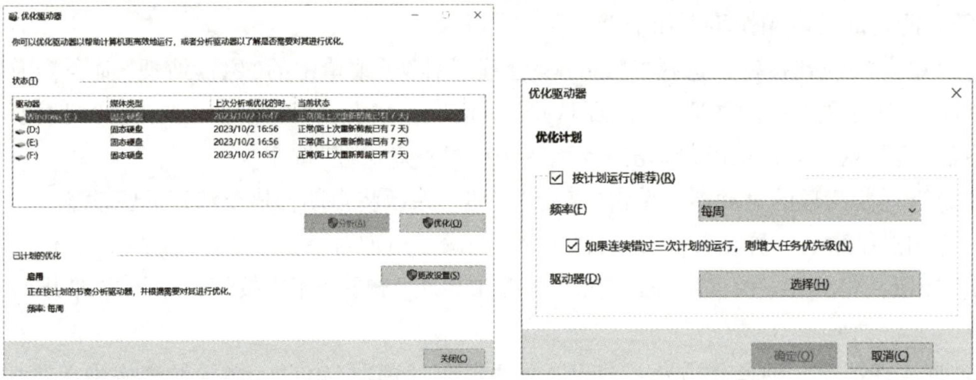

(a)　　　　　　　　　　　　　　(b)

图 2-59　"优化驱动器"窗口和"优化计划"对话框

磁盘优化还有一种操作方法：打开“文件资源管理器”窗口，在导航窗格中单击“此电脑”按钮或直接双击桌面上的“此电脑”图标；然后在右侧的内容窗格中右击要优化的盘符，在弹出的快捷菜单中选择“属性”命令；在弹出的属性对话框中选择“工具”选项卡，单击“优化”按钮，也可以打开“优化驱动器”窗口。

习 题 2

1. 如何在 Windows 10 中更改账户设置？
2. Windows 10 桌面的常见组成元素有哪些？
3. 窗口和对话框的主要区别是什么？请举例说明。
4. 什么是快捷方式？它与普通文件或文件夹有何不同？
5. 如何为常用程序创建桌面快捷方式？
6. 文件资源管理器的主要功能是什么？列举其支持的三种常见操作。
7. 如何通过“控制面板”窗口或“设置”窗口更改用户账户权限？简述操作路径。
8. 任务管理器的主要功能有哪些？请列举两种典型的应用场景。
9. 截图工具在 Windows 10 中有哪些使用场景？请列举两种截图模式并说明其特点。
10. 磁盘清理工具和磁盘优化工具的作用分别是什么？两者如何配合才能提升系统性能？

第 3 章 Word 2016 文字处理软件

文字处理软件是为利用计算机进行文字处理工作而设计的应用软件。它将文字的输入、编辑、排版、存储和打印融为一体，彻底改变了用纸和笔进行文字处理的传统方式，可以将表格、图形和声音等内容穿插于字里行间，使得文章的表达层次清晰、图文并茂。

本章将以 Word 2016 为例，介绍文字处理软件的基本功能和使用方法。

3.1 Word 2016 的工作环境

3.1.1 工作窗口

在“开始”菜单中选择“Word 2016”命令，在 Word 2016 窗口中单击“空白文档”按钮，进入 Word 2016 的工作窗口，如图 3-1 所示。

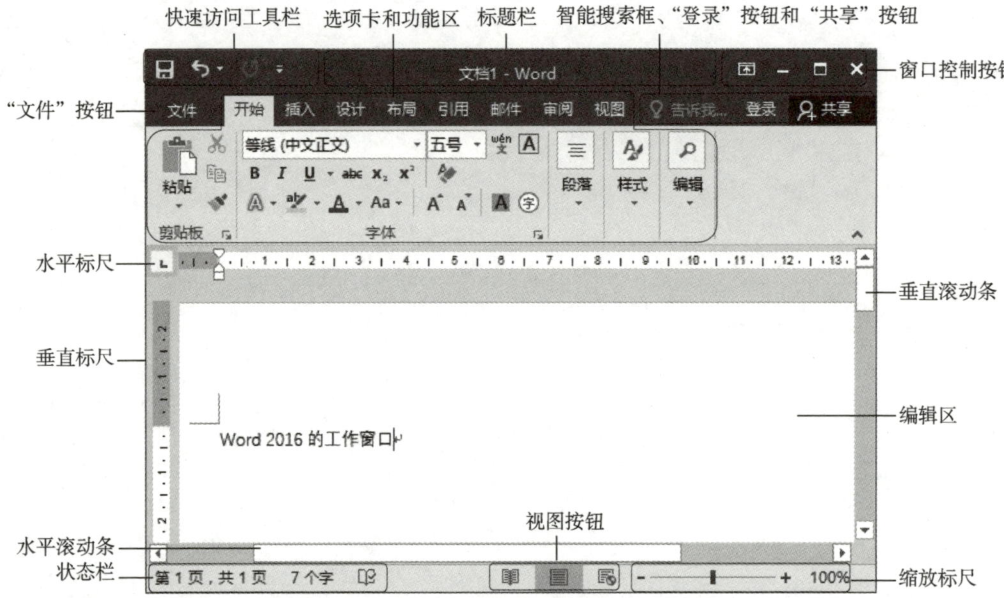

图 3-1 Word 2016 的工作窗口

1. 快速访问工具栏

快速访问工具栏用于放置一些常用按钮，默认情况下包括“保存”、“撤销”和“重复”3个按钮，用户可以根据需要进行添加。

2. 标题栏

标题栏用于显示当前文档名和应用程序名。每次进入 Word 2016 时，第一个创建的空白文档的名称为“文档 1”，如果此时再创建空白文档，则默认名称依次是“文档 2”“文档 3”……。Word 2016 文档的扩展名是 docx。

3. 窗口控制按钮

窗口控制按钮包括“功能区显示选项”、“最小化”、“最大化/向下还原”和“关闭”4 个按钮，用于显示、调整和关闭文档窗口及功能区。其中，功能区显示选项有 3 个：“自动隐藏功能区”、“显示选项卡”和“显示选项卡和命令”。

4. “文件”按钮

“文件”按钮用于打开“文件”菜单，菜单中包括“新建”、“打开”和“保存”等命令。

5. 选项卡和功能区

选项卡将相同的命令归类，单击选项卡就可以展示对应的功能区界面，其中包括各种功能命令按钮，Word 2016 将同一选项卡下的各功能命令按钮划分为不同的组。

6. 智能搜索框、“登录”按钮和“共享”按钮

智能搜索框是功能区上的“告诉我您想要做什么”搜索框，在其中输入想要执行的操作即可轻松利用该功能获得帮助；“登录”按钮用于登录 Office，便于从任何位置访问云文档；“共享”按钮用于与他人实时协作，共享、共同编辑文档(文档需要先保存到 OneDrive 上)。

7. 水平标尺和垂直标尺、水平滚动条和垂直滚动条

水平标尺和垂直标尺用于显示或定位文档的位置。

拖动滚动条可向左、向右或向上、向下查看文档中未显示的内容。

8. 编辑区

编辑区是用于显示或编辑文档内容的工作区域。编辑区中闪烁着的竖直条称为光标或插入点，代表当前的文字插入位置。

9. 状态栏和缩放标尺

状态栏用于显示当前文档的页数、总页数、字数、拼写和语法、使用语言、输入状态、宏等信息；缩放标尺用于对编辑区的显示比例和缩放尺寸进行调整，标尺右侧会显示当前缩放比例的具体数值。

10. 视图按钮

视图按钮用于切换文档的查看方式，这里显示的是 3 种常用视图：阅读视图、页面视图、Web 版式视图。用户可以在各个视图间进行切换。

- 阅读视图(📖)：用于阅读和审阅文档。该视图以书页的形式显示文档，页面被设计为正好填满屏幕，可以在阅读文档时显示注释、设置布局等。

● 页面视图（▤）：Word 2016 默认的视图，也是制作文档时常用的一种视图。在这种视图下，不但可以显示各种格式化的文本，而且可以将页眉、页脚、图片和分栏排版等格式化操作的结果也显示在合适的位置上，文档在屏幕上的显示效果与文档的打印效果完全相同，真正做到“所见即所得”。

● Web 版式视图（）：用于显示文档在 Web 浏览器中的外观。在这种视图下，可以方便地浏览和制作 Web 网页。

除了这 3 种视图，Word 2016 还提供了大纲视图和草稿视图。大纲视图以大纲形式显示文档，便于创建标题和移动整个段落；草稿视图仅用于查看文档中的文本，便于快速编辑，因为页眉、页脚、图片等对象不会显示。这两种视图可通过“视图”选项卡的“视图”组中的相应按钮进行设置。

3.1.2 功能命令

要熟练使用 Word 2016，关键是学会使用 Word 2016 的功能命令。着重掌握两点：一是在哪里可以找到需要的命令；二是怎样执行命令，包括先做什么、后做什么以及执行时的注意事项。

Word 2016 的功能命令的使用包括选择命令、撤销命令、恢复命令和重复命令。

1. 选择命令

选择命令有以下 3 种方法。

（1）从功能区中选择相应的功能按钮、功能组对话框。其中，功能组对话框是通过单击功能组右下角的箭头图标（对话框启动器按钮）打开的。简单的操作可以通过单击功能按钮完成，复杂的操作使用对话框更为方便。

（2）使用快捷菜单。

（3）使用快捷键。

其中，快捷菜单是选择命令的一种常用方式。在 Word 2016 中，选中某些内容时右击，将弹出一个快捷菜单，快捷菜单中列出的命令与选中的内容有关。

2. 撤销命令

Word 具有记录近期刚完成的一系列操作步骤的功能。若用户操作失误，则可以通过单击快速访问工具栏中的“撤销”按钮（快捷键为 Ctrl+Z），取消对文档所做的修改，使操作回退一步。Word 2016 还具有多级撤销功能，如果需要取消再前一次的操作，则继续单击“撤销”按钮。

3. 恢复命令

快速访问工具栏中还有一个“恢复”按钮，其功能与“撤销”按钮正好相反，它可以恢复被撤销的一步或任意多步操作。

4. 重复命令

如果需要多次进行某种同样的操作，则可以单击快速访问工具栏中的“重复”按钮（快捷键为 Ctrl+Y），重复前一次的操作。

3.2 创建文档的基本操作

使用 Word 2016 可以创建多种类型的文档，其基本操作类似，主要包括新建文档、输入文本、编辑文档、保存和保护文档以及打开文档等。这些操作可以通过单击“文件”按钮，然后在打开的菜单中选择相应的命令，以及单击“开始”选项卡的“剪贴板”组和“编辑”组中的相应按钮来实现。

3.2.1 新建文档

启动 Word 2016，系统会自动新建一个空白文档；也可以在 Word 2016 工作窗口中单击“文件”按钮，在打开的菜单中单击“新建”命令，然后单击“空白文档”按钮来新建文档。

3.2.2 输入文本

创建好空白文档后，接下来的工作就是输入文本。

1. 输入状态

通过键盘输入文本有两种状态：插入和改写。在插入状态下，状态栏中出现“插入”按钮，输入的字符插在光标所在位置；在改写状态下，状态栏中出现“改写”按钮，输入的字符将替代光标后的字符。要在插入和改写状态之间切换，可以单击“插入”或“改写”按钮，或按键盘上的 Insert 键。输入文本一般在插入状态下进行。

2. 输入文本的一般步骤

(1)光标定位，分为以下两种情况。

- 光标定位在文档中：在欲插入文本处单击。
- 光标定位在文档外：在当前文本范围之外的区域双击。

(2)选择输入法，有 3 种操作方法：单击任务栏右侧的输入法指示器，在打开的菜单中选择需要的输入法；按 Ctrl+Shift 快捷键在英文和各种中文输入法之间切换；按 Ctrl+Space(空格键)快捷键或按 Shift 键在英文和系统首选中文输入法之间切换。

3. 输入文字

选择好中文输入法之后，就会有一个如图 3-2 所示的输入法状态栏(此处以搜狗输入法为例)出现在文档窗口下方来帮助输入。输入法状态栏最左侧是“菜单”按钮，其他常用按钮分别为“中/英文(Shift)”、“中/英文标点(Ctrl+.)”、“语音”和“输入方式”。

图 3-2 输入法状态栏

4. 输入符号

除了普通文字，文档中还经常需要输入一些符号。各种符号的输入方法如下。

(1)输入常用的标点符号。在中文标点符号状态下，直接按键盘上的标点符号键，如按 . 键，会输入句号“。”；按 \ 键，会输入顿号“、”；若使用快捷键，如按 Shift+<键和 Shift+>键，会分别输入书名号“《”和“》”，按 Shift+^键，会输入省略号“……”；等等。

(2)输入特殊的标点符号、数学符号、单位符号、希腊字母等。可以利用输入法状态栏上的“输入方式”按钮输入这些字符。操作方法：单击输入法状态栏上的“输入方式”按钮，在打开的面板中单击“符号大全”按钮，打开“符号大全”对话框，再选中需要的符号。

(3)输入特殊的图形符号，如✂、🕮等。可以在“插入”选项卡中单击“符号”组中的“符号”下拉按钮，在下拉菜单中选择“其他符号”命令，在打开的“符号”对话框中进行操作。

5. 插入日期和时间

如果需要快速地在文档中插入各种标准的日期和时间，可以在“插入”选项卡中单击“文本”组中的“日期和时间”按钮，打开“日期和时间”对话框，选择需要的日期和时间格式即可。如果希望每次打开文档时时间自动更新为打开文档的时间，还需要在“日期和时间”对话框中勾选“自动更新”复选框。

6. 插入文件

有时需要将另一个文件的全部内容插入当前文档的光标处，此时可以单击“插入”选项卡的“文本”组中的“对象”下拉按钮，在下拉菜单中选择“文件中的文字”命令，打开“插入文件”对话框，在其中选择需要的文件插入。

7. 插入网络文字素材

有时在文档中需要引用从 Internet 上找到的信息，这时，可以将网页文字复制到文档中。操作方法：在浏览器窗口中选择所需文字并右击，在弹出的快捷菜单中选择“复制”命令，将所选文字放入“剪贴板”；打开 Word 文档，定位光标，单击“开始”选项卡的“剪贴板”组中的“粘贴”下拉按钮，在下拉菜单中选择“选择性粘贴”命令，在打开的“选择性粘贴”对话框中选择“无格式文本”，将不带任何格式的文字插入文档中。需要注意的是，不要直接单击“粘贴”按钮，它会把网页文字中的许多排版格式(如表格边框)一同带到文档中，这些格式信息将给文档后续的排版操作带来困难，增加许多工作量。

例 3-1

创建一个新文档，写一封信，内容如下(要求其中的日期有自动更新功能)。

> 滴滴：你好！
>
> 听说你最近对历史很着迷，特寄给你两本我国古代著名的史书『春秋·左传』和『史记』，希望你能喜欢！
>
> 有空常联系。☎：88888888；🖃：diandian@163.com。
>
> 纸短情长，再祈珍重！
>
> 点点
>
> 2023年3月31日星期五晚🕗

操作步骤如下。

新建一个空白文档，输入文档内容。其中，日期和一些特殊符号使用下面的方法输入。

①日期：单击“插入”选项卡的“文本”组中的“日期和时间”按钮，打开“日期和时间”对话框，在“语言(国家/地区)”下拉列表中选择“中文(中国)”，在“可用格式”列表框中选择需要的格式，并勾选“自动更新”复选框。

②『、』、·符号：单击输入法状态栏上的“输入方式”按钮，在打开的面板中单击“符号大全”按钮，打开“符号大全”对话框，找到相应的符号并单击即可完成输入。

③☎、🖂、🕗符号：单击“插入”选项卡的“符号”组中的“符号”下拉按钮，在下拉菜单中选择“其他符号”命令，打开“符号”对话框，在“符号”选项卡的“字体”下拉列表中选择“Wingdings”，然后从相应符号集中选择需要的符号，单击“插入”按钮或者直接双击该符号即可完成输入。

3.2.3 文档编辑

对于输入的内容经常要进行插入、删除、移动、复制、替换、拼写和语法检查等编辑工作，这些操作都可以通过“开始”选项卡的“剪贴板”组和“编辑”组中的相应按钮来实现。文档编辑遵循的原则是“先选中，后执行”。被选中的文本一般高亮显示，容易与未被选中的文本区分开。

1. 选中文本

选中文本有两种方法，即基本的选中方法和利用选中区的方法。

1)基本的选中方法

- 鼠标选中：将鼠标指针移至欲选取的段落或文本的开头，按住鼠标左键并拖曳，经过需要选中的内容后松开鼠标左键。
- 键盘选中：将光标移至欲选取的段落或文本的开头，同时按住 Shift 键和方向键选中内容。

2)利用选中区的方法

在编辑区的左边有一竖直的长条形空白区域，称为选中区。当把鼠标指针移动到该区域时，鼠标指针变为右向箭头，在该区域单击，可选中鼠标指针所指的一整行文字；在该区域双击，会选中鼠标指针所在的段落；在该区域三击，整个文档全部被选中。另外，在选中区中拖曳鼠标可选中连续的若干行。

若要取消选中，在编辑区的任意位置单击或按方向键即可。

2. 编辑文档

- 插入：在插入状态下，将光标移动到想要插入字符的位置然后输入字符即可。如果要插入一个空行，只需要将光标定位在需要产生空行的行首处，然后按 Enter 键。
- 删除：选中要删除的内容后，按 Backspace 键或 Delete 键。

删除段落标记可以实现合并段落的功能。要将两个段落合并，可以将光标定位在第 1 段的段落标记前，然后按 Delete 键，这样两个段落就合并成了一个段落。

例 3-2

对例 3-1 中的文档进行如下编辑处理。

①在信的最前面插入一行标题“一封信”。

②在“滴滴：你好！”后面插入一段内容。

③将“纸短情长，再祈珍重！”与前一段落合并为一段。

> 一封信
>
> 滴滴：你好！
>
> 我近来在学习《论语》中为人处世的道理，其中“三人行，必有我师焉”让我学会了选择朋友；“不耻下问”让我学会了如何攻克更多难题；“君子成人之美，不成人之恶”让我学会了怎样做一个君子……
>
> 听说你最近对历史很着迷，特寄给你两本我国古代著名的史书『春秋·左传』和『史记』，希望你能喜欢！
>
> 有空常联系。☎：88888888；✉：diandian@ 163. com。纸短情长，再祈珍重！
>
> 点点
>
> 2023 年 3 月 31 日星期五晚🕘

操作步骤如下。

①将光标置于“滴滴：你好！”段首，按 Enter 键，产生一个空行，在空行中输入“一封信”。

②将光标置于“滴滴：你好！”段尾，按 Enter 键，产生一个空行，然后输入需要的内容。

③将光标置于“有空常联系。☎：88888888；✉：diandian@ 163. com。”这一段的段落标记前，按 Delete 键。

3. 移动或复制

移动或复制文本常用的操作方法：选中文本块并右击，在弹出的快捷菜单中选择“剪切”或“复制”命令(或单击“开始”选项卡的“剪贴板”组中的“剪切”按钮或“复制”按钮)，然后将光标移至要插入文本的位置并右击，在弹出的快捷菜单中选择“粘贴选项”命令(或单击“开始”选项卡的“剪贴板”组中的“粘贴”按钮)。执行粘贴操作时，根据所选的内容，Word 2016 提供了 3 种粘贴方式：保留源格式(默认方式)、合并格式和只保留文本，用户可以根据需要自行选择。

4. 查找和替换

如果想在一篇长文档中查找某段文字，或者想用新输入的一段文字代替文档中已有的且出现在多处的特定文字，则可以使用 Word 2016 提供的查找和替换功能。从网上获取文字素材时，由于网页制作软件排版功能的局限性，文档中经常会出现一些非打印字符，此时，可利用查找和替换功能进行处理。例如，当文档中空格比较多时，可以在“查找和替换”对话框的“查找内容”下拉组合框中输入空格符号，在“替换为”下拉组合框中不进行任何字符的输入，单击“全部替换”按钮将多余的空格删除。

▲查找和替换

例 3-3

把例 3-2 的文档中所有的“你”替换为带着重号的蓝色字“您”。

操作步骤如下。

①单击“开始”选项卡的“编辑”组中的“替换”按钮，打开“查找和替换”对话框，在“查找内容”下拉组合框中输入待查找文字“你”。

②在“替换为”下拉组合框中输入目标文字“您”，单击“更多”按钮(此时按钮标题变为“更少”)，然后单击“格式”下拉按钮，在下拉菜单中选择“字体”命令，在打开的“字体”对话框中设置字体颜色为“蓝色”，着重号为“.”，单击“确定”按钮，返回“查找和替换”对话框，如图 3-3 所示。

③单击“全部替换”按钮，则文档中所有满足条件的文字均被替换成目标文字。

若单击“替换”按钮，则只是将按默认方向查找到的第 1 处文字替换成目标文字。

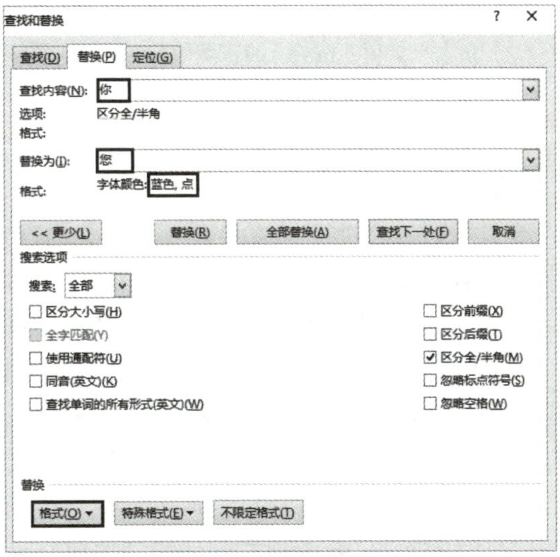

图 3-3 “查找和替换”对话框

注意：在单击“格式”按钮进行设置前，光标应定位在“替换为”下拉组合框中，如果不小心把“查找内容”下拉组合框中的文字进行了格式设置，则可以单击“不限定格式”按钮来取消该格式，重新操作。

5. 检查拼写和语法

用户输入的文本，难免会出现拼写和语法上的错误。Word 2016 提供了自动拼写和语法检查功能，这是由其拼写检查器和语法检查器来实现的。

单击“审阅”选项卡的“校对”组中的“拼写和语法”按钮，拼写检查器就会使用拼写词典检查文章中的每一个词，如果该词在拼写词典中，拼写检查器就认为它是正确的，否则就会加红色波浪线来报告错词信息，并根据拼写词典中能够找到的词给出修改建议。如果 Word 2016 指出的错误不是拼写或语法错误(如人名、公司或专业名称的缩写等)，则可以单击“忽略”或“全部忽略”按钮忽略错误提示，继续文档其余内容的检查工作。也可以把它们添加到拼写词典中，避免以后再出现同样的问题。语法检查器则会根据当前语言的语法结构，指出文章中潜在的语法错误，并给出解决方案，帮助用户校正句子的结构或词语的使用。

目前，Word 2016 对英文的拼写和语法检查的正确率较高，对中文校对的作用不大。

3.2.4 保存和保护文档

用户输入和编辑的文档是存放在内存中并显示在屏幕上的，如果不执行存盘操作，一旦死机或断电，文档可能因为得不到保存而丢失。只有外存(如磁盘)上的文件才可以长期保存，所以当完成文档的编辑工作后，应及时把文档保存到外存上。

1. 保存文档

保存文档的常用方法有以下两种。

(1)单击快速访问工具栏中的“保存”按钮。

(2)单击“文件”按钮，在菜单中单击“保存”或“另存为”命令。

“保存”和“另存为”命令的区别在于：“保存”命令是以新替旧，用新编辑的文档取代原文档，原文档不再保留；而“另存为”命令相当于文件复制，即建立了当前文件的一个副本，原文档依然存在。

新文档第一次执行“保存”命令时，会出现“另存为”对话框。此时，需要指定文件的三要素：保存位置、文件名、文件类型。Word 2016 默认的文件类型是“Word 文档(＊.docx)”，也可以选择保存为纯文本、PDF、HTML 或其他文件类型。

为了使文档能够及时保存，避免因突然断电等情况造成文件丢失，Word 2016 设置了自动保存功能。在默认情况下，Word 2016 每 10 min 自动保存一次，如果用户所编辑的文档十分重要，则可缩短文档的自动保存间隔时间。操作方法：单击“文件”按钮，在菜单中单击“选项”命令，打开“Word 选项”对话框，在对话框左侧单击“保存”标签；单击“保存自动恢复信息时间间隔”数值框右侧的微调按钮，设置需要的数值即可。需要注意的是，该功能通常在编辑文档内容之前设置，而且只对 Word 文档有效。

2. 保护文档

当用户所编辑的文档属于机密文件时，为了防止其他用户随便查看，可使用密码将其保护起来。操作方法：单击“文件”按钮，在菜单中单击“信息”命令，打开“信息”界面，单击该界面中的“保护文档”下拉按钮，在下拉菜单中选择“用密码进行加密”命令；在打开的“加密文档”与“确认密码”对话框中分别输入所设置的密码；单击“确定”按钮即可。如果要取消文档的密码保护，其操作与设置密码一样，不同的是在打开“加密文档”对话框后，将“密码”文本框中所设置的密码删除。

需要注意的是，上述这种操作方法只能设置文件的打开密码。如果既需要设置文件的打开密码，又需要设置文件的修改密码(防止对此文件误编辑)，操作方法：单击“文件”按钮，在菜单中单击“另存为”命令，选择保存位置后，打开“另存为”对话框。单击对话框中的“工具”下拉按钮，在下拉菜单中选择“常规选项”命令，打开“常规选项”对话框，在“打开文件时的密码”文本框和“修改文件时的密码”文本框中分别输入密码，单击“确定”按钮。在打开的“确认密码”对话框中再次分别输入密码并确定，单击“保存”按钮。

3.2.5 打开文档

单击“文件”按钮，在菜单中单击“打开”命令，可以选择打开最近使用过的文档、OneDrive 上的文档、此电脑上的文档以及其他外部存储设备(如 U 盘、移动硬盘)上的文档等。

3.3 文档排版

文档编辑好后，按要求对文本外观进行修饰，使其变得美观、易读，这就是文档排版。按照操作对象从小到大的顺序，文档排版包括字符排版、段落排版和页面排版。文档排版一般在页面视图下进行，与文档编辑一样，同样需要遵循“先选中，后执行”的原则。

3.3.1 字符排版

字符是指文档中输入的汉字、字母、数字、标点符号和各种符号。字符排版有两种：字符格式化和中文版式。字符格式化包括字符的字体、字号、字形、字体颜色、下划线、着重号、删除线、上下标、艺术字、字符缩放、字符间距、字符和基准线的上下位置等。对于中文字符，还有中文版式。字符排版效果如图 3-4 所示。

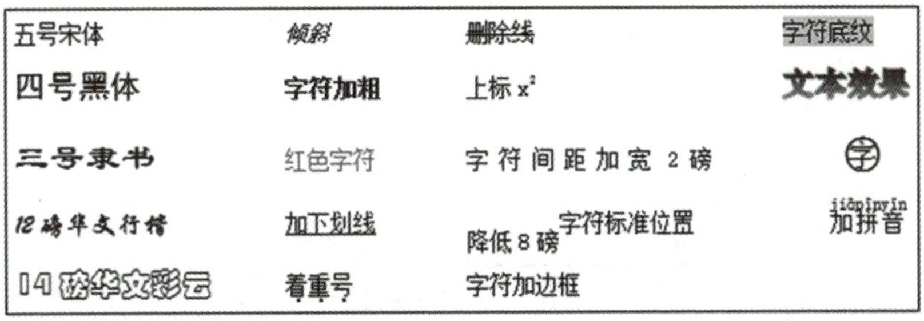

图 3-4　字符排版效果

1. 字符格式化

对字符进行格式化需要先选中文本，否则格式化只对光标处新输入的字符有效。

字符格式化设置主要包括以下几个方面。

- 字体：指文字在屏幕或纸张上呈现的书写形式。字体包括中文字体和英文字体，英文字体只对英文字符起作用，而中文字体则对汉字、英文字符均起作用。字体数量的多少取决于计算机中安装的字体文件的数量。
- 字号：指文字的大小。字号有汉字数码表示和阿拉伯数字表示两种方法。其中，汉字数码越小，字号越大；阿拉伯数字越小，字号越小。默认状态下，字体为宋体，字号为五号。
- 字形：指常规、倾斜、加粗、加粗倾斜等形式。
- 字体颜色：指字符的颜色。
- 字符缩放：指对字符的横向尺寸进行缩放，以改变字符横向和纵向的比例。
- 字符间距：指两个字符的间隔距离，标准的字符间距为 0。当规定了一行的字符数后，Word 2016 会通过加宽或紧缩字符间距进行调整，保证一行能够容纳规定数量的字符。

- 字符位置：指字符在垂直方向上的位置，包括字符的提升和降低。
- 特殊效果：指删除线、上下标、艺术字等文本效果。特殊效果可以使文本更加多样、美观。设置艺术字效果时，可以直接使用 Word 2016 中预设的效果，也可以从轮廓、阴影、映像、发光 4 个方面进行自定义设置。

字符格式化一般通过单击"开始"选项卡的"字体"组中的相应按钮(见图 3-5)或通过"字体"对话框来实现。单击"字体"组的对话框启动器按钮，打开"字体"对话框，其中有"字体"和"高级"两个选项卡，如图 3-6 所示。

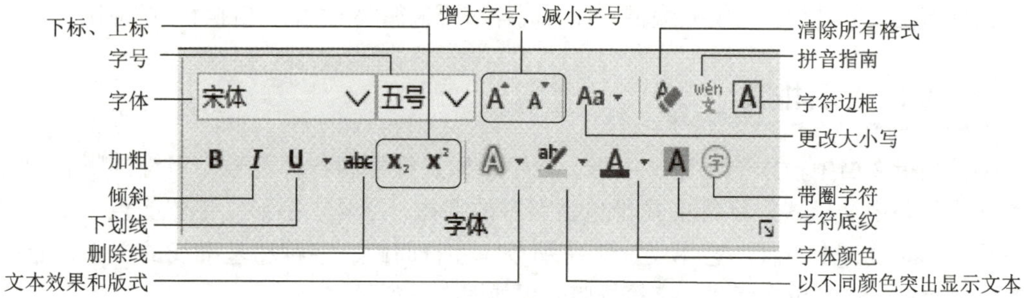

图 3-5 "字体"组中各按钮的功能

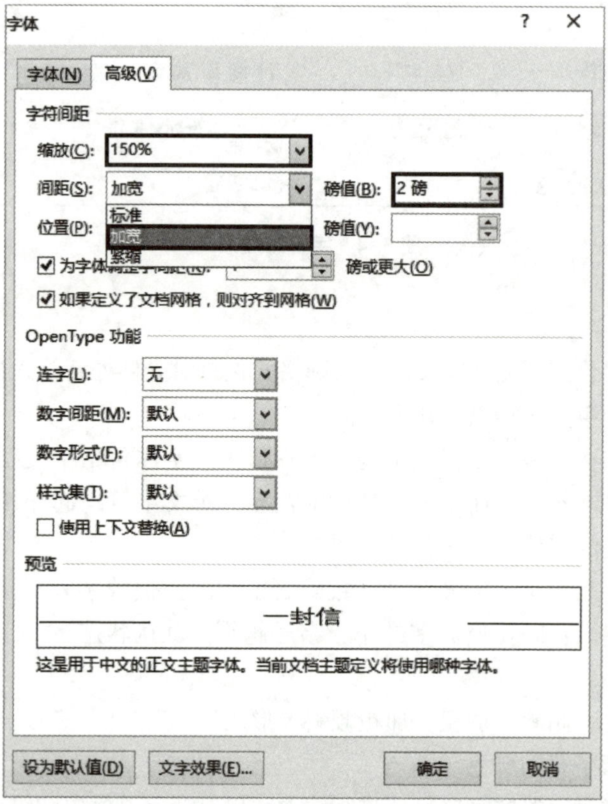

图 3-6 "字体"对话框

● “字体”选项卡：用于设置字体、字号、字形、字体颜色、下划线、着重号和静态效果。

● “高级”选项卡：用于设置字符的缩放比例、间距、位置等。

注意： 选中文本后，其右上角会出现“字体”浮动工具栏，字符格式化也可以通过单击其中的相应按钮快速完成。

2. 中文版式

对于中文字符，Word 2016 提供了具有中文特色的特殊版式，如简体和繁体的转换、加拼音、加圈、纵横混排、双行合一、合并字符等，其效果如图 3-7 所示。

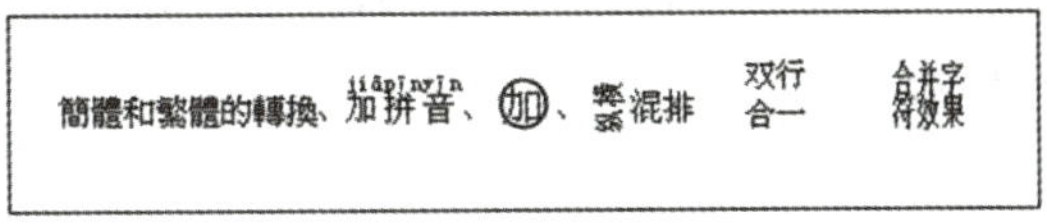

图 3-7　中文版式效果

其中，简体和繁体的转换可以通过单击“审阅”选项卡的“中文简繁转换”组中的相应按钮来实现；加拼音、加圈则通过单击“开始”选项卡的“字体”组中的相应按钮和来实现；其他功能可通过单击“开始”选项卡的“段落”组中的“中文版式”下拉按钮，在展开的下拉菜单中选择相应的命令来完成。

例 3-4

打开例 3-3 中的文档，进行字符排版。

①将标题“一封信”设置为华文琥珀、三号、倾斜；字符缩放 150%，加宽 2 磅。

②使用喜欢的文本效果预设样式设置标题“一封信”，并自定义阴影和发光效果。

③给正文第 2 段加波浪线。

④将“信”字加菱形圈号，变成。

最后的效果如图 3-8 所示。

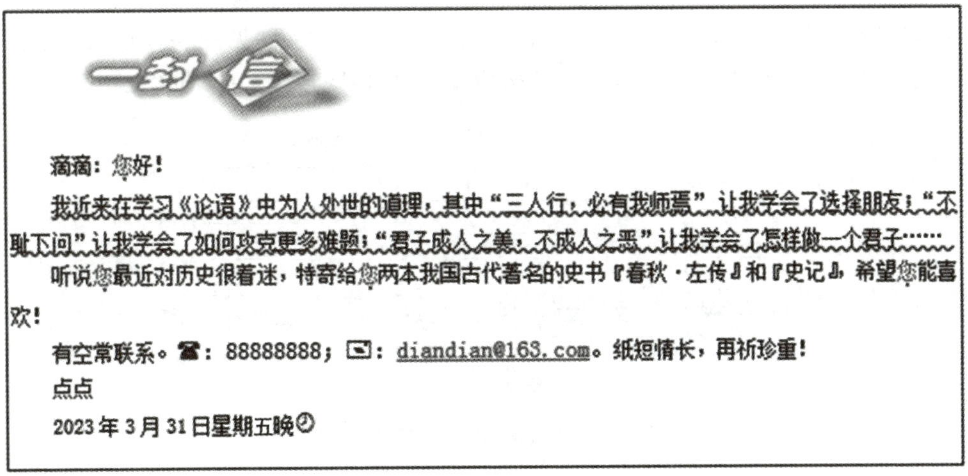

一封信

滴滴：您好！

我近来在学习《论语》中为人处世的道理，其中“三人行，必有我师焉”让我学会了选择朋友；“不耻下问”让我学会了如何攻克更多难题；“君子成人之美，不成人之恶”让我学会了怎样做一个君子……

听说您最近对历史很着迷，特寄给您两本我国古代著名的史书『春秋·左传』和『史记』，希望您能喜欢！

有空常联系。☎：88888888；✉：diandian@163.com。纸短情长，再祈珍重！

点点

2023 年 3 月 31 日星期五晚

图 3-8　“一封信”文档的字符排版效果

操作步骤如下。

①打开文档，选中标题“一封信”，在“开始”选项卡的“字体”组中设置“华文琥珀”“三号”“倾斜”，然后单击该组的对话框启动器按钮，打开“字体”对话框，进行相应设置，如图3-6所示，单击“确定”按钮。

②选中标题“一封信”，单击“开始”选项卡的“字体”组中的“文本效果和版式”下拉按钮，在打开的文本效果库中选择喜欢的样式(如“填充：白色；边框：橙色，主题色2，清晰阴影：橙色，主题色2”)；再次单击“文本效果和版式”下拉按钮，选择“阴影”命令，在打开的阴影效果库中选择一种效果(如“透视”区的“透视：右上”)；再次单击“文本效果和版式”下拉按钮，选择“发光”命令，在打开的发光效果库中选择一种效果(如“发光：11 pt，橙色，主题色2”)。

③选中正文第2段“我近来……”，单击“开始”选项卡的“字体”组中的“下划线”下拉按钮，在打开的下划线库中选择波浪线“~~~~~~”。

④选中“信”字，单击“开始”选项卡的“字体”组中的“带圈字符”按钮，打开“带圈字符”对话框，选择样式为“增大圈号”、圈号为“◇”，如图3-9所示，单击“确定”按钮。

注意：若要清除文档中的所有样式、文本效果和字体格式，单击“开始”选项卡的“字体”组中的“清除所有格式”按钮即可。

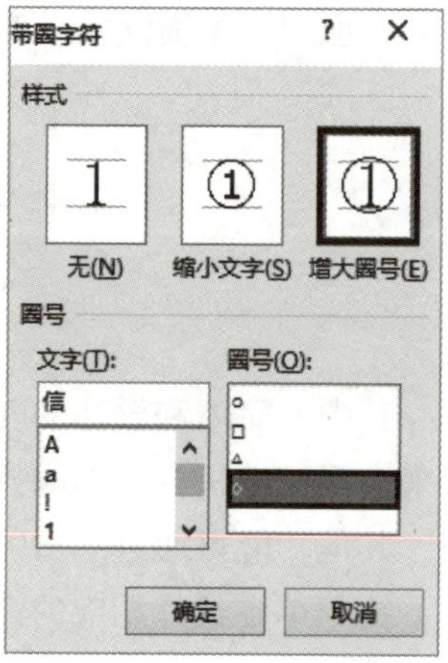

图3-9 “带圈字符”的设置

3.3.2 段落排版

完成字符排版后，应该对段落进行排版。段落由一些字符和其他对象组成，最后是段落标记(↵，按Enter键产生)。段落排版是指设置整个段落的外观，包括对齐方式、段落缩进、段落间距、行距等，同时还可以添加项目符号和编号、边框和底纹等。

段落排版一般通过“开始”选项卡的“段落”组中的相应按钮(见图3-10)或“段落”对话框来完成。单击“段落”组的对话框启动器按钮，可打开“段落”对话框(见图3-11)。

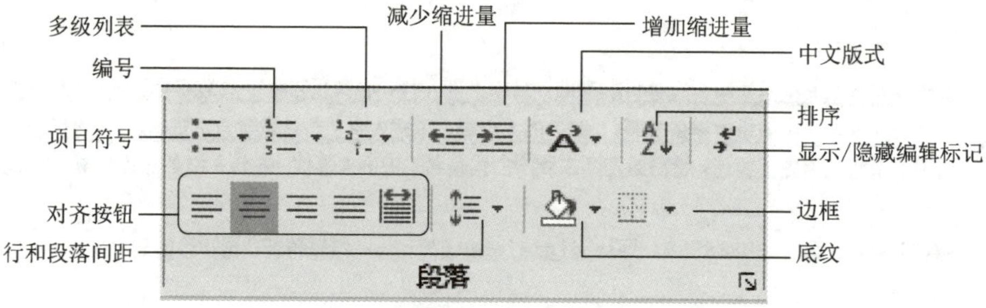

图3-10 “段落”组中各按钮的功能

段落排版主要是从以下几个方面进行设置的。

1. 对齐方式

在文档中对齐文本可以使文本清晰易读。对齐方式一般有 5 种：左对齐、居中、右对齐、两端对齐和分散对齐。其中，两端对齐是以词为单位，自动调整词与词间空格的宽度，使正文沿页面的左、右边界对齐。这种方式可以防止英文文本中一个单词跨两行的情况发生，但对于中文，其效果类似于左对齐。分散对齐是使字符均匀地分布在一行上。

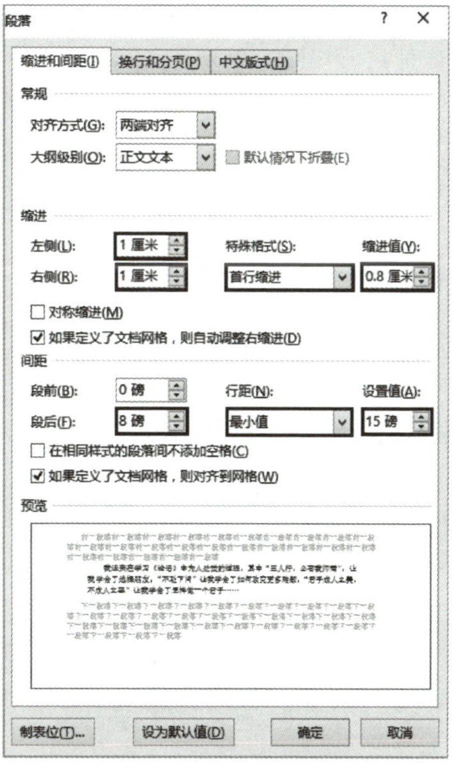

图 3-11 “段落”对话框

2. 段落缩进

段落缩进是指段落各行相对于页面边界的距离。一般规定段落首行缩进两个字符，为了强调某些段落，也可以适当改变缩进。Word 2016 提供了 4 种段落缩进方式。

- 首行缩进：段落第一行的左边界向右缩进一段距离，其余行的左边界不变。
- 悬挂缩进：段落第一行的左边界位置不变，其余行的左边界向右缩进一段距离。
- 左缩进：整个段落的左边界向右缩进一段距离。
- 右缩进：整个段落的右边界向左缩进一段距离。

3. 段落间距与行距

段落间距指当前段落与相邻两个段落之间的距离，包括段前间距和段后间距。加大段落的间距可使文档显示得更清晰。行距指段落中行与行之间的距离，有单倍行距、1.5 倍行距等，如果选择其中的“最小值”、“固定值”和“多倍行距”选项，可在“设置值”数值框中自定义数值。

设置段落缩进和间距时，其值的单位有“磅”、“厘米”、“字符”和“英寸”等，可以单击“文件”按钮，在菜单中单击“选项”命令，打开“Word 选项”对话框，然后单击“高级”选项卡，在“显示”栏中进行度量单位的设置。一般情况下，如果度量单位选择为“厘米”，而“以字符宽度为度量单位”复选框也被勾选的话，则默认的缩进值的单位为“字符”，对应的段落间距和行距的单位为“行”；如果取消勾选“以字符宽度为度量单位”复选框，则缩进值的单位为“厘米”，对应的段落间距和行距的单位为“磅”。

例 3-5

将例 3-4 的文档中的正文第 2 段设置为左、右各缩进 1 厘米，首行缩进 0.8 厘米，行距为最小值 15 磅，段后间距为 8 磅。

操作步骤如下。

①单击“文件”按钮，在菜单中单击“选项”命令，打开“Word 选项”对话框，切换到“高

级”标签，在“显示”栏中确保度量单位是“厘米”(不要勾选下面的“以字符宽度为度量单位”复选框)，如图 3-12 所示。

②选中正文第 2 段(要将段首的空格删除，否则特殊格式的度量单位会是字符而不是厘米)，单击“开始”选项卡的“段落”组的对话框启动器按钮，打开“段落”对话框，进行相应设置(见图 3-11)，单击“确定”按钮。

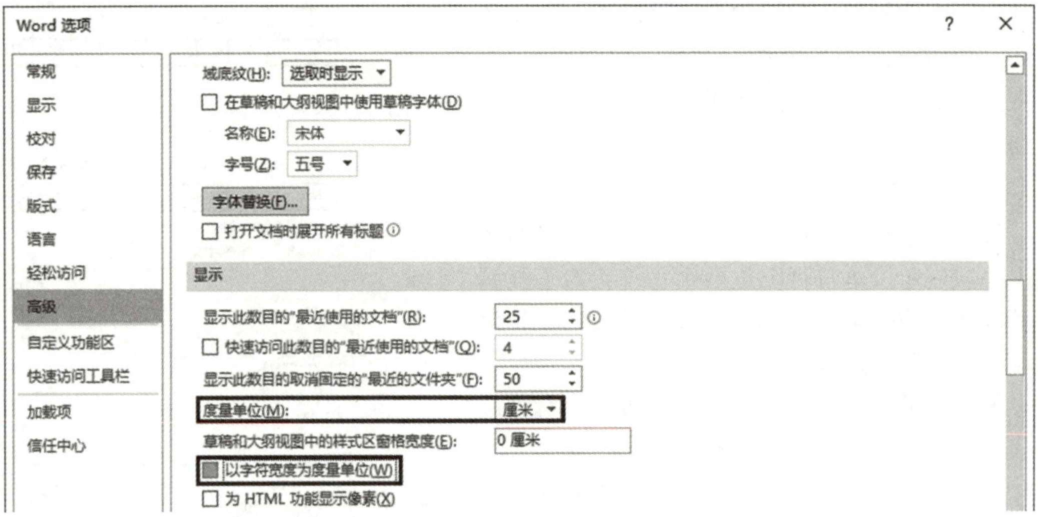

图 3-12　设置段落缩进和间距的单位

4. 项目符号和编号

在文档处理中，为了准确、清楚地表达某些内容之间的并列关系、顺序关系等，经常要用到项目符号和编号。项目符号可以是字符，也可以是图片；编号是连续的数字和字母。Word 2016 具有自动编号功能，当增加或删除段落时，系统会自动调整相关的编号顺序。

添加项目符号和编号的方法：选择需要添加项目符号或编号的若干个段落，然后单击“开始”选项卡的“段落”组中的“项目符号”按钮、“编号”按钮或“多级列表”按钮。

- “项目符号”按钮：用于对选中的段落加上合适的项目符号。单击该按钮右边的下拉按钮，打开项目符号库，可以选择预设的符号，也可以自定义新项目符号。选择其中的“定义新项目符号”命令，打开“定义新项目符号”对话框，单击“符号”和“图片”按钮可以选择符号的样式。如果项目符号是字符，还可以通过单击“字体”按钮进行格式化设置，如改变大小和颜色、加下划线等。
- “编号”按钮：用于对选中的段落加上需要的编号。单击该按钮右边的下拉按钮，打开编号库，选择需要的编号样式，或选择“定义新编号格式”命令，打开“定义新编号格式”对话框，在该对话框中，可以设置编号的字体、样式、格式、对齐方式等。
- “多级列表”按钮：用于创建多级列表。多级列表可以清晰地表明各层次的关系。创建多级列表时，需先确定多级格式，然后输入内容，再通过“段落”组中的“减少缩进量”按钮和“增加缩进量”按钮确定层次关系。项目符号、编号和多级列表的设置效果如图 3-13 所示。

项目符号	编号	多级列表
字符排版	A. 字符排版	1 字符排版
段落排版	B. 段落排版	1.1 段落排版
页面排版	C. 页面排版	1.1.1 页面排版

图 3-13 编号、项目符号和多级列表的设置效果

要去掉项目符号、编号和多级列表，只需要再次单击相应的下拉按钮，在项目符号库、编号库或列表库中单击“无”即可。

5. 边框和底纹

给段落加上边框和底纹，可以起到强调和美化的作用。

添加简单的边框和底纹，可以分别单击“开始”选项卡的“段落”组中的“底纹”按钮和“边框”按钮，较复杂的效果则通过“边框和底纹”对话框来完成。

选中段落，单击“开始”选项卡的“段落”组中的“边框”的下拉按钮，在下拉菜单中选择“边框和底纹”命令，打开“边框和底纹”对话框，如图 3-14 所示，其中有“边框”、“页面边框”和“底纹”3 个选项卡。

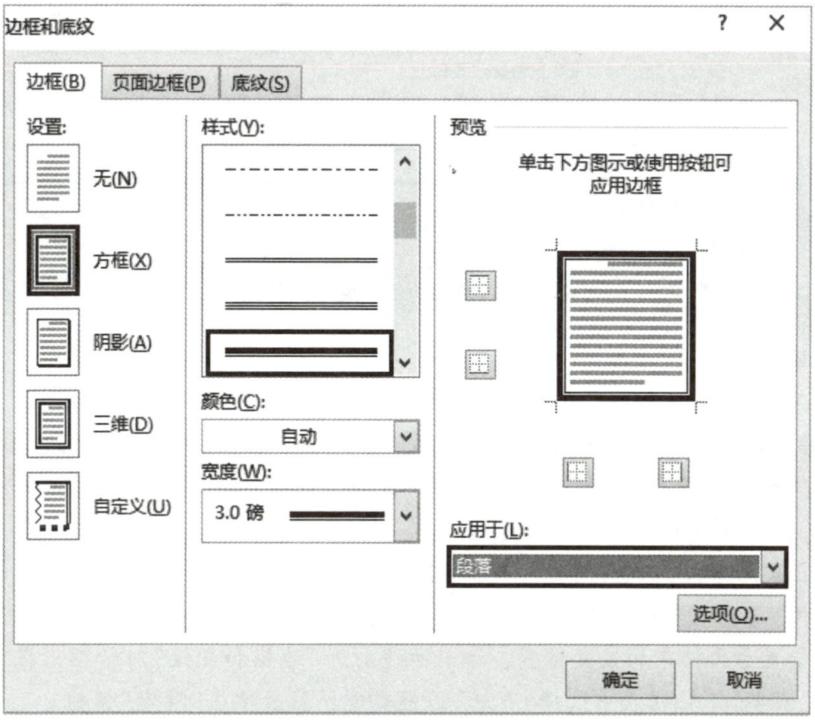

图 3-14 “边框和底纹”对话框

• “边框”选项卡：用于对选中的段落或文字加边框。可以选择边框的类型、样式、颜色和线条宽度等。如果需要对某些边设置边框线，如只对段落设置上、下边框线，则可以单击“预览”栏中的左、右边框按钮将左、右边框线去掉。

- “页面边框”选项卡：用于对页面或整个文档加边框。该选项卡的设置与“边框”选项卡类似，但增加了“艺术型”下拉列表框。
- “底纹”选项卡：用于对选中的段落或文字加底纹。其中，“填充”下拉列表框用于设置底纹的背景色；“样式”下拉列表框用于设置底纹的图案样式(如“浅色上斜线”)；“颜色”下拉列表框用于设置底纹图案中点或线的颜色。

注意：在设置段落的边框和底纹时，要在“应用于”下拉列表中选择“段落”；设置文字的边框和底纹时，要在“应用于”下拉列表中选择“文字”。

例 3-6

给例 3-5 的文档中的正文第 4 段添加外粗内细的段落边框，给第 5 段文字添加“灰色-25%”底纹，给整个页面添加“气球”边框。添加边框和底纹的效果如图 3-15 所示。

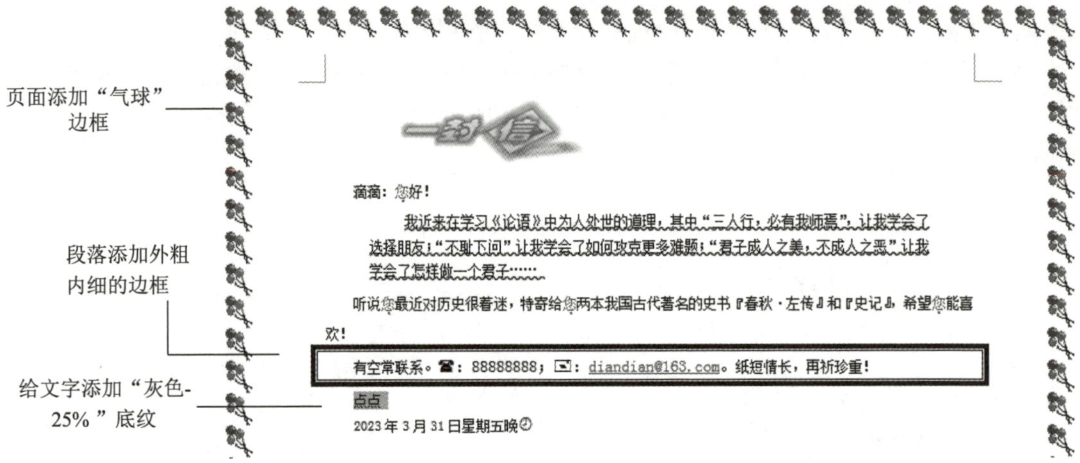

图 3-15　添加边框和底纹的效果

操作步骤如下。

①选中正文第 4 段，单击“开始”选项卡的“段落”组中的“边框”下拉按钮，在下拉菜单中选择“边框和底纹”命令，打开“边框和底纹”对话框，在“边框”选项卡的“设置”栏选择“方框”，在“样式”列表框中选择外粗内细的线型，在“应用于”下拉列表中选择“段落”(见图 3-14)，然后单击“确定”按钮。

②选中正文第 5 段，如前所述打开“边框和底纹”对话框，在“底纹”选项卡的“样式”下拉列表中选择“灰色-25%”，在“应用于”下拉列表中选择“文字”，然后单击“确定”按钮。

③将光标置于文档中的任意位置，如前所述打开“边框和底纹”对话框，在“页面边框”选项卡的“艺术型”下拉列表中选择“气球”边框类型，然后单击“确定”按钮。

6. 格式刷

有时候需要对多个段落使用同一格式，利用“开始”选项卡的“剪贴板”组中的“格式刷”按钮，可以快速复制格式，提高效率。该按钮也可用来实现字符格式的快速复制。格式刷的使用方法如下。

(1)选中要复制格式的文本或段落(如果是段落，在该段落的任意处单击即可)。

(2)单击“开始”选项卡的“剪贴板”组中的“格式刷”按钮。

(3)拖曳鼠标经过要应用此格式的文本或段落。

如果要多次复制同一格式，则把步骤(2)改为双击“格式刷”按钮。若需要退出多次复制操作，则再次单击“格式刷”按钮或按 Esc 键取消。

3.3.3 页面排版

页面排版反映了文档的整体外观和输出效果。页面排版主要包括页面设置、页眉和页脚、脚注和尾注、特殊格式设置(首字下沉、分栏、文档竖排、页面背景)等。

1. 页面设置

页面设置通常包括设置页边距、纸张大小、页眉和页脚的位置、每页容纳的行数和每行容纳的字数等。

这些设置通过单击“布局”选项卡的“页面设置”组中的相应按钮或通过“页面设置”对话框(见图 3-16)来实现。

“页面设置”对话框可通过单击“布局”选项卡的“页面设置”组的对话框启动器按钮打开。该对话框有 4 个选项卡。

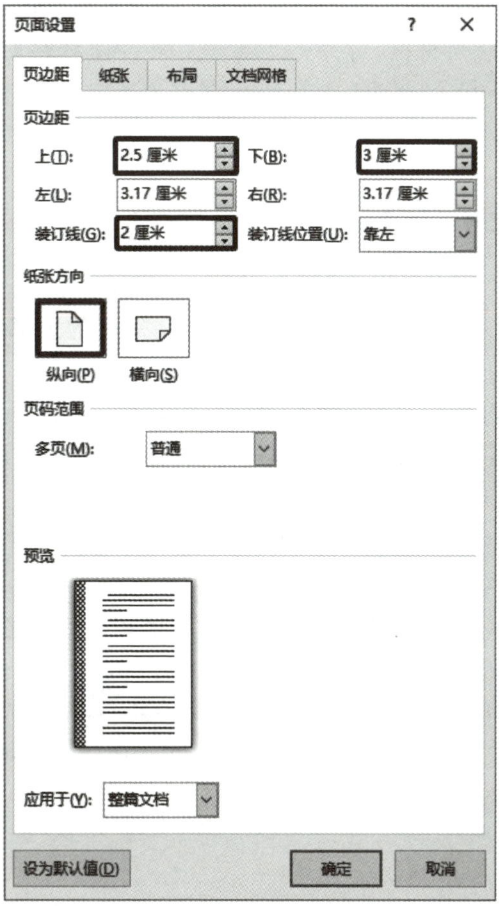

图 3-16 “页面设置”对话框

- “页边距”选项卡：用于设置文档内容与纸张各边的距离，从而确定文档版心的大小。通常正文显示在版心内，包括脚注和尾注，而页眉和页脚显示在页边距上。页边距包括上边距、下边距、左边距和右边距。通过“页面设置”对话框设置页边距的同时，还可以设置装订线位置或选择纸张方向等。还可以通过“页面设置”组中的“页边距”下拉按钮快速设置页边距，它提供了“常规”、“窄”、“中等”、“宽”和“对称”5 种预设方式。纸张方向也可以通过该组中的“纸张方向”下拉按钮快速设置。
- “纸张”选项卡：用于选择纸张的大小。一般默认为 A4 纸。如果当前使用的纸张为特殊规格，可以选择“自定义大小”选项，并通过“高度”和“宽度”数值框定义纸张的大小。纸张大小也可以通过“页面设置”组中的“纸张大小”下拉按钮快速设置。
- “布局”选项卡：用于设置节的起始位置、页眉和页脚的特殊选项(如奇偶页不同、首页不同、与页边界的距离)、页面内容的垂直对齐方式等。

- “文档网格”选项卡：用于设置每页容纳的行数和每行容纳的字数，文字排列方向，以及行、列网格线是否要打印等。

通常，页面设置作用于整个文档。如果需要对部分文档进行页面设置，应在“应用于”下拉列表中选择范围。

例 3-7

对例 3-6 中的文档进行页面设置：上边距为 2.5 厘米，下边距为 3 厘米，页面左边预留 2 厘米的装订线，纸张方向为纵向，纸张大小为 16 开，设置页眉和页脚奇偶页不同，文档中每页 35 行，每行 30 个字。

操作步骤如下。

①打开文档，单击“布局”选项卡的“页面设置”组的对话框启动器按钮，打开“页面设置”对话框，在“页边距”选项卡中进行相应设置，如图 3-16 所示。

②在“纸张”选项卡的“纸张大小”下拉列表中选择“16 开”。

③在“布局”选项卡的“页眉和页脚”栏中勾选“奇偶页不同”复选框。

④在“文档网格”选项卡的“网格”栏中选中“指定行和字符网格”单选按钮，在“每行”数值框中选择或输入“30”，在“每页”数值框中选择或输入“35”。

2. 页眉和页脚

▲页眉和页脚

在文档排版时，有时需要在每页的顶部和底部加入一些说明性信息，这些信息称为页眉和页脚。页眉和页脚可以是文字、图形、图片等，还可以是用来生成各种文本的域代码（如日期、页码等）。域代码与普通文本不同，在显示和打印时会被当前的最新内容代替。例如，日期域代码是根据显示或打印时系统的时钟生成的当前的日期，同样，页码也是根据文档的实际页数生成的当前的页码。

Word 2016 内置了 20 余种页眉和页脚样式，可以直接应用于文档中。可以通过单击“插入”选项卡的“页眉和页脚”组中的相应按钮来完成。

插入页眉的时候，选好样式，进入页眉编辑区，此时正文呈浅灰色，表示不可编辑。页眉内容输入完毕后，双击正文部分完成操作。插入页脚和页码的操作方法与此类似。

编辑时，双击页眉、页脚或页码，窗口中会出现“页眉和页脚工具”→“设计”选项卡，如图 3-17 所示。

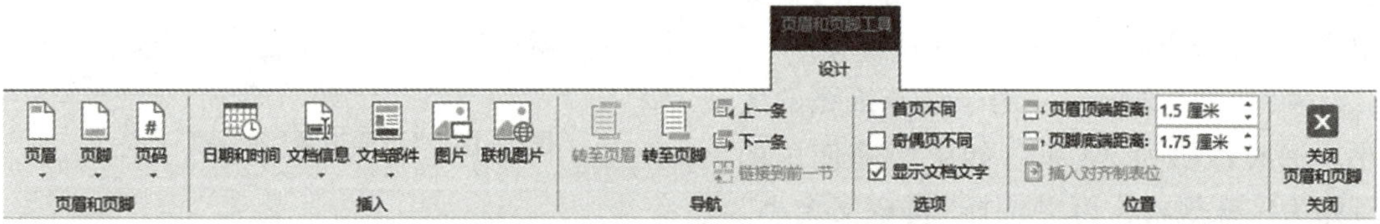

图 3-17 “页眉和页脚工具”→“设计”选项卡

在页眉和页脚区域，还可以根据需要插入图片、日期或时间、域（单击“插入”选项卡的“文本”组中的“文档部件”下拉按钮，在下拉菜单中选择“域”命令）等内容。如果要关闭页眉和页脚的编辑状态而回到正文，直接单击“关闭”组中的“关闭页眉和页脚”按钮即可。

如果要删除页眉和页脚，先双击页眉或页脚，选中要删除的内容，按 Delete 键；或者单击“插入”选项卡的“页眉和页脚”组中的“页眉”或“页脚”下拉按钮，在下拉菜单中选择相应的“删除页眉”或“删除页脚”命令。

在文档中可自始至终使用同一个页眉或页脚，也可在文档的不同部分使用不同的页眉和页脚。例如，首页不同、奇偶页不同，这需要在“页眉和页脚工具”→“设计”选项卡中的“选项”组中勾选相应的复选框。如果文档被分为多个节，也可以设置节与节之间的页眉和页脚互不相同。

3. 脚注和尾注

脚注和尾注用于给文档中的文本加注释。脚注用于对文档某处内容进行注释说明，通常位于页面底端；尾注用于说明引用文献的来源，一般位于文档末尾。一个文档中可以同时包括脚注和尾注。

脚注和尾注由两部分组成：注释引用标记和与其对应的注释文本。对于注释引用标记，Word 2016 可以自动为其编号，还可以创建自定义标记。添加、删除或移动自动编号的注释时，Word 2016 将对注释引用标记重新编号。注释可以使用任意长度的文本，可以像处理其他文本一样设置文本格式，还可以自定义注释分隔符，即用于分隔文档正文和注释文本的线条。

要设置脚注和尾注，可以通过单击“引用”选项卡的“脚注”组中的相应按钮来完成，或单击“脚注”组的对话框启动器按钮，在打开的“脚注和尾注”对话框中进行设置，如图 3-18 所示。

将光标定位在脚注和尾注引用标记前，按 Delete 键，则引用标记和注释文本同时被删除。

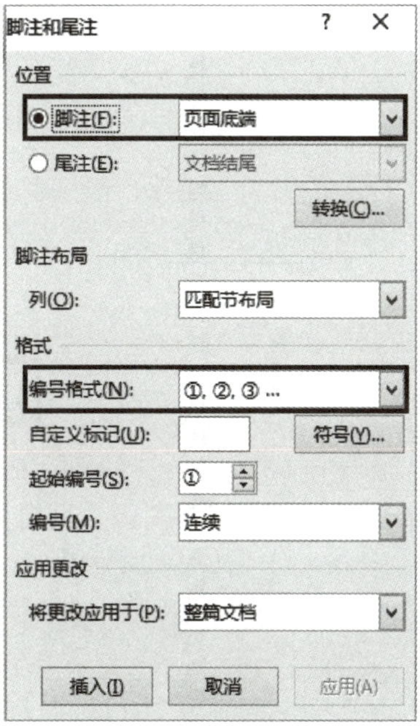

图 3-18 “脚注和尾注”对话框

例 3-8

打开例 3-7 中的文档，设置页眉，内容为“一封信”，选择喜欢的样式插入页码，并为“《论语》”添加脚注，脚注引用标记是①，脚注注释文本是“儒家经典著作”。为标题“一封信”添加尾注，尾注引用标记是“♥”，尾注注释文本是“书信摘选”。添加页眉和页码、脚注和尾注后的效果如图 3-19 所示。

操作步骤如下。

①打开文档，单击“插入”选项卡的“页眉和页脚”组中的“页眉”下拉按钮，在打开的页眉库中选择“空白”样式，在页眉编辑区中输入文字“一封信”。

②在“页眉和页脚工具”→“设计”选项卡的“页眉和页脚”组中单击“页码”下拉按钮，将鼠标指针指向下拉菜单中的“页边距”，在“带有多种形状”区中选择“圆(左侧)”，双击正文或单击“关闭”组中的“关闭页眉和页脚”按钮。

③将光标定位在“《论语》”后面，单击“引用”选项卡的“脚注”组的对话框启动器按钮

↘，打开“脚注和尾注”对话框，选中“脚注”单选按钮，在“编号格式”下拉列表中选择“①，②，③…”（见图 3-18），再单击“插入”按钮，进入脚注区，输入脚注注释文本“儒家经典著作”。

④将光标定位在标题“一封信”后面，单击“引用”选项卡的“脚注”组的对话框启动器按钮↘，打开“脚注和尾注”对话框，选中“尾注”单选按钮，单击“自定义标记”旁边的“符号”按钮，在打开的“符号”对话框中选择“♥”，单击“确定”按钮，再单击“插入”按钮，进入尾注区，输入尾注注释文本“书信摘选”，在尾注区外单击结束输入。

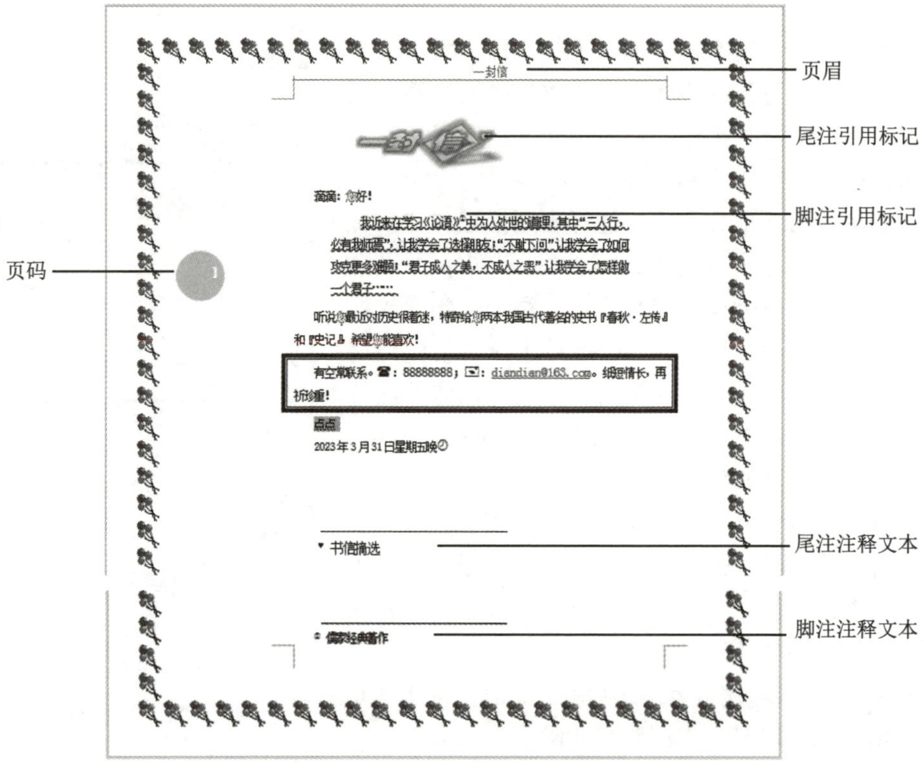

图 3-19　添加页眉和页码、脚注和尾注后的效果

4. 特殊格式设置

（1）分栏：指将一页纸的版面分为几栏，使得页面更生动且更具可读性。这种排版方式在报纸、杂志中经常用到。

分栏排版是通过单击“布局”选项卡的“页面设置”组中的“栏”下拉按钮来操作的。如果分栏效果较复杂，则需要在打开的下拉菜单中选择“更多栏”命令，打开“栏”对话框进行设置。该对话框的“预设”栏用于设置分栏方式，可以等宽地将版面分成两栏、三栏；如果栏宽不等，则只能分成两栏。此外，用户可以选择分栏时各栏之间是否带“分隔线”，还可以自定义分栏形式，按需要设置“栏数”、“宽度”和“间距”。

如果要对文档进行多种分栏，只要分别选择需要分栏的段落，执行分栏操作即可。多种分栏并存时，系统会自动在栏与栏之间增加双虚线的分节符（在草稿视图下可见）。

分栏排版不满一页时，会出现分栏长度不一致的情况，采用等长栏排版可使栏长一致，操作步骤：将光标移至分栏文本的结尾处，单击“布局”选项卡的“页面设置”组中的“分隔符”下拉按钮，在下拉菜单中选择“分节符”区中的“连续”命令。

若要取消分栏，则选择已分栏的文本，改为一栏即可。

(2)首字下沉：将选中段落的第1个字放大数倍，以引导阅读。这也是报纸、杂志中常用的排版方式。

设置首字下沉的方法：选中段落或将光标定位于需要设置首字下沉的段落中，单击“插入”选项卡的“文本”组中的“首字下沉”下拉按钮，在下拉菜单中选择需要的形式即可。若选择其中的“首字下沉选项”命令，将打开“首字下沉”对话框。在该对话框中，不仅可以选择“下沉”或“悬挂”位置，还可以设置字体、下沉行数及与正文的距离。

若要取消首字下沉，则选中已首字下沉的段落，单击“插入”选项卡的“文本”组中的“首字下沉”下拉按钮，在下拉菜单中选择“无”命令即可。

例 3-9

将例3-8的文档中的正文第3段分为等宽2栏，栏宽为4厘米，栏间加分隔线，并设置首字下沉，字体为隶书，下沉行数为2，距正文0.3厘米。分栏和首字下沉的效果如图3-20所示。

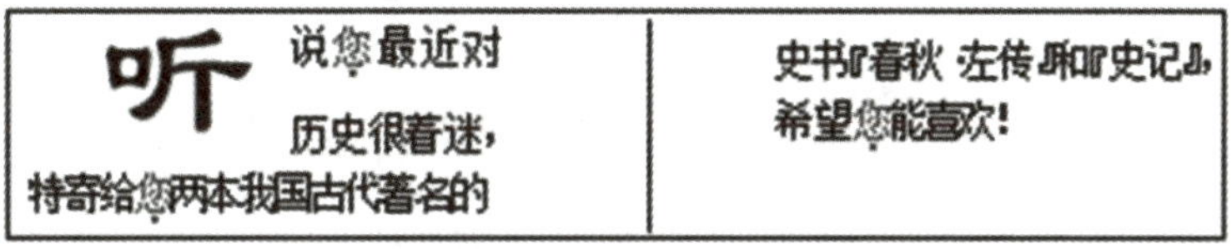

图3-20 分栏和首字下沉的效果

操作步骤如下。

①选中正文第3段，单击“布局”选项卡的“页面设置”组中的“栏”下拉按钮，在下拉菜单中选择“更多栏”命令，打开“栏”对话框。在“预设”栏中选择“两栏”，宽度设为“4厘米”，勾选“分隔线”复选框，然后单击“确定”按钮。

②单击“插入”选项卡的“文本”组中的“首字下沉”下拉按钮，在下拉菜单中选择“首字下沉选项”命令，在打开的“首字下沉”对话框中进行相应设置，然后单击“确定”按钮。

- 文档竖排：通常情况下，文档都是从左至右横排的，但是有时需要特殊效果，如古文、古诗的排版需要竖排。这时，可以单击“布局”选项卡的“页面设置”组中的“文字方向”下拉按钮，在下拉菜单中根据需要选择一种竖排样式。

注意：如果把一篇文档中的部分文字进行竖排，竖排文字会单独占一页进行显示。如果想在一页上既出现横排文字，又出现竖排文字，则需要利用后面介绍的竖排文本框来实现。

(3)页面背景：可以通过为文档添加文字或图片水印、设置文档的颜色或图案填充效果、为页面添加边框这3方面使页面更加美观。这些操作可通过单击“设计”选项卡的“页面背景”组中的相应按钮来实现。

3.4 制作表格

Word 2016 提供的表格处理功能可以方便地处理各种表格，特别适用于制作简单表格(如课程表、作息时间安排表、成绩表等)的情况。如果要制作较大型、复杂的表格(如年度销售报表)，或要对表格中的数据进行大量、复杂的计算和分析，Excel 2016 是更好的选择。

Word 2016 中的表格有 3 种类型：规则表格、不规则表格、文本转换成的表格，如图 3-21 所示。

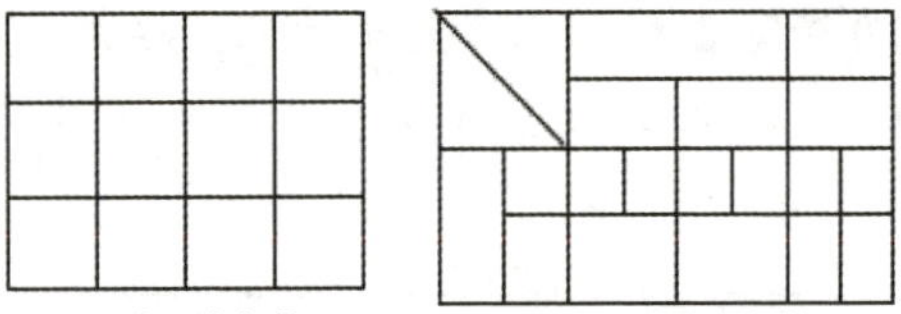

(a) 规则表格　　(b) 不规则表格

乐器名称	数量	单价/元
电子琴	100	1800
钢琴	5	11000
小提琴	20	900

(c) 文本转换成的表格

图 3-21　表格的 3 种类型

对表格的操作可以通过单击“插入”选项卡的“表格”组中的“表格”下拉按钮来完成。

3.4.1 创建表格

1. 建立规则表格

建立规则表格常用的方法：单击“插入”选项卡的“表格”组中的“表格”下拉按钮，在下拉菜单中选择“插入表格”命令，在打开的对话框中设置所需的行数和列数，单击“确定”按钮。

2. 建立不规则表格

建立不规则表格常用的方法：单击“插入”选项卡的“表格”组中的“表格”下拉按钮，在下拉菜单中选择“绘制表格”命令。此时，鼠标指针呈铅笔状，可直接绘制表格外框、行列线和斜线(在线段的起点单击并拖曳鼠标至终点后释放)，表格绘制完成后，单击“表格工具”→“布局”选项卡中的“绘制表格”按钮，取消选中状态。在绘制过程中，可以根据需要选择表格线的线型、宽度和颜色等。对于多余的表格线，可单击“橡皮擦”按钮，然后沿该表格线拖曳鼠标或单击该表格线即可擦除。

3. 将文本转换成表格

按规律分隔的文本可以转换成表格，文本的分隔符可以是空格、制表符、逗号或其他符号等。将文本转换成表格的方法：先选中文本，再单击“插入”选项卡的“表格”组中的“表格”下拉按钮，在下拉菜单中选择“文本转换成表格”命令即可。

注意：文本分隔符不能是中文或全角状态的符号，否则转换不成功。

创建表格时，有时需要绘制斜线表头，即将表格中第一行的第一个单元格用斜线分成几部分，每一部分对应于表格中行和列的内容。对于表格中的斜线表头，可以单击“插入”选项卡的“插图”组中的“形状”下拉按钮，通过使用形状库中“线条”区的“直线”和“基本形状”区的“文本框”共同完成。

3.4.2 输入表格内容

创建好表格后，可以在表格的任意一个单元格中定位光标并输入文字，也可以插入图片、图形、图表等内容。

输入时，按 Tab 键使光标往下一个单元格移动，按 Shift+Tab 快捷键使光标往前一个单元格移动，也可以将鼠标指针直接指向所需的单元格后单击。

要设置表格单元格中文字的对齐方式，可选中文字，在“表格工具”→“布局”选项卡的“对齐方式”组中选择需要的对齐方式。也可以分别设置文字在单元格中的水平对齐方式和垂直对齐方式。其中，水平对齐方式可以利用“开始”选项卡的“段落”组中的对齐按钮进行操作，垂直对齐方式则需要在“表格工具”→“布局”选项卡的“表”组中，单击“属性”按钮（也可以在快捷菜单中选择“表格属性”命令），打开“表格属性”对话框，在“单元格”选项卡中进行操作。

其他设置，如字体、缩进等，与前面介绍的文档排版操作相同。

例 3-10

创建一个带斜线表头的表格，如图 3-22 所示。表格中文字的对齐方式为水平居中对齐（水平方向和垂直方向上都是居中对齐方式）。

科目/姓名	数学	英语	计算机
张三	89	71	92
李四	97	87	88
王五	84	73	95

图 3-22 带斜线表头的表格

操作步骤如下。

①新建一个文档，单击“插入”选项卡的“表格”组中的“表格”下拉按钮，在下拉菜单中选择“插入表格”命令，在打开的“插入表格”对话框中输入列数“4”和行数“4”，单击“确定”按钮。在表格的任意一个单元格中单击，将鼠标指针移至表格右下角，当鼠标指针变成双箭头形状时，按住鼠标左键并拖曳，适当调整表格大小。

②单击第 1 个单元格，单击“插入”选项卡的“插图”组中的“形状”下拉按钮，在下拉菜单中选择“线条”区中的“直线”命令，在第 1 个单元格左上角顶点按住左键拖曳鼠标至右下角顶点，绘制出斜线；然后单击“插入”选项卡的“插图”组中的“形状”下拉按钮，在下拉菜单中选择“基本形状”区中的“文本框”命令，在单元格的适当位置绘制一个文本框，输入“科”。右击文本框，在快捷菜单中选择“设置形状格式”命令，打开“设置形状格式”任务窗格，在“填充”和“线条”选项卡中分别选中“无填充”和“无线条”单选按钮。用同样的方法在斜线表头中输入“目”、“姓”和“名”。

③在表格的其他单元格中输入相应内容，然后选中整个表格中的文字，在“表格工具”→“布局”选项卡的“对齐方式”组中，单击“水平居中”按钮。

3.4.3 编辑表格

表格的编辑操作同样遵循“先选中，后执行”的原则。选中表格的操作如表3-1所示。

表3-1 选中表格的操作

选中范围	鼠标操作
一个单元格	将鼠标指针指向单元格的左下角处，鼠标指针呈向右上方的黑色实心箭头时单击
一行	将鼠标指针指向该行左端边沿处(选中区)时单击
一列	将鼠标指针指向该列顶端边沿处，鼠标指针呈向下的黑色实心箭头时单击
整个表格	单击表格左上角的符号⊞

表格的编辑包括缩放表格，调整行高和列宽，增加或删除行、列和单元格，表格计算和排序，拆分和合并表格、单元格等。这些操作主要通过单击“表格工具”→“布局”选项卡中的相应按钮(见图3-23)或单击快捷菜单中的相应命令来完成。

图3-23 “表格工具”→“布局”选项卡中的按钮

1. 缩放表格

当鼠标指针位于表格中时，在表格的右下角会出现符号“□”，称为句柄。将鼠标指针移动到句柄上，当鼠标指针变成双箭头形状↘时，按住左键拖曳可以缩放表格。

2. 调整行高和列宽

根据不同情况，调整行高和列宽有以下3种方法。

(1)局部调整：可以采用拖曳标尺或表格线的方法。

(2)精确调整：选中表格，在“表格工具”→“布局”选项卡的“单元格大小”组中的“高度”微调框和“宽度”微调框中设置具体的行高和列宽。或者单击“表”组中的“属性”按钮，或在快捷菜单中选择“表格属性”命令，打开“表格属性”对话框，在“行”和“列”选项卡中进行相应设置。

(3)自动调整列宽和均匀分布：选中表格，单击“表格工具”→“布局”选项卡的“单元格大小”组中的“自动调整”下拉按钮，在打开的下拉菜单中选择相应的调整方式。或者在快捷菜单中单击“自动调整”中的相应命令。

3. 增加或删除行、列和单元格

要增加或删除行、列和单元格，可单击“表格工具”→“布局”选项卡的“行和列”组中的相应按钮或选择快捷菜单中的相应命令完成。如果选中的是多行或多列，那么增加或删除的也是多行或多列。

例 3-11

将例 3-10 中的表格设置行高为 2 厘米，列宽为 3 厘米；在表格的底部添加“平均分”行，在表格的最右边添加“总分”列。

操作步骤如下。

①选中整个表格，单击“表格工具”→“布局”选项卡的“单元格大小”组中的“高度”微调框，选择或输入“2 厘米”。同样，在“宽度”微调框中选择或输入“3 厘米”。适当调整斜线表头的大小和位置。

②选中最后一行，单击“表格工具”→“布局”选项卡的“行和列”组中的“在下方插入”按钮，然后在新插入行的第 1 个单元格中输入文字“平均分”。

③选中最后一列，单击“表格工具”→“布局”选项卡的“行和列”组中的“在右侧插入”按钮，然后在新插入列的第 1 个单元格中输入文字“总分”。

设置新增加的行和列中的文字对齐方式为“水平居中”。

4. 表格计算

▲表格计算

在表格中可以完成一些简单的计算，这些操作可以通过使用 Word 提供的函数快速实现。这些函数包括求和(SUM)、平均值(AVERAGE)、最大值(MAX)、最小值(MIN)、条件统计(IF)等函数。但是，与 Excel 电子表格相比，Word 中表格的自动计算能力差，当不同单元格进行同种功能的统计时，必须重复编辑公式或调用函数，效率低。此外，Word 表格计算的最大问题是，当单元格的内容发生变化时，结果不能自动重新计算，必须选中结果，然后按 F9 键，方可更新。

在 Word 2016 中，通过单击“表格工具”→“布局”选项卡的“数据”组中的“公式”按钮 fx 来使用函数或直接输入计算公式。在计算过程中，经常要用到表格的单元格地址。单元格地址用字母后面加数字的方式来表示。其中，字母表示单元格所在列的列标，每一列依次用字母 A，B，C，…表示；数字表示行号，每一行依次用数字 1，2，3，…表示，如 B3 表示第 2 列第 3 行的单元格。作为函数自变量的单元格表示方法如表 3-2 所示。

表 3-2 作为函数自变量的单元格表示方法

函数自变量	含义
LEFT	左边所有单元格
ABOVE	上边所有单元格
单元格 1:单元格 2	从单元格 1 到单元格 2 的矩形区域内的所有单元格。例如，A1:B2 表示 A1、B1、A2、B2 共 4 个单元格中的数据参与计算
单元格 1，单元格 2，…	所有列出来的单元格

注意：其中的“:”和“,”必须是英文的标点符号，否则会导致计算错误。

5. 表格排序

除表格计算外，Word 2016 还可以根据数值、笔画、拼音、日期等方式对表格数据按升序或降序排列。表格排序的关键字最多有 3 个：主要关键字、次要关键字和第三关键字。

如果按主要关键字排序时遇到相同的数据，则可以根据次要关键字排序；如果次要关键字出现相同的数据，则可以根据第三关键字继续排序。

例 3-12

计算例 3-11 的表格中每位学生的总分及每门课程的平均分(要求平均分保留两位小数)，并对表格进行排序(不包括“平均分”行)：先按总分降序排列，如果总分相同，再按计算机成绩降序排列。表格的计算和排序结果如图 3-24 所示。

科目 姓名	数学	英语	计算机	总分
李四	97	87	88	272
王五	84	73	95	252
张三	89	71	92	252
平均分	90.00	77.00	91.67	258.67

图 3-24 表格的计算和排序结果

操作步骤如下。

①计算总分。单击用于存放第 1 位学生总分的单元格，然后单击“表格工具”→“布局”选项卡的“数据”组中的“公式”按钮，打开“公式”对话框，如图 3-25 所示，此时，Word 自动给出的公式是正确的，可以直接单击“确定”按钮。继续单击用于存放第 2 位学生总分的单元格，重复相同的步骤，但这次 Word 自动提供的公式“=SUM(ABOVE)”不符合要求，需要将括号中的内容进行更改。最简单的方法是用“LEFT”替换“ABOVE”，也可以输入“B3，C3，D3”或“B3：D3”(注意其中的标点符号必须是英文形式的)，还可以不使用 SUM 函数，直接在“公式”文本框中输入“=B3+C3+D3”(其中的字母大写或小写均可)。用同样的方法计算出第 3 位学生的总分。

②计算平均分。计算平均分与计算总分类似，区别在于选择的函数是“AVERAGE”。单击存放“数学”平均分的单元格，单击“表格工具”→“布局”选项卡的“数据”组中的“公式”按钮，在打开的“公式”对话框中保留“=”，删除其他内容，然后单击“编号格式”下拉按钮，在其中选择“0.00”(小数点后有几个 0 就是保留几位小数)，再单击“粘贴函数”下拉按钮，在下拉列表中选择“AVERAGE”，然后在“公式”文本框中的括号内单击，输入“ABOVE”，如图 3-26 所示。也可以在括号内输入“B2，B3，B4”或“B2：B4”，或者在“公式”文本框中输入“=(B2+B3+B4)/3”，最后单击“确定”按钮，第 1 个保留两位小数的平均分就算好了。用同样的方法计算出英语和计算机成绩的平均分。

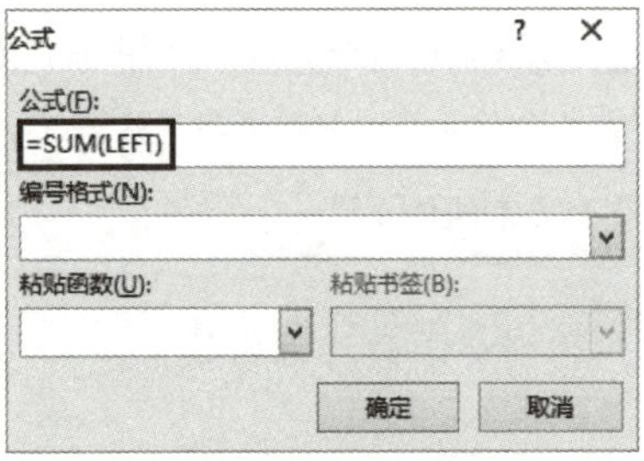

图 3-25 计算总分

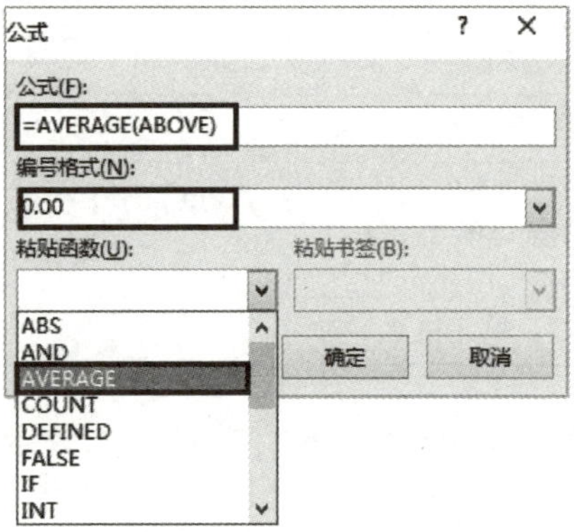

图 3-26 计算平均分

③表格排序。选中表格前 4 行，单击“表格工具”→“布局”选项卡的“数据”组中的“排序”按钮，在打开的“排序”对话框中设置“主要关键字”和“次要关键字”及相应的排序方式，如图 3-27 所示，单击“确定”按钮。

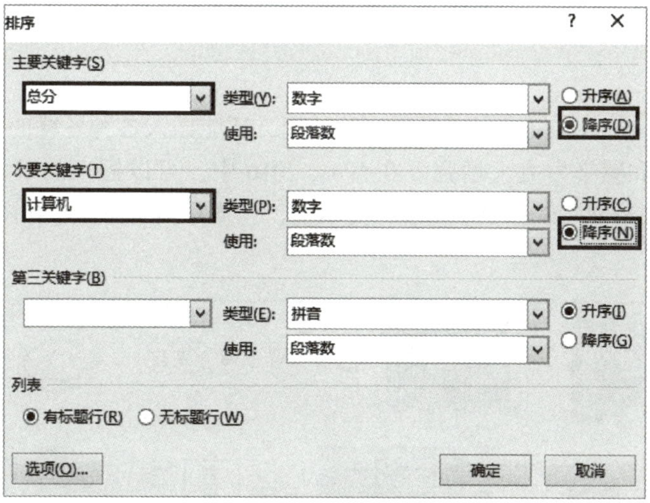

图 3-27 “排序”对话框

6. 拆分和合并表格、单元格

拆分表格是指将一个表格分为两个表格。首先将光标移至表格将要拆分的位置，即第 2 个表格的第 1 行，然后单击“表格工具”→“布局”选项卡的“合并”组中的“拆分表格”按钮，此时原表格拆分为两个表格，且在这两个表格之间存在一个空行。删除这个空行，两个表格又合并成一个表格。

拆分单元格是指将一个单元格分为多个单元格，合并单元格则相反。要拆分和合并单元格，可以通过单击“表格工具”→“布局”选项卡的“合并”组中的“拆分单元格”按钮和“合并单元格”按钮来进行。

3.4.4 格式化表格

1. 自动套用表格格式

Word 2016 为用户提供了百余种表格样式，这些样式包括对表格边框、底纹、字体、颜色等的设置，使用它们可以快速格式化表格。可以通过单击“表格工具”→“设计”选项卡的“表格样式”组中的相应按钮来实现。

2. 边框与底纹

自定义表格外观时，最常见的是为表格添加边框和底纹。使用边框和底纹可以使每个单元格或每行、每列呈现出不同的风格，使表格更加清晰、明了。单击“表格工具”→“设计”选项卡的“边框”组中的“边框”下拉按钮，在下拉菜单中选择“边框和底纹”命令，打开“边框和底纹”对话框，在此对话框中可以进行相关操作，其设置方法与段落的边框和底纹设置类似，只是在“应用于”下拉列表中应选择“表格”。

3.5 插入对象

目前，Word 2016 不仅仅局限于对文字的处理，还能插入各种各样的媒体对象，使文档的可读性、艺术性和感染力大大增强。在 Word 2016 中，可以插入的对象包括各种类型的图片、图形对象(如形状、SmartArt 图形、文本框、艺术字等)、公式和图表等，如图 3-28 所示。

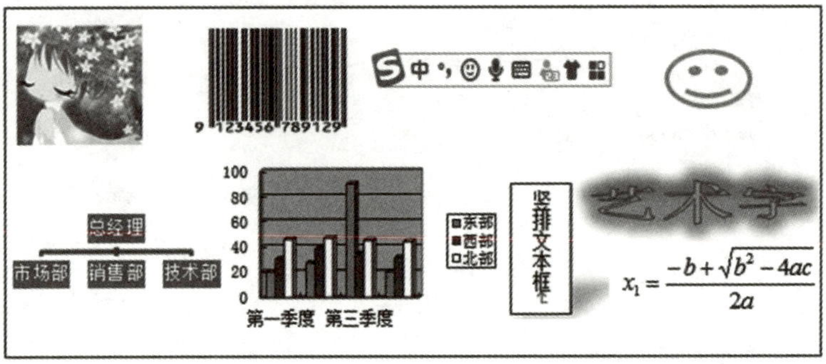

图 3-28 Word 2016 中可以插入的对象

要在文档中插入这些对象，可通过单击“插入”选项卡的“插图”组中的相应按钮、“文本”组中的“文本框”下拉按钮、“艺术字”下拉按钮和“符号”组中的“公式”下拉按钮▲来完成。

如果要对插入的对象进行编辑和格式化操作，可以利用各自的快捷菜单及对应的选项卡完成。图片对应的是“图片工具”选项卡，图形对象对应的分别是“绘图工具”、“SmartArt 工具”、“公式工具”和“图表工具”等选项卡。选中对象，对应的选项卡就会出现。

3.5.1 插入图片

要在文档中插入图片，可以通过单击“插入”选项卡的“插图”组中的相应按钮进行操作。

例 3-13

新建一个空白文档，插入一张图片、一个程序窗口图像(截取整个程序窗口)以及搜狗输入法状态栏图标(截取窗口中的部分内容)。

操作步骤如下。

(1) 插入一张图片。

①将光标移至文档中需要放置图片的位置。

②单击“插入”选项卡的“插图”组中的“图片”下拉按钮，在下拉菜单中选择“此设备”命

令，打开“插入图片”对话框，选择要插入的图片，单击“插入”按钮，将图片文件插入文档中。也可以单击“插入”选项卡的“插图”组中的“图片”下拉按钮，在下拉菜单中选择“联机图片”命令，从各种联机来源(网络和 OneDrive)中查找和插入图片。

(2)插入一个程序窗口图像(截取整个程序窗口)。

①打开一个程序窗口，如“画图”程序，然后将光标移至文档中需要放置图片的位置。

②单击“插入”选项卡的“插图”组中的“屏幕截图”下拉按钮，在下拉菜单中可以看到当前打开的程序窗口，单击需要截取画面的程序窗口即可。也可以打开程序窗口后，按 Alt+PrintScreen 快捷键将其复制到剪贴板，然后粘贴至文档。

注意：如果是截取整个桌面图像，可以在显示桌面后，按 PrintScreen 键将其复制到剪贴板，然后粘贴至文档。

(3)插入搜狗输入法状态栏图标。

①显示搜狗输入法状态栏，移至屏幕上的空白区域(方便截取)。

②单击“插入”选项卡的“插图”组中的“屏幕截图”下拉按钮，在下拉菜单中选择“屏幕剪辑”命令，等待几秒，当屏幕处于半透明状态时，在要截图的位置(搜狗输入法状态栏)按住鼠标左键并拖曳，选中要截取的范围，然后释放鼠标左键完成截图操作。

对插入文档中的图片，除复制、移动和删除等常规操作外，还可以进行调整图片的大小、裁剪图片(按比例或形状裁剪)等操作；可以设置图片排列方式(文字对图片的环绕方式)，如嵌入型、四周型、紧密型等；可以调整图片的颜色(亮度、对比度、颜色设置等)；可以删除图片背景，使文字内容和图片互相映衬；可以设置图片的艺术效果，包括标记、铅笔灰度、铅笔素描、线条图、粉笔素描、画图刷、发光散射、虚化、浅色屏幕、水彩海绵、胶片颗粒等效果；可以设置图片样式(样式是多种格式的组合)。如果是多张图片，可以进行组合和取消组合的操作，多张图片叠放在一起时，还可以通过调整叠放次序得到不同的效果(此时图片的文字环绕方式不能是嵌入型)。

以上操作主要通过使用“图片工具”→“格式”选项卡和快捷菜单中的相应命令来实现。“图片工具”→“格式”选项卡如图 3-29 所示。

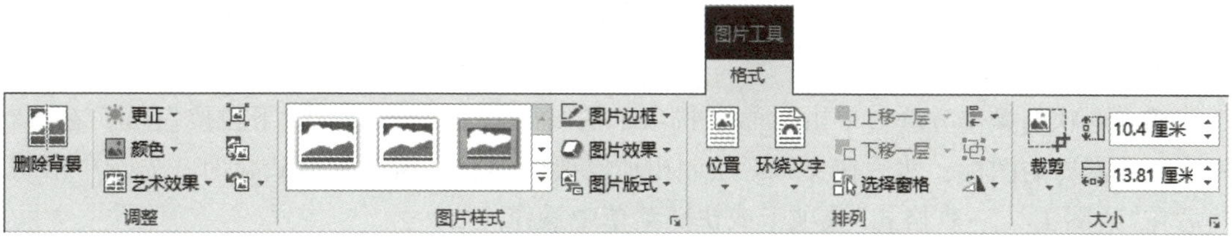

图 3-29 “图片工具”→“格式”选项卡

图片刚被插入文档时往往占据很大篇幅，这就需要调整图片的大小。操作方法：单击图片，此时图片四周出现 8 个方向的控制句柄，拖曳它们可以进行图片缩放。如果需要准确地改变尺寸，可以右击图片，在快捷菜单中选择“大小和位置”命令，打开“布局”对话框，在“大小”选项卡中完成操作。也可以在“图片工具”→“格式”选项卡中的“大小”组中进行设置。

图片插入文档后，常常会把周围的正文“挤开”，形成文字对图片的环绕。文字对图片的环绕方式主要分为两类：一类是将图片视为文字对象，与文档中的文字一样占有实际位置，图片在文档中与上、下、左、右文本的位置始终保持不变，如嵌入型，这是系统默认的文字环绕方式；另一类是将图片视为区别于文字的外部对象处理，如四周型、紧密型、衬于文字下方、浮于文字上方、上下型和穿越型(前4种更为常用)。其中，四周型是指文字沿图片四周呈矩形环绕；紧密型的文字环绕形状随图片形状不同而不同(如图片是圆形，则环绕形状是圆形)；衬于文字下方是指图片位于文字下方；浮于文字上方是指图片位于文字上方。

设置文字环绕方式最快捷的方法是选中图片，单击旁边出现的“布局选项”按钮，选择合适的环绕方式。

此外还有两种方法：一是单击图片，在“图片工具”→“格式”选项卡的“排列”组中，单击“环绕文字”下拉按钮，在下拉菜单中选择需要的环绕方式；二是右击图片，在快捷菜单中选择“环绕文字”命令，在打开的子菜单中选择所需的环绕方式。

如果在文档中插入图片后发生图片显示不全的情况，只要将文字环绕方式由“嵌入型”改为其他任何一种方式即可。

在非嵌入型文字环绕方式中，衬于文字下方比浮于文字上方更为常用，但图片衬于文字下方后会使字迹不清晰，可以利用图片着色效果使图片颜色淡化。操作方法：单击“图片工具”→“格式”选项卡的“调整”组中的“颜色”下拉按钮，在下拉菜单中选择“重新着色”区中的“冲蚀”命令。

3.5.2 插入图片对象

图形对象包括形状、SmartArt 图形和艺术字等。

▲图文混排

1. 形状

Word 2016 中的形状包括线条、矩形、基本形状、箭头总汇、公式形状、流程图、星与旗帜和标注 8 种类型，每种类型又包含若干图形样式。对插入的形状还可以添加文字，以及设置阴影、发光、三维旋转等各种特殊效果。

插入形状的操作方法：单击“插入”选项卡的“插图”组中的“形状”下拉按钮，在形状库中单击需要的图标，然后在文本区绘制出所需要的形状。编辑和格式化时，先选中形状，然后在“绘图工具”→“格式”选项卡或快捷菜单中操作。

形状最常用的编辑和格式化操作包括缩放和旋转、添加文字、组合与取消组合、调整叠放次序、设置形状格式等。

- 缩放和旋转：单击图形，在图形四周会出现 8 个方向的控制句柄和一个旋转句柄，拖曳控制句柄可以进行图形缩放，拖曳旋转句柄可以进行图形旋转。
- 添加文字：在需要添加文字的图形上右击，在快捷菜单中选择“添加文字”命令。这时光标出现在选中的图形中，输入需要添加的文字内容即可。这些输入的文字会变成图形的一部分，当移动图形时，图形中的文字也随之移动。

• 组合与取消组合：如果要使多个图形成为一个整体，以便同时编辑和移动，可以用先按住 Shift 键再分别单击图形的方法来选中所有图形，然后移动鼠标指针，当鼠标指针呈十字形箭头状时右击，在快捷菜单中选择“组合”子菜单中的“组合”命令。若要取消组合，则右击图形，在快捷菜单中选择“组合”子菜单中的“取消组合”命令即可。

• 调整叠放次序：当在文档中绘制多个重叠的图形时，每个重叠的图形有叠放次序，这个次序与绘制的顺序相同，最先绘制的在最下面。可以利用快捷菜单中的“置于顶层”“置于底层”等命令调整图形的叠放次序。

• 设置形状格式：右击形状，在快捷菜单中选择“设置形状格式”命令，打开“设置形状格式”任务窗格，在其中完成操作。

例 3-14

绘制一个如图 3-30 所示的流程图，要求将流程图的各个部分组合为一个整体。

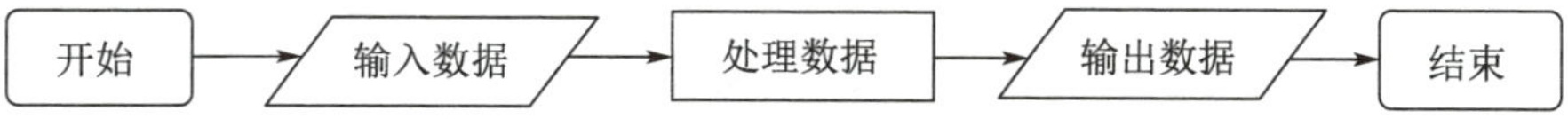

图 3-30 绘制流程图

操作步骤如下。

①新建一个空白文档，单击“插入”选项卡的“插图”组中的“形状”下拉按钮，在形状库的“流程图”区中选择相应流程图。第 1 个是“流程图：可选过程”，在文档中的合适位置绘图，并适当调整大小。右击图形，在快捷菜单中选择“添加文字”命令，在图形中输入文字“开始”。

②在形状库的“线条”区中选择“直线箭头”形状，绘制向右的箭头。

③重复第①步和第②步，继续插入流程图并输入相应的文字，直至完成绘图。

④按住 Shift 键，依次单击所有图形，全部选中后，在图形上右击，在快捷菜单中选择“组合”子菜单中的“组合”命令，将多个图形组合在一起。

注意： 形状库的“基本形状”区中包括文本框和竖排文本框，使用它们可以方便地将文字放置到文档中的任意位置。制作无边框的文本框时，右击文本框，在快捷菜单中选择“设置形状格式”命令，在“设置形状格式”任务窗格的“填充”选项卡和“线条”选项卡中分别选中“无填充”和“无线条”单选按钮即可。在文本框中输入文字时，若文本框中的部分文字不可见，可以通过调整文本框的大小来解决。

2. SmartArt 图形

SmartArt 图形是 Word 中预设的形状、文字及样式的集合，包括列表、流程、循环、层次结构、关系、矩阵、棱锥图和图片 8 种类型，每种类型下有多个图形样式。用户可以根据文档的内容选择需要的样式，然后对图形的内容和效果进行编辑。

▲插入 SmartArt 图形

例 3-15

组织结构图是由一系列图框和连线来表示组织机构和层次关系的图形。绘制一个组织结构图，如图 3-31 所示。

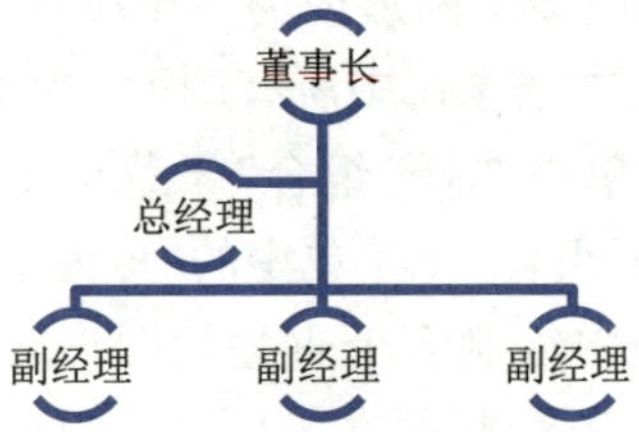

图 3-31　绘制组织结构图

操作步骤如下。

①新建一个空白文档，单击“插入”选项卡的“插图”组中的“SmartArt”按钮，打开“选择 SmartArt 图形”对话框。单击“层次结构”标签，选择“半圆组织结构图”，单击“确定”按钮。

②单击各个“文本框”，从上至下依次输入文字“董事长”、“总经理”和 3 个“副经理”。

③单击文档中任意位置，组织结构图绘制完成。插入 SmartArt 图形后，可以利用“SmartArt 工具”选项卡完成设计和格式的编辑操作。

3. 艺术字

艺术字以普通文字为基础，通过添加阴影、改变文字的大小和颜色、把文字变成多种预定义的形状等来突出和美化文字。艺术字常用来创建鲜明的标志或标题。

要在文档中插入艺术字，可以利用“插入”选项卡的“文本”组中的“艺术字”下拉按钮来实现。生成艺术字后，会出现“绘图工具”→“格式”选项卡，可在其中的“艺术字样式”组中进行编辑操作，如改变艺术字样式、增加艺术字效果等。

如果要删除艺术字，则选中艺术字，按 Delete 键即可。

例 3-16

制作效果如图 3-32 所示的艺术字。

图 3-32　艺术字效果

操作步骤如下。

①单击“插入”选项卡的“文本”组中的“艺术字”下拉按钮，在艺术字样式库中选择“填充：橙色，主题色 2；边框：橙色，主题色 2”，输入文字“三人行，必有我师焉”。

②选中文字，单击“绘图工具”→“格式”选项卡的“艺术字样式”组中的“文字效果”下拉按钮，在下拉菜单中选择“发光”命令，在“发光变体”区中选择“发光：18 磅；蓝色，主题色 5”。继续在“艺术字样式”组中单击“文本效果”下拉按钮，在下拉菜单中选择“转换”命令，在“弯曲”区中单击“波形：上”。

3.5.3 创建公式

在编写论文或一些学术著作时，经常需要处理数学公式。利用 Word 2016 的公式编辑器，可以方便地制作具有专业水准的数学公式。对数学公式可以像对图形一样进行编辑操作。

▲创建公式

创建数学公式的操作方法：单击“插入”选项卡的“符号”组中的“公式”下拉按钮，在下拉菜单中选择预定义的公式，也可以通过“插入新公式”命令来自定义公式。此时，公式输入框和“公式工具”→“设计”选项卡(见图 3-33)出现，帮助完成公式的输入。

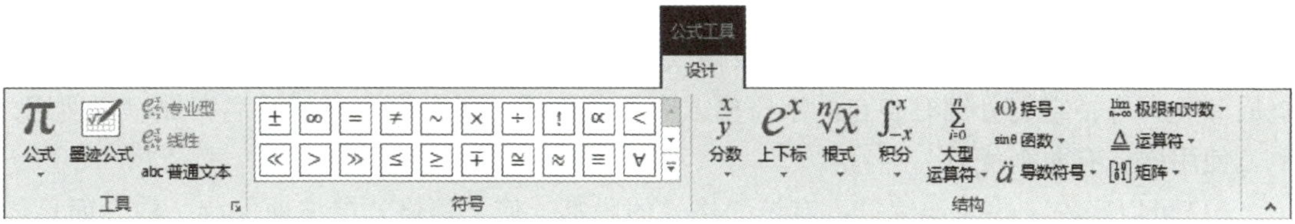

图 3-33 “公式工具”→“设计”选项卡

注意：在输入公式时，光标的位置很重要，它决定了当前输入的内容在公式中所处的位置，在所需的位置处单击可以改变光标位置。

例 3-17

输入如下公式。

$$s=\sqrt{\sum_{i=1}^{n}x_i^2-n\overline{x^2}}+1$$

操作步骤如下。

①单击“插入”选项卡的“符号”组中的“公式”下拉按钮，在下拉菜单中选择“插入新公式”命令。

②在公式输入框中输入“s =”；单击“公式工具”→“设计”选项卡的“结构”组中的“根式”下拉按钮，在“根式”区中选择“$\sqrt{\square}$”；单击根号中的虚线框，再单击“结构”组中的“大型运算符”下拉按钮，在“求和”区中选择“$\sum_{\square}^{\square}\square$”，然后单击每个虚线框，依次输入相应内容：“n”“i = 1”“x”；接着选中“x”，单击“结构”组中的“上下标”下拉按钮，在“下标和上标”区中选择“$\square_{\square}^{\square}$”，单击上标、下标虚线框，分别输入“2”和“i”；在 x_i^2 后单击(注意此时的光标位置)，输入“-”(应仍然位于根式中)；继续输入“n”，单击“上下标”下拉按钮，在“常用的下标和上标”区选择其中的“x^2”输入，然后选中 x^2，再单击“导数符号”下拉按钮，在“顶线和底线”区中选择“$\overline{\square}$”；在 $\overline{x^2}$ 后单击(注意此时光标位置)，输入“+”和“1”。最后注意将字母都设置为“倾斜”。

③在公式输入框外单击，结束公式的输入。

3.6 高效排版

为了提高排版效率，Word 2016 提供了一些高效排版功能，包括样式和自动生成目录等。

▲样式的新建及使用

3.6.1 样式的创建及使用

样式是一组命名的字符和段落排版格式的组合。例如，一篇文档有各级标题、正文、页眉和页脚等，它们分别有各自的字符格式和段落格式，并分别以其样式名存储以便使用。

使用样式有两个优点。

（1）可以轻松、快捷地编排具有统一格式的段落，使文档格式严格地保持一致，而且样式便于修改。如果文档中多个段落使用了同一样式，只要修改样式，就可以修改文档中带有此样式的所有段落。

（2）样式有助于在长文档中构造大纲和创建目录。

Word 2016 不仅预定义了很多标准样式，还允许用户根据自己的需要修改标准样式或自己新建样式。

1. 使用已有样式

选中需要使用样式的段落，在“开始”选项卡的“样式”组中的“样式库”中选择已有的样式，或单击“样式”组的对话框启动器按钮，打开“样式”任务窗格，在列表框中选择相应的样式。

2. 新建样式

当 Word 2016 提供的样式不能满足用户需要时，用户可以自己创建新样式。

单击“样式”任务窗格左下角的“新建样式”按钮，打开“根据格式化创建新样式”对话框。在该对话框中输入样式名称，选择样式类型、样式基准，设置该样式的格式，再勾选“添加到样式库”复选框。在“根据格式化创建新样式”对话框中设置样式的格式时，可以通过“格式”栏中的相应按钮快速、简单地设置，也可以单击“格式”下拉按钮，在下拉菜单中选择相应的命令进行详细设置。

新样式在建立后，就可以像已有样式一样直接使用了。

3. 修改和删除样式

如果对已有的段落样式和格式不满意，可以进行更改和删除。更改样式后，所有应用了该样式的文本都会随之改变。

修改样式的操作方法：在“样式”任务窗格中，右击需要修改的样式名，在快捷菜单中选择“修改”命令，在打开的“修改样式”对话框设置所需的格式即可。

删除样式的方法与修改样式类似，不同的是应该在快捷菜单中选择删除样式的相关命令，此时，带有此样式的所有段落自动应用“正文”样式。

3.6.2 自动生成目录

编写完书稿或长文档后，需要为其制作目录，以便读者阅读和大概了解文档的层次结构及主要内容。除了手工输入目录，Word 2016 还提供了自动生成目录的功能。

1. 创建目录

要自动生成目录，前提是将文档中的各级标题用快速样式库中的标题样式统一地格式化。一般情况下，目录分为 3 级，可以使用相应的 3 级标题样式“标题 1”、“标题 2”和“标题 3”，也可以使用其他几级标题样式或者自己创建的标题样式来格式化，然后单击“引用”选项卡的“目录”组中的“目录”下拉按钮，在下拉菜单中选择“自动目录 1”或“自动目录 2”。如果没有需要的格式，可以在下拉菜单中选择“自定义目录”命令，打开“目录”对话框进行自定义操作。

注意： Word 2016 默认的目录显示级别为 3 级，如果需要改变设置，在“显示级别”微调框中选择或直接输入相应级别的数字即可。

2. 更新目录

如果在编制目录后对文字内容进行了修改，Word 2016 可以很方便地对目录进行更新。操作方法：在目录中单击，目录区左上角会出现“更新目录”按钮，单击该按钮，打开“更新目录”对话框，选中“更新整个选择”单选按钮，再单击“确定”按钮即可。也可以单击“引用”选项卡的“目录”组中的“更新目录”按钮进行操作。

3.7 文档打印

如果想把计算机中编辑排版后的文档变成书面文档，为计算机连接并添加打印机就可以将其打印输出。在输出前，可以对文档进行预览和相应的设置，如设置页面布局、打印份数、纸张大小、打印方向等。这可以通过单击“文件”按钮，在菜单中单击“打印”命令来实现。

习 题 3

1. 请按照以下要求对 Word 文档进行编辑和排版。

(1) 文字要求：输入一篇短小的寓言或散文，不少于 150 个汉字，至少包含 3 个自然段。

(2) 将文章正文各段的字体设置为宋体、小四、两端对齐，各段行间距为 1.5 倍行距。第 1 段首字下沉 3 行，距正文 0.5 厘米。

(3)在第2段和第3段段前设置项目符号“*”(Times New Roman 字体中的符号)。

(4)在正文中插入一幅图片，设置图片的文字环绕方式为四周型。

(5)页面设置：上、下、左、右边距均为2厘米，页眉为1.5厘米。

(6)设置页码：页面底端居中(“普通数字2”样式)。

(7)在文章最后输入如下公式(单独一段)。

$$z=xy+\sqrt{\ln A+\frac{x^2}{x^2+y^2}}+\sqrt{x^2+y^2-R^2}$$

2. 请按照以下要求完成“个人简历”表格的制作。

(1)参照图3-34制作表格，表内文字的对齐方式为水平居中，插入表格标题并居中。字体、字号选择自己喜欢的格式。

(2)表格外框线为单实线、3磅、紫色，内部框线为单实线、1磅、黑色，底纹为白色，背景1，15%。

(3)在“照片”处插入剪贴画以替换“照片”文字，环绕方式为嵌入型。

个人简历

<table>
<tr><td>姓名</td><td></td><td>性别</td><td></td><td>出生日期</td><td></td><td rowspan="4">照片</td></tr>
<tr><td>民族</td><td></td><td>文化程度</td><td></td><td>政治面貌</td><td></td></tr>
<tr><td>婚姻状况</td><td></td><td>身高</td><td></td><td>体重</td><td></td></tr>
<tr><td>联系地址</td><td colspan="3"></td><td>邮政编码</td><td></td></tr>
<tr><td>联系电话</td><td colspan="3"></td><td>E-mail</td><td colspan="2"></td></tr>
</table>

图3-34 “个人简历”表格

3. 请按照以下要求完成流程图的绘制。

(1)参照图3-35绘制流程图。

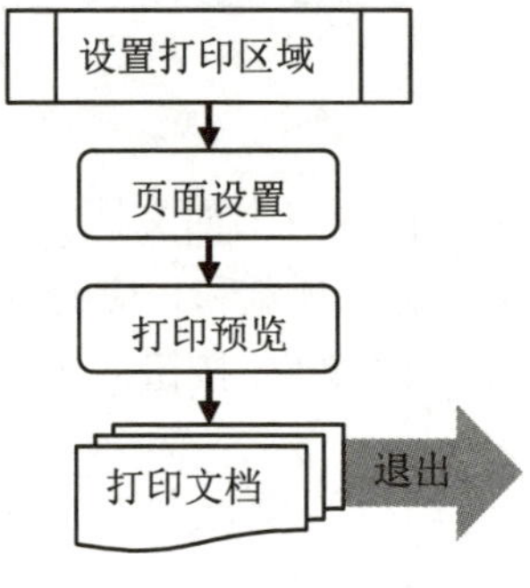

图3-35 流程图

(2)流程图的填充色为白色，线条为实线，颜色为黑色，线型为单线，粗细为0.75磅，文字居中；小箭头为实线，颜色为黑色，线型为单线，粗细为1.5磅；大箭头为右箭头，填充颜色为红色，线条为实线，颜色为红色，线型为单线，粗细为1磅，文字右对齐。

第 4 章 Excel 2016 电子表格制作软件

人们在日常生活、工作中经常会遇到各种计算问题，如店员统计商品交易额，会计分析工资、报表，教师计算学生成绩，科研人员分析实验结果等。这些都可以通过使用电子表格处理软件来实现。

电子表格处理软件是一种专门用于数据计算、统计分析和报表处理的软件，它帮助人们解决了乏味、烦琐的重复计算，以图、表形式专注于对计算结果的分析评价，并且帮助人们提升工作效率。

本章将以 Excel 2016 为例，介绍电子表格处理软件的基本功能和使用方法。

4.1 Excel 2016 的工作环境

Excel 2016 常用的启动方法是在“开始”菜单中选择“Excel 2016”命令，单击 Excel 2016 窗口的“空白工作簿”按钮，进入 Excel 2016 的工作窗口，如图 4-1 所示。

图 4-1　Excel 2016 的工作窗口

Excel 2016 的工作窗口与 Word 2016 的工作窗口基本相同，不同之处主要有以下几个方面。

1. 编辑栏

编辑栏是 Excel 2016 的工作窗口特有的，用于显示和编辑数据、公式。编辑栏由 3 个部分组成：左端是名称框，当选择单元格或单元格区域时，相应的地址或区域名称会显示在该框中；右端是编辑框，在单元格中编辑数据时，其内容同时出现在编辑框中，如果是较长的数据，由于单元格默认宽度不大，通常无法完全显示，此时，可以在编辑框中编辑数据；中间是“插入函数”按钮 *fx*，单击该按钮可打开“插入函数”对话框，同时在它的左边会出现“取消”按钮 ✕ 和“输入”按钮 ✔。

2. 工作簿

Excel 2016 的工作区显示的是当前打开的工作簿。工作簿是指在 Excel 2016 中用于存储并处理数据的文件，其扩展名为“xlsx”。工作簿由若干个工作表组成，默认为一个工作表，名称为 Sheet1，可以重新命名，可以增加和删除工作表。Excel 2016 可同时打开若干个工作簿，可以平铺、水平并排、垂直并排和层叠排列。

3. 工作表

工作表是一个有 1 048 576 行、16 384 列的表格，行号自上而下为 1～1 048 576，列标从左到右为 A，B，C，…，X，Y，Z，AA，AB，AC，…，AZ，BA，BB，BC，…，BZ，…。每一个工作表都有一个工作表标签，单击工作表标签可以实现工作表之间的切换。

4. 单元格

行和列的交叉部分称为单元格，单元格是存放数据的最小单元。单元格的内容可以是数字、字符、公式、日期、图形或声音文件等。每个单元格都有固定地址，用列标和行号的组合作为唯一标识，如 D4 指的是第 4 列与第 4 行交叉位置上的单元格。为了区分不同工作表的单元格，需要在单元格地址前加工作表名称，如 Sheet1！A1 表示 Sheet1 工作表的 A1 单元格。当前正在使用的单元格称为活动单元格，用框线包围，如图 4-1 中的 A1 单元格。

4.2 Excel 2016 的基本操作

Excel 2016 的基本操作主要是对工作表进行的操作，包括创建、编辑和格式化工作表。

4.2.1 创建工作表

单击“文件”按钮，在菜单中单击“新建”命令，再单击“空白工作簿”按钮可创建空白工作簿。

Excel 2016 还可以根据工作簿模板来建立新工作簿。

一个新工作簿默认包含一个工作表，创建工作表的过程实际上就是在工作表中输入数据，并使用公式或函数计算数据的过程。

1. 在工作表中输入原始数据

▲数据的录入与格式设置

输入数据一般有 4 种方式。

(1)直接输入数据。

单击某一单元格，然后就可直接在该单元格或编辑框中输入数据，结束时按 Enter 键。输入的数据可以是文本型、数值型、日期和时间型的数据。默认情况下，文本型数据左对齐，数值型、日期和时间型数据右对齐。

- 文本型数据的输入：文本是指键盘上可以输入的任何符号。对于数字形式的文本型数据，如编号、学号、电话号码等，应在数字前加英文单引号(′)。例如，输入编号 0101，应输入“′0101”，此时 Excel 2016 以 0101 显示，把它当作字符沿单元格左对齐。
- 数值型数据的输入：除了由数字(0～9)组成的字符串，数值还可包括+、-、/、E、e、$、%以及小数点(.)和千分位符号(,)等特殊字符，如“$150,000.5”。对于分数的输入，为了与日期的输入相区别，应先输入“0”和空格。例如，要输入 1/2，应输入“0 1/2”，如果直接输入“1/2”，系统会自动将其处理为日期。
- 日期和时间型数据的输入：Excel 2016 内置了一些日期和时间格式，当输入数据与这些格式相匹配时，Excel 2016 将自动识别它们。Excel 2016 常见的日期和时间格式为 mm/dd/yy、dd-mm-yy、hh:mm(AM/PM)，其中 AM/PM 与分钟之间应有空格，如 8:30 AM，否则将被当作文本型数据处理。

(2)快速输入数据。

当要在工作表的某一列输入一些相同的数据时，可以使用 Excel 2016 提供的快速输入方法——记忆式输入和下拉列表输入。

- 记忆式输入：当输入的字符与同一列中已输入的内容相匹配时，系统将自动填写其他字符，这时按 Enter 键，表示接受提供的字符；也可以不采用提供的字符而继续手工输入。
- 下拉列表输入：用人工方法输入数据，可能会使多次输入的内容不一致。例如，同一种商品可能输入不同的名字(如空调、空调器或空调机)，这会使得统计结果不准确。为避免这类事情的发生，可以在选中单元格后右击，在快捷菜单中选择“从下拉列表中选择”命令，或者按 Alt+↓快捷键，两种方法都会显示一个输入列表，再从中选择需要的输入项即可。

(3)利用自动填充功能输入有规律的数据。

有规律的数据是指等差序列、等比序列、系统预定义序列和用户自定义序列。

自动填充功能根据初始值来决定以后的填充项，用鼠标指针指向初始值所在单元格右下角的小黑方块(称为填充柄，见图 4-2)，此时指针变为黑十字形状，向右(行)或向下(列)拖曳至要填充的最后一个单元

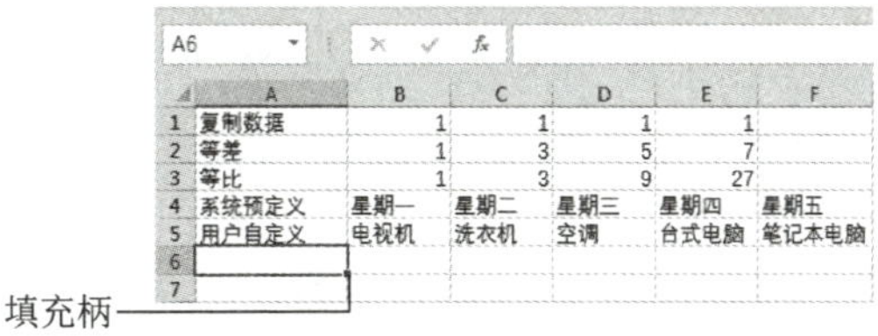

图 4-2 自动填充示例

格，即可完成自动填充。

自动填充分以下 3 种情况。

• 填充相同数据（复制数据）：单击该数据所在的单元格，沿水平或垂直方向拖曳填充柄，便会产生相同数据。

• 填充序列数据：如果是日期型序列，只需要输入一个初始值，然后直接拖曳填充柄即可。如果是数值型序列，则必须输入前两个单元格的数据，然后选中这两个单元格，拖曳填充柄，系统默认为等差关系，在拖曳到的单元格内依次填充等差序列数据。如果需要填充等比序列数据，则可以在拖曳生成等差序列数据后，选中这些数据，单击“开始”选项卡的“编辑”组中的“填充”下拉按钮，在下拉菜单中选择“序列”命令，在打开的“序列”对话框中选择“类型”为“等比序列”，并设置合适的步长值（比值），最后单击“确定”按钮。

• 填充用户自定义序列数据：在实际工作中，经常需要输入单位部门设置、商品名称、课程科目、公司在各大城市的办事处名称等，可以将这些有序数据自定义为序列，从而节省输入工作量，提高效率。

单击“文件”按钮，在菜单中单击“选项”命令，打开“Excel 选项”对话框，单击“高级”标签，在右侧的“常规”栏中单击“编辑自定义列表”按钮，打开“自定义序列”对话框，在其中添加新序列。有两种方法：一是在“输入序列”列表框中直接输入，每输入一项按一次 Enter 键，输入完毕后单击“添加”按钮；二是从工作表中直接导入，只需在“自定义序列”对话框中单击展开对话框按钮，选中工作表中的这一系列数据，再单击展开对话框按钮返回，单击“导入”按钮即可。

（4）获取外部数据。

单击“数据”选项卡的“获取外部数据”组中的相应按钮，可以导入其他数据库（如 Access、SQL Server）中的文件，还可以导入文本文件、XML 文件等。

在向工作表输入数据的过程中，用户可能会输入一些不符合要求的数据，即无效数据。为避免这种情况，可以在输入数据前，单击“数据”选项卡的“数据工具”组中的“数据验证”下拉按钮，在下拉菜单中选择“数据验证”命令，设置数据的验证条件。例如，在输入学生成绩时，数据应该为 0~100 的整数，这就有必要设置数据的验证条件。先选中需要进行验证的单元格区域，单击“数据”选项卡的“数据工具”组中的“数据验证”下拉按钮，在下拉菜单中选择“数据验证”命令，在打开的“数据验证”对话框的“设置”选项卡中进行相应设置，如图 4-3 所示。数据验证条件设置好后，Excel 2016 就可以监督数据的输入是否符合要求了。

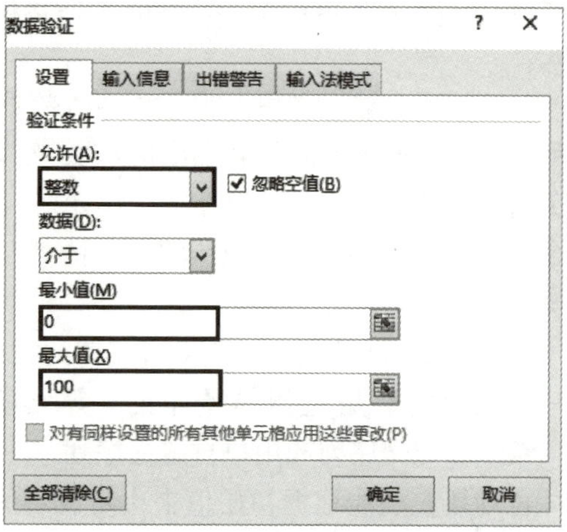

图 4-3　数据验证设置

2. 使用公式和函数计算数据

Excel 2016 的主要功能不在于它能输入、显示和存储数据，而在于它能对数据进行复杂的计算。Excel 2016 可以对工作表中某一区域中的数据进行求和、求平均值、计数、求最大值、求最小值或其他更为复杂的计算。在 Excel 2016 中，修改数据后公式的计算结果也会自动更新，这是手工计算无法比拟的。

在 Excel 2016 的工作表中，所有的计算工作都是通过公式和函数来完成的。

(1)使用公式计算数据。

公式可以在单元格或编辑框中直接输入。公式是利用单元格的引用地址对存放在其中的数值型数据进行分析和计算的等式，如“=A1+B1+C1”。公式与普通数据之间的区别在于公式是由“=”来引导的，后面是计算的内容，由常量、单元格引用地址、运算符组成。

- 常量：是一个固定的值，从字面上就能知道该值是什么或它的大小是多少。公式中的常量有数值型常量、文本型常量和逻辑型常量。

数值型常量可以是整数、小数、分数、百分数，不能带千位分隔符和货币符号，如100、2.8、1/2、15%等。文本型常量是英文双引号括起来的若干字符，但其中不能包含英文双引号，如“"平均值是"”“"总金额"”等。逻辑型常量只有 True(真)和 False(假)两个值。

- 单元格引用地址：在输入公式时，之所以不用数字本身而是用单元格的引用地址，如 A1、B1、C1 等，是为了使计算的结果始终准确地反映所引用单元格的当前数据。只要改变了所引用单元格中的内容，公式单元格中的结果也立刻随之改变。如果在公式中直接书写数据，一旦所引用单元格中的数据发生变化，公式计算的结果不会自动更新。

- 运算符：常用的运算符分为 4 类，如表 4-1 所示。

表 4-1　常用的运算符

类型	表示形式	优先级
算术运算符	+(加)、-(减)、*(乘)、/(除)、%(百分比)、^(乘方)	从高到低分为 3 个级别：百分比和乘方、乘和除、加和减。优先级相同时，按从左到右的顺序计算
关系运算符	=(等于)、>(大于)、<(小于)、>=(大于或等于)、<=(小于或等于)、<>(不等于)	优先级相同
文本运算符	&(文本的连接)	
引用运算符	:(区域)、,(联合)、空格(交叉)	从高到低依次为区域、联合、交叉

其中，算术运算符用于对数值进行算术运算，结果还是数值。算术运算符的优先级如表 4-1 所示。例如，运算式“1+2%-3^4/5*6”的计算顺序是“%、^、/、*、+、-”，计算结果是“-9618%”。

关系运算符又称为比较运算符，用来比较两个文本、数值、日期、时间的大小，结果是一个逻辑值。各种数据类型的比较规则：数值型——按照数值的大小进行比较；日期型——昨天<今天<明天；时间型——过去<现在<未来；文本型——按照字典顺序比较。

文本运算符用于将多个文本连接为一个组合文本，如“Microsoft & Excel”的结果为“Microsoft Excel”。

引用运算符用于将单元格区域合并运算，如表4-2所示。

表 4-2 引用运算符

引用运算符	含义	示例
:（区域）	包括两个引用在内的所有单元格的引用	SUM(A1:C3)
,（联合）	将多个引用合并为一个引用	SUM(A1,C3)
空格(交叉)	产生同时隶属于两个引用的单元格区域的引用	SUM(A1:C4 B2:D3)

4类运算符的优先级从高到低依次为引用运算符、算术运算符、文本运算符、关系运算符。当多个运算符同时出现在公式中时，Excel 2016按运算符的优先级进行运算，优先级相同时，自左向右进行运算。

例 4-1

有一个创建完成而未格式化的“公司员工工资表”文件，使用公式计算每位员工的实发工资。

操作步骤如下。

①打开“公司员工工资表”文件(表中为模拟数据)，选中第1位员工的“实发工资”单元格。

②在单元格中输入公式“=E3+F3-G3”(或在编辑框中输入“=E3+F3-G3”)，按Enter键，Excel 2016自动计算并将结果显示在单元格中，同时公式内容显示在编辑框中。输入单元格引用地址的更简单方法是直接依次单击数据源单元格，这样该单元格的引用地址会自动出现在编辑框中，如图4-4所示，此时再按Enter键就可以得到计算结果。

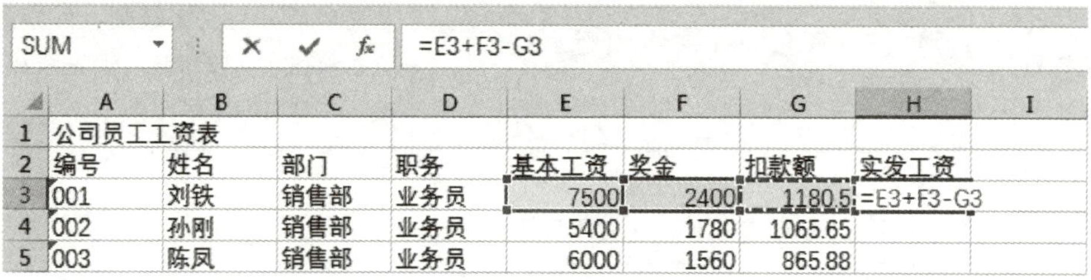

图 4-4 使用公式计算实发工资

③其他员工的实发工资可利用公式的自动填充功能(复制公式)快速完成。操作方法：移动鼠标指针到公式所在单元格右下角的填充柄处，当鼠标指针变成黑十字形状时，按住鼠标左键拖曳经过目标区域，到达最后一个单元格时松开鼠标左键，公式自动填充完毕。

当公式输入错误时，可以进行修改。操作方法：选择需要修改公式的单元格，然后在编辑框中修改，按Enter键即可。为方便检查公式的正确性，可以设置在单元格中显示公式。操作方法：在“公式”选项卡的“公式审核”组中单击“显示公式”按钮。

(2)使用函数计算数据。

函数是 Excel 2016 自带的一些已经定义好的公式，格式如下：

函数名称(参数 1，参数 2，…)

其中，参数可以是常量、单元格、单元格区域、公式或其他函数。例如，在求和函数 SUM(A1:A8)中，A1:A8 是参数，指明操作对象是 A1:A8 单元格区域中的数值。

▲SUM 函数

与直接创建公式相比[如公式“=A1+A2+A3+A4+A5+A6+A7+A8”与函数“=SUM(A1:A8)”]，使用函数可以减少输入的工作量，减小出错概率。而且，对于一些复杂的运算(如求平方根、求标准偏差等)，如果由用户自己设计公式来完成会很困难。Excel 2016 提供了许多功能完备易于使用的函数，涉及财务、逻辑、文本、日期和时间、查找与引用、数学和三角函数、统计、工程、多维数据集、信息等多个方面，此外，用户还可以通过 VBA(Visual Basic for Applications)自定义函数。

Excel 2016 中的 5 个基本函数是：SUM(求和)、AVERAGE(求平均值)、COUNT(计数，注意只有数值型数据才能被计数)、MAX(求最大值)和 MIN(求最小值)。

函数的输入有以下两种方法。

- 直接输入法：直接在单元格或编辑框内输入函数，适用于比较简单的函数。
- 插入函数法：比第一种方法更常用。可以通过单击“公式”选项卡的“函数库”组中的“插入函数”按钮或单击编辑栏中的 *fx* 按钮，打开“插入函数”对话框进行操作。也可以通过单击“公式”选项卡的“函数库”组中对应的函数下拉按钮，在下拉菜单中选择需要的函数来完成。例如，对于 5 个基本函数，可以单击“公式”选项卡的“函数库”组中的“自动求和”下拉按钮Σ，在下拉菜单中选择相应命令来实现，将自动对活动单元格上方或左侧的数据进行这 5 种基本计算。

例 4-2

使用插入函数法统计“公司员工工资表”文件中所有员工的基本工资、奖金、扣款额和实发工资的平均值。

操作步骤如下。

①在“公司员工工资表”文件中单击用于存放基本工资平均值的 E15 单元格。

②单击编辑栏中的 *fx* 按钮，打开“插入函数”对话框，在“或选择类别”下拉列表中选择“常用函数”，再在“选择函数”列表框中选择“AVERAGE”。

③单击“确定”按钮，打开所选函数的“函数参数”对话框。此时，系统自动提供的数据区域(E3:E14 单元格区域)是正确的，直接单击“确定”按钮即可。如果不正确，则需要重新选择，方法是先单击“Number1”文本框右侧的折叠对话框按钮，从工作表中重新选中相应的单元格区域，再单击展开对话框按钮恢复对话框，最后单击“确定”按钮。

④奖金、扣款额、实发工资的平均值计算，可利用公式的自动填充功能快速完成。实际上，可以使用更快捷的方法完成计算，方法是将光标放在存放平均值的单元格中，单击“公式”选项卡的“函数库”组中的“自动求和”下拉按钮，在下拉菜单中选择“平均值”命令，单元格中出现求平均值函数 AVERAGE 及相应的数据区域，如图 4-5 所示。检查系统自动

给出的数据区域是否正确，这里是 E3:E14，显然正确，按 Enter 键完成。如果不正确，需重新用鼠标选择(此时鼠标指针应为白色粗十字形状)，也可以直接输入正确的数据区域，然后按 Enter 键。

	A	B	C	D	E	F	G	H
1	公司员工工资表							
2	编号	姓名	部门	职务	基本工资	奖金	扣款额	实发工资
3	001	刘铁	销售部	业务员	7500	2400	1180.5	8719.5
4	002	孙刚	销售部	业务员	5400	1780	1065.65	6114.35
5	003	陈凤	销售部	业务员	6000	1560	865.88	6694.12
6	004	沈阳	销售部	业务员	5840	1660	780	6720
7	005	秦强	财务部	会计	6000	800	685.52	6114.48
8	006	陆斌	财务部	出纳	4450	580	980	4050
9	007	邹蕾	技术部	技术员	4380	1080	890	4570
10	008	彭佩	技术部	技术员	5900	700	655.16	5944.84
11	009	雷曼	技术部	工程师	6600	1300	860	7040
12	010	郑黎	技术部	技术员	5900	840	760	5980
13	011	潘越	财务部	会计	5950	700	735.27	5914.73
14	012	王海	销售部	业务员	6300	2000	1080	7220
15	平均值				=AVERAGE(E3:E14)			
16					AVERAGE(**number1**, [number2], ...)			

图 4-5　自动求平均值操作

3. 公式和函数中单元格的引用地址

使用公式和函数计算数据非常简单，只要计算出第一个数据，其他的都可以利用公式的自动填充功能完成。公式的自动填充操作实际上就是复制公式，为什么同一个公式复制到不同单元格会有不同的结果呢？究其原因是相对引用地址在起作用。

▲公式和函数中单元格的引用地址

公式和函数中经常包含单元格的引用地址，它有以下 3 种表示方式。

- 相对引用地址：由列标和行号表示，如 B1、A2:C4 等，是 Excel 2016 默认的表示方式。它的特点是公式在被复制或移动时，该地址会根据移动的位置自动调节。例如，在“公司员工工资表”中将公式从 H3 单元格复制到 H4 单元格，列标没变，行号加 1，所以公式从“=E3+F3-G3”自动变为“=E4+F4-G4”。假如将公式从 H3 单元格复制到 I4 单元格，列标加 1，行号也加 1，公式将自动变为“=F4+G4-H4”。相对引用地址常用于快速实现大量数据的同类运算。
- 绝对引用地址：在列标和行号前都加上符号“$”，如 $B$1。它的特点是在公式被复制或移动时，该地址始终保持不变。例如，在“公司员工工资表”中，将 H3 单元格的公式改为“=$E$3+$F$3-$G$3”，再将公式复制到 H4 单元格，会发现 H4 单元格的结果与 H3 单元格一样，公式没变，仍然是“=$E$3+$F$3-$G$3”。符号“$”就好像一个钉子，钉住了参加运算的单元格，使它们不会随着公式位置的变化而变化。
- 混合引用地址：在列标或行号前加上符号“$”，如 $B1 和 B$1。它是相对引用地址和绝对引用地址的混合使用。$B1 表示列不变，行变化；B$1 表示列变化，行不变。

例 4-3

在例 4-2 中的工作表的最后添加“评价”列，如果员工的实发工资低于平均值，则显示“低于平均工资”，否则不显示任何信息，如图 4-6 所示。

I3　=IF(H3<$H$15,"低于平均工资","")

	A	B	C	D	E	F	G	H	I
1	公司员工工资表								
2	编号	姓名	部门	职务	基本工资	奖金	扣款额	实发工资	评价
3	001	刘铁	销售部	业务员	7500	2400	1180.5	8719.5	
4	002	孙刚	销售部	业务员	5400	1780	1065.65	6114.35	低于平均工资
5	003	陈凤	销售部	业务员	6000	1560	865.88	6694.12	
6	004	沈阳	销售部	业务员	5840	1660	780	6720	
7	005	秦强	财务部	会计	6000	800	685.52	6114.48	低于平均工资
8	006	陆斌	财务部	出纳	4450	580	980	4050	低于平均工资
9	007	邹蕾	技术部	技术员	4380	1080	890	4570	低于平均工资
10	008	彭佩	技术部	技术员	5900	700	655.16	5944.84	低于平均工资
11	009	雷曼	技术部	工程师	6600	1300	860	7040	
12	010	郑黎	技术部	技术员	5900	840	760	5980	低于平均工资
13	011	潘越	财务部	会计	5950	700	735.27	5914.73	低于平均工资
14	012	王海	销售部	业务员	6300	2000	1080	7220	
15	平均值				5851.667	1283.333	878.165	6256.835	

图 4-6　绝对引用地址示例

操作步骤如下。

①单击 I2 单元格，输入文字“评价”。

②单击 I3 单元格，输入“=IF(H3<$H$15,"低于平均工资","")”，按 Enter 键。这是一个条件函数，它的含义是如果 H3 单元格的数据小于 H15 单元格的数据(实发工资平均值)，就在当前单元格中填写“低于平均工资”，否则不显示任何信息。

③利用公式的自动填充功能完成对其他员工的评价。

4.2.2　编辑工作表

工作表的编辑主要包括工作表中数据的编辑，单元格、行、列的插入和删除，以及工作表的插入、移动、复制、删除、重命名、隐藏和显示。工作表的编辑遵循“先选中，后执行”的原则。

工作表中常用的选中操作如表 4-3 所示。

表 4-3　工作表中常用的选中操作

选取范围	操作
单元格	单击或按方向键(←、→、↑、↓)
多个连续单元格	从单元格区域左上角拖曳至右下角；或单击所要选择区域左上角的单元格，按住 Shift 键，再单击所要选择区域右下的角单元格
多个不连续单元格	按住 Ctrl 键的同时，用鼠标进行单元格选择或单元格区域选择
整行或整列	单击工作表中相应的行号或列标

续表

选取范围	操作
相邻行或列	按住鼠标左键并拖曳，经过对应的行号或列标
整个表格	单击工作表左上角行列交叉的按钮；或按 Ctrl+A 快捷键
单个工作表	单击工作表标签
多个连续工作表	单击第一个工作表标签，然后按住 Shift 键，再单击所要选择的最后一个工作表标签
多个不连续工作表	按住 Ctrl 键，分别单击所要选择的工作表标签

1. 工作表中数据的编辑

在向工作表中输入数据的过程中，经常需要对数据进行清除、移动和复制等编辑操作。Excel 2016 中有清除和删除两个概念，它们是有区别的。

- 清除：清除针对的是单元格中的数据，单元格本身仍保留在原位置。选取单元格或单元格区域后，单击“开始”选项卡的“编辑”组中的“清除”下拉按钮，在下拉菜单中选择相应命令，可以清除单元格格式、内容、批注和超链接中的任意一种，或者全部清除。按 Delete 键清除的只是内容。
- 删除：删除针对的是单元格，是把单元格连同其中的内容从工作表中删除。

在移动或复制数据时，可以替换目标单元格的数据，也可以保留目标单元格的数据，将移动或复制的单元格插入该单元格之前。如果要替换目标单元格的数据，可以选中源单元格并右击，在快捷菜单中根据需要选择“剪切”或“复制”命令，再选中目标单元格并右击，在快捷菜单中选择“粘贴”命令。如果要保留目标单元格的数据，在选中目标单元格并右击后，应选择快捷菜单中的“插入剪切的单元格”或“插入复制的单元格”命令。

在 Excel 2016 中，一个单元格通常包含很多信息，如内容、格式、公式及批注等。复制数据时，可以复制单元格的全部信息，也可以只复制部分信息，还可以在复制数据的同时进行算术运算、行列转置等，这些都是通过“选择性粘贴”命令来实现的。具体操作方法：先选中源单元格并右击，在快捷菜单中选择“复制”命令，再选中目标单元格并右击，在快捷菜单中选择“选择性粘贴”命令，在打开的“选择性粘贴”对话框中进行相应设置。在该对话框中，“粘贴”栏列出了一些选项，供以选择将源单元格的什么信息复制，其中最常用的是公式、数值、格式；“运算”栏中的选项表示源单元格中数据与目标单元格中数据的运算关系；勾选“转置”复选框表示将源单元格区域中的数据行列交换后粘贴到目标单元格区域。

2. 单元格、行、列的插入和删除

数据在输入时难免出现遗漏，有时可能漏掉一个数据，有时可能漏掉一行或一列数据，单元格、行、列的插入操作可以利用“开始”选项卡的“单元格”组中的“插入”下拉按钮完成，也可以利用快捷菜单中的“插入”命令来实现。单元格、行、列的删除操作则可以利用“开始”选项卡的“单元格”组中的“删除”下拉按钮完成，也可以利用快捷菜单中的“删除”命令来实现。

3. 工作表的插入、移动、复制、删除、重命名、隐藏和显示

如果一个工作簿中包含多个工作表，可以使用 Excel 2016 提供的工作表管理功能来管理工作表。常用的方法是在工作表标签上右击，在快捷菜单中选择相应的命令。Excel 2016 允许将某个工作表在同一个或多个工作簿中移动或复制。如果是在同一个工作簿中操作，只需单击该工作表标签，将它直接拖曳到目的位置就可实现移动，在拖曳的同时按住 Ctrl 键就可实现复制。如果是在多个工作簿中操作，应先打开这些工作簿，然后右击该工作表标签，在快捷菜单中选择“移动或复制”命令，在打开的“移动或复制工作表”对话框中的“工作簿”下拉列表中选择所需工作簿(如没有出现所需工作簿，说明此工作簿未打开)，从“下列选中工作表之前”列表框中选择插入位置来实现移动。如果是复制操作的话，还需勾选此对话框底部的“建立副本”复选框。

注意：在删除工作表的时候一定要慎重，工作表被删除后将无法恢复。如果工作簿中工作表太多，为了更加清楚地区分工作表，可以利用快捷菜单中的相应命令设置工作表标签的颜色，使之醒目显示。

4.2.3 格式化工作表

制作一个好的工作表除了保证数据正确，还应对外观进行修饰(格式化)，达到整齐、鲜明和美观的目的。

工作表的格式化主要包括格式化数据、调整工作表的列宽和行高、设置对齐方式、添加边框和底纹、使用条件格式以及自动套用格式等。

▲格式化工作表

1. 格式化数据

(1)设置数据格式。

在 Excel 2016 中，可以设置不同的小数位数、货币符号、是否使用千位分隔符等来表示同一个数，如 1234.56、¥1234.56、1,234.56。这时单元格中显示的是格式化后的数字，编辑栏显示的是系统实际存储的数据。

要设置数据格式，可以通过单击“开始”选项卡的“数字”组中的相应按钮，或单击该组的对话框启动器按钮，打开“设置单元格格式”对话框，在“数字”选项卡中完成，如图 4-7 所示。该对话框也可以通过右击单元格，在快捷菜单中选择“设置单元格格式”命令打开。

(2)对数据进行字符格式化。

在 Excel 2016 中，为了美化数据，经常会对数据进行字符格式化，如设置数据字体、字形和字号，为数据加下划线、删除线、上下标及改变数据颜色等。这主要是通过单击“开始”选项卡的“字体”组中的相应按钮，或单击该组的对话框启动器按钮，打开“设置单元格格式”对话框，在“字体”选项卡中完成的。

注意：要取消数据格式的设置，可以单击“开始”选项卡的“编辑”组中的“清除”下拉按钮，在下拉菜单中选择“清除格式”命令。其他工作表格式的取消亦是如此。

2. 调整工作表的列宽和行高

设置每列的宽度和每行的高度是改善工作表外观经常用到的手段。例如，在单元格中输入太长的文字时，文字内容将会延伸到相邻的单元格中，如果相邻单元格中已有内容，

图 4-7 “设置单元格格式”对话框

那么该文字内容将被截断；对于数值型数据，则以一串“#”提示用户该单元格的宽度不够，无法显示该数值型数据。

调整列宽和行高最快捷的方法是利用鼠标来完成，将鼠标指针指向要调整列宽(或行高)的列(或行)的列标(或行号)右侧(或下方)的分隔线上，当鼠标指针变成带双向箭头的十字形时，拖曳分隔线到需要的位置即可。

如果要精确调整列宽(或行高)，可以单击“开始”选项卡的“单元格”组中的“格式”下拉按钮，在下拉菜单中选择“列宽”(或“行高”)命令，打开“列宽”(或“行高”)对话框，输入需要的宽度值(或高度值)。

3. 设置对齐方式

单元格中的数据通常具有不同的数据类型。在 Excel 2016 中，不同类型的数据在单元格中以某种默认方式对齐。例如，文本左对齐，数值、日期和时间右对齐，逻辑值和错误值居中对齐等。如果对默认的对齐方式不满意，可以改变数据的对齐方式。这可通过单击“开始”选项卡的“对齐方式”组中的相应按钮来完成。如果有更高的要求，就需要单击“对齐方式”组的对话框启动器按钮，打开“设置单元格格式”对话框，在“对齐”选项卡中进行设置。

除了设置对齐方式，还可以对文本进行显示控制，有效解决文本的显示问题，如自动换行、缩小字体、合并单元格、改变文字方向和旋转文字角度等。

4. 添加边框和底纹

为工作表添加各种类型的边框和底纹，可以起到美化工作表的作用，还可以使工作表更加清晰、明了。

如果要给某一单元格或某一单元格区域增加边框，则先选中相应的区域，然后右击，在快捷菜单中选择“设置单元格格式”命令，打开“设置单元格格式”对话框，在“边框”选项卡中进行设置。

除了为工作表添加边框，还可以为工作表添加背景颜色或图案，即底纹。这可以通过“设置单元格格式”对话框中的“填充”选项卡来完成。

例 4-4

对例 4-3 中的“公司员工工资表”进行格式化：设置“基本工资”、“奖金”、“扣款额”和“实发工资”列的小数位均为 2 位，数据均加千位分隔符(,)和人民币符号(￥)；设置标题行的行高为“25”，“姓名”列的列宽为“10”；将 A1:I1 单元格区域合并为一个单元格，标题内容水平居中对齐；将标题设为华文彩云、20 号、加粗；工资表的外边框为黑色粗线，内边框为黑色细线；“编号”所在行的底纹为浅绿色。“公司员工工资表”的格式化效果如图 4-8 所示。

	A	B	C	D	E	F	G	H	I
1	公司员工工资表								
2	编号	姓名	部门	职务	基本工资	奖金	扣款额	实发工资	评价
3	001	刘铁	销售部	业务员	¥7,500.00	¥2,400.00	¥1,180.50	¥8,719.50	
4	002	孙刚	销售部	业务员	¥5,400.00	¥1,780.00	¥1,065.65	¥6,114.35	低于平均工资
5	003	陈凤	销售部	业务员	¥6,000.00	¥1,560.00	¥865.88	¥6,694.12	
6	004	沈阳	销售部	业务员	¥5,840.00	¥1,660.00	¥780.00	¥6,720.00	
7	005	秦强	财务部	会计	¥6,000.00	¥800.00	¥685.52	¥6,114.48	低于平均工资
8	006	陆斌	财务部	出纳	¥4,450.00	¥580.00	¥980.00	¥4,050.00	低于平均工资
9	007	邹蕾	技术部	技术员	¥4,380.00	¥1,080.00	¥890.00	¥4,570.00	低于平均工资
10	008	彭佩	技术部	技术员	¥5,900.00	¥700.00	¥655.16	¥5,944.84	低于平均工资
11	009	雷曼	技术部	工程师	¥6,600.00	¥1,300.00	¥860.00	¥7,040.00	
12	010	郑黎	技术部	技术员	¥5,900.00	¥840.00	¥760.00	¥5,980.00	低于平均工资
13	011	潘越	财务部	会计	¥5,950.00	¥700.00	¥735.27	¥5,914.73	低于平均工资
14	012	王海	销售部	业务员	¥6,300.00	¥2,000.00	¥1,080.00	¥7,220.00	
15	平均值				¥5,851.67	¥1,283.33	¥878.17	¥6,256.84	

图 4-8 “公司员工工资表”的格式化效果

操作步骤如下。

①选中 E 列至 H 列，右击，在快捷菜单中选择“设置单元格格式”命令，打开“设置单元格格式”对话框，在“数字”选项卡的“分类”列表框中选择“数值”，在“小数位数”微调框中选择或输入“2”，勾选“使用千位分隔符”复选框，再在“分类”列表框中选择“货币”，在“货币符号(国家/地区)”下拉列表中选择“￥”，单击“确定”按钮。也可以利用“开始”选项卡中的“数字”组中的相应按钮来完成。

②单击行号 1 选中标题行(第 1 行)，单击“开始”选项卡的“单元格”组中的“格式”下拉按钮，在下拉菜单中选择“行高”命令，在打开的“行高”对话框中输入“25”；单击列标 B 选中“姓名”列，打开“列宽”对话框，输入“10”，单击“确定”按钮。

③选中 A1:I1 单元格区域，打开“设置单元格格式”对话框，在“对齐”选项卡中设置水平对齐方式为“居中”，确认垂直对齐方式为“居中”，勾选“合并单元格”复选框，单击“确

定”按钮。也可以单击“开始”选项卡的“对齐方式”组中的“合并后居中”按钮快速完成设置。

④选中标题文字“公司员工工资表”，在“设置单元格格式”对话框的“字体”选项卡中设置字体为“华文彩云”、字形为“加粗”、字号为“20”，单击“确定”按钮。也可以利用“开始”选项卡的“字体”组中的对应按钮来完成设置。

⑤选中整个表格（A1:I15 单元格区域），在“设置单元格格式”对话框中的“边框”选项卡中先选择线条颜色为“黑色”，样式为“粗线”，单击“预置”栏中的“外边框”按钮，再选择线条样式为“细线”，单击“预置”栏中的“内部”按钮，单击“确定”按钮，完成工作表外边框和内边框的设置。选中“编号”所在行（A2:I2 单元格区域），在“设置单元格格式”对话框中的“填充”选项卡中选择背景色为“浅绿色”，单击“确定”按钮。

5. 使用条件格式

条件格式可以使数据在满足不同的条件时，显示不同的格式。

例 4-5

对例 4-4 中的工作表设置条件格式：将“基本工资”列中大于 6 000 元的单元格设置成“浅红填充色深红色文本”效果，将“基本工资”列中小于 5 000 元的单元格设置成蓝色、双下划线的效果。设置条件格式后的效果如图 4-9 所示。

	A	B	C	D	E	F	G	H	I
1	公司员工工资表								
2	编号	姓名	部门	职务	基本工资	奖金	扣款额	实发工资	评价
3	001	刘铁	销售部	业务员	¥7,500.00	¥2,400.00	¥1,180.50	¥8,719.50	
4	002	孙刚	销售部	业务员	¥5,400.00	¥1,780.00	¥1,065.65	¥6,114.35	低于平均工资
5	003	陈凤	销售部	业务员	¥6,000.00	¥1,560.00	¥865.88	¥6,694.12	
6	004	沈阳	销售部	业务员	¥5,840.00	¥1,660.00	¥780.00	¥6,720.00	
7	005	秦强	财务部	会计	¥6,000.00	¥800.00	¥685.52	¥6,114.48	低于平均工资
8	006	陆斌	财务部	出纳	¥4,450.00	¥580.00	¥980.00	¥4,050.00	低于平均工资
9	007	邹蕾	技术部	技术员	¥4,380.00	¥1,080.00	¥890.00	¥4,570.00	低于平均工资
10	008	彭佩	技术部	技术员	¥5,900.00	¥700.00	¥655.16	¥5,944.84	低于平均工资
11	009	雷旻	技术部	工程师	¥6,600.00	¥1,300.00	¥860.00	¥7,040.00	
12	010	郑黎	技术部	技术员	¥5,900.00	¥840.00	¥760.00	¥5,980.00	低于平均工资
13	011	潘越	财务部	会计	¥5,950.00	¥700.00	¥735.27	¥5,914.73	低于平均工资
14	012	王海	销售部	业务员	¥6,300.00	¥2,000.00	¥1,080.00	¥7,220.00	
15	平均值				¥5,851.67	¥1,283.33	¥878.17	¥6,256.84	

图 4-9　设置条件格式后的效果

操作步骤如下。

①选中要设置格式的 E3:E14 单元格区域（注意不要选中“基本工资”单元格）。

②单击“开始”选项卡的“样式”组中的“条件格式”下拉按钮，在下拉菜单中选择“突出显示单元格规则”子菜单中的“大于”命令，打开“大于”对话框，在左边的文本框中输入“6000”，在右边的下拉列表中选择“浅红填充色深红色文本”，单击“确定”按钮。

③用同样的方法选择“小于”命令，打开“小于”对话框，在左边的文本框中输入“5000”，在右边的下拉列表中选择“自定义格式”，打开“设置单元格格式”对话框，在“字体”选项卡中设置颜色为“蓝色”、下划线为“双下划线”，然后依次单击“确定”按钮。

6. 自动套用格式

自动套用格式是一组已定义好的格式的组合，包括数字、字体、对齐方式、边框、颜色、行高和列宽等格式。Excel 2016 提供了许多种漂亮、专业的表格自动套用格式，可以快速实现工作表格式化。这可以利用“开始”选项卡的“样式”组中的“套用表格格式”下拉按钮来实现。

4.3 制作图表

Excel 2016 能够将电子表格中的数据转换成各种类型的统计图表，更直观地揭示数据之间的关系，反映数据的变化规律和发展趋势，使用户能一目了然地进行数据分析。当工作表中的数据发生变化时，图表会相应改变，不需要重新绘制。

Excel 2016 提供了十余种图表类型，每一类又有若干种子类型，并且有很多二维和三维图表类型可供选择。常用的图表类型有以下几种。

- 柱形图：用于显示一段时间内数据变化或各项之间的比较情况。柱形图简单、易用，是较受欢迎的图表类型。
- 条形图：可以看作横放的柱形图，用于描绘各个项目之间数据的差别情况，强调的是在特定的时间点上进行分类和数值的比较。
- 折线图：将同一数据系列的数据点在图中用直线连接起来，以等间隔显示数据的变化趋势。
- 面积图：用于显示某个时间段内总数与数据系列的关系。面积图又称为面积形式的折线图。
- 饼图：用于反映统计数据中各项所占的百分比或某个单项占总体的比例，便于用户查看整体与个体之间的关系。
- XY 散点图：通常用于显示两个变量之间的关系。散点图可以用于绘制函数曲线。
- 圆环图：类似于饼图，但在中央空出了一个圆形的空间。圆环图也可以用于表示各个部分与整体之间的关系，而且可以包含多个数据系列。
- 气泡图：类似于 XY 散点图，但是气泡图是对成组的 3 个数值而非 2 个数值进行比较。
- 雷达图：用于显示数据中心点及数据类别之间的变化趋势，可对数值无法表现的倾向分析提供良好的支持。为了能在短时间内把握数据之间的平衡关系，也可以使用雷达图。
- 迷你图：以单元格为绘图区域，绘制出简约的数据小图标。由于迷你图太小，无法在图中显示数据内容，所以迷你图与表格是不能分离的。迷你图包括折线图、柱形图、盈亏图 3 种类型。其中，折线图用于返回数据的变化情况，柱形图用于表示数据之间的对比情况，盈亏图用于将业绩的盈亏情况形象地表现出来。

Excel 2016 可以方便、快速地制作一些商务图表，如层次结构图表中的树状图、旭日图，统计图表中的直方图、箱形图，以及瀑布图等。Excel 2016 还可以创建自定义组合图。

4.3.1 创建图表

▲创建图表

在 Excel 2016 中，创建图表快速、简便，只需要选择数据源，然后单击“插入”选项卡的“图表”组中的相应图表类型的下拉按钮，在下拉菜单中选择具体的类型即可。

例 4-6

根据例 4-5 中的工作表的姓名、基本工资、奖金、实发工资生成一个三维簇状柱形图，如图 4-10 所示。

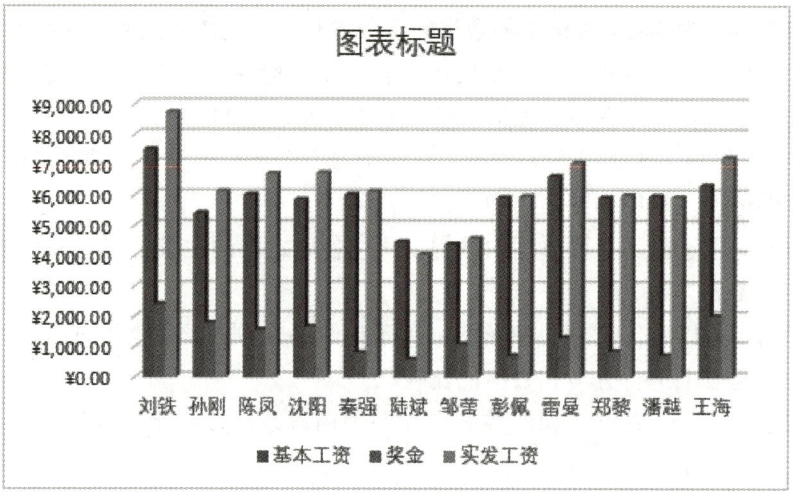

图 4-10　三维簇状柱形图

操作步骤如下。

①先选中“姓名”列(B2:B14 单元格区域)，按住 Ctrl 键，再选中“基本工资”列(E2:E14 单元格区域)、“奖金”列(F2:F14 单元格区域)和“实发工资”列(H2:H14 单元格区域)。

②单击“插入”选项卡的“图表”组中的“插入柱形图或条形图”下拉按钮，在“三维柱形图”区中选择“三维簇状柱形图”，然后将图表调整至合适大小。

4.3.2 编辑图表

在创建图表之后，还可以对图表进行编辑，包括更改图表类型，以及选择图表布局和图表样式等。这可以利用“图表工具”选项卡中的相应功能按钮来实现。“图表工具”选项卡在选中图表后便会自动出现，它包括两个部分：“设计”和“格式”。在“设计”部分可以进行如下操作。

- 添加图表元素：显示或隐藏主要横坐标轴与主要纵坐标轴，显示或隐藏网格线，添加或修改图表标题、坐标轴标题、图例、数据标签和数据表，添加误差线、趋势线、涨/跌柱线和线条等。

- 快速布局：快速套用内置的布局样式，更改图表的整体布局。
- 更改颜色：自定义图表颜色。
- 更改图表样式：为图表应用内置样式。
- 切换行/列：将图表的 X 轴数据和 Y 轴数据对调。
- 选择数据：打开“选择数据源”对话框，在其中可以编辑、修改系列和分类轴标签。
- 更改图表类型：重新选择合适的图表类型。
- 移动图表：在本工作簿中移动图表或将图表移动到其他工作簿。

在“格式”部分可以进行如下操作。

- 设置所选内容格式：在“当前所选内容”组中快速定位图表元素，并设置所选内容的格式。
- 插入形状：在图表中插入形状。
- 编辑形状样式：快速套用样式，设置形状填充、形状轮廓及形状效果。
- 插入艺术字：快速套用艺术字样式，设置艺术字颜色、外边框或艺术效果。
- 排列图表：排列图表元素的对齐方式等。
- 设置图表大小：设置图表的宽度与高度、裁剪图表。

例 4-7

将例 4-6 中的图表标题改为“公司员工工资表”，添加 X 轴标题为“员工姓名”，Y 轴标题为“元”。编辑图表后的效果如图 4-11 所示。

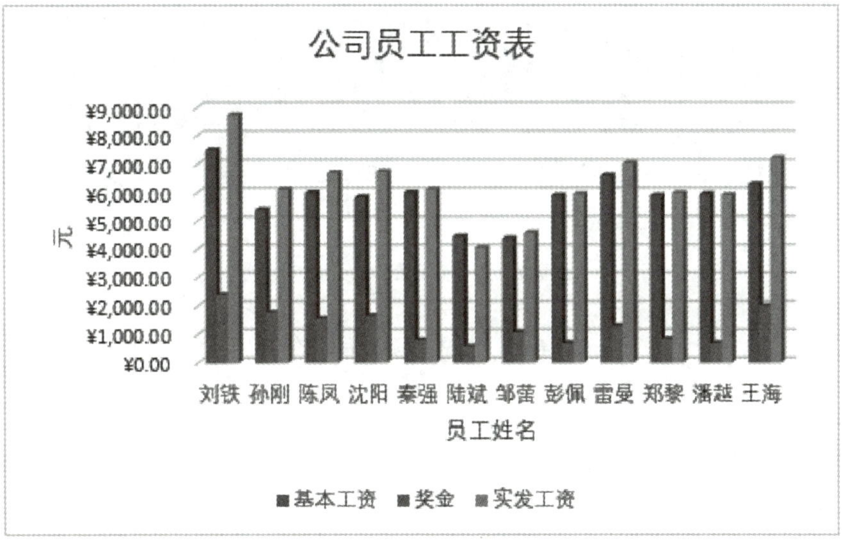

图 4-11 编辑图表后的效果

操作步骤如下。

①单击“图表标题”文本框，在其中输入文字“公司员工工资表”。

②在“图表工具”→“设计”选项卡的“图表布局”组中，单击“添加图表元素”下拉按钮，

在下拉菜单中选择“坐标轴标题”→“主要横坐标轴”命令，在出现的“坐标轴标题”文本框中输入文字“员工姓名”。

③在“图表工具”→“设计”选项卡的“图表布局”组中，单击“添加图表元素”下拉按钮，在下拉菜单中选择“坐标轴标题”→“主要纵坐标轴”命令，在出现的“坐标轴标题”文本框中输入文字“元”。

4.3.3 格式化图表

生成一个图表后，为了获得更理想的显示效果，可以对图表的各个对象进行格式化。可以通过单击“图表工具”→“格式”选项卡中的相应按钮来完成，也可以双击要进行格式设置的图表对象，在打开的任务窗格中进行设置。

例 4-8

为例 4-7 中的三维簇状柱形图的图表标题“公司员工工资表”设置一个喜欢的样式，改变绘图区的背景为“白色大理石”。格式化图表后的效果如图 4-12 所示。

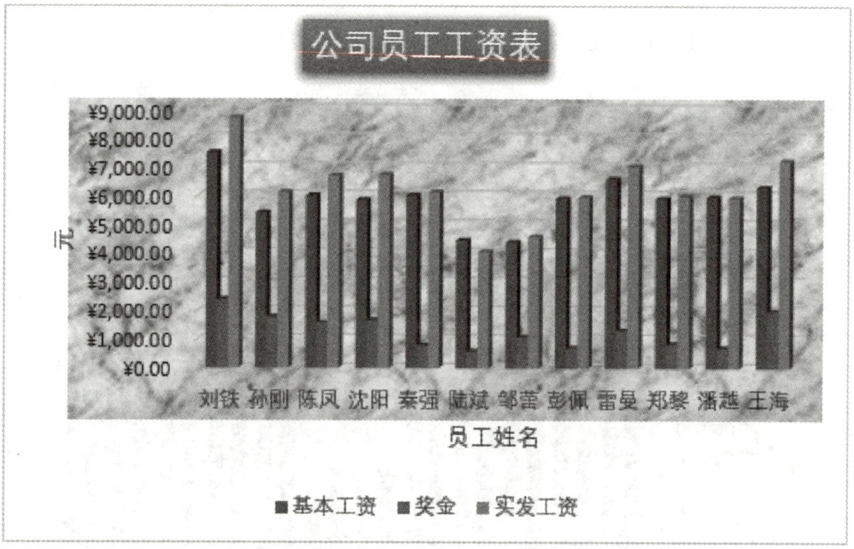

图 4-12　格式化图表后的效果

操作步骤如下。

①选中图表标题，在“图表工具”→“格式”选项卡的“形状样式”组中的形状样式库中，选择“主题样式区”最后一排中的形状样式“强烈效果-蓝色，强调颜色 1”。

②在“图表工具”→“格式”选项卡的“当前所选内容”组中，单击“图表元素”下拉按钮，在下拉列表中选择“绘图区”，或者将鼠标指针移至绘图区(鼠标指针在图表对象中移动时旁边会提示对象名称)，双击绘图区即可打开“设置绘图区格式”任务窗格，在“填充”栏选中“图片或纹理填充”单选按钮，然后在“纹理”下拉列表中选择“白色大理石”，最后单击“关闭”按钮。

4.4 数据管理和分析

Excel 2016 不仅具有计算与处理数据的能力，而且具有类似数据库的一些管理功能。利用 Excel 2016 可以方便、快捷地对数据进行排序、筛选、分类汇总、创建数据透视表等统计分析工作。

4.4.1 建立数据清单

如果要使用 Excel 2016 的数据管理功能，必须先将电子表格创建为数据清单。数据清单又称为数据列表，是由工作表中的单元格构成的矩形区域，即一张二维表。数据清单是一种特殊的表格，必须包括两部分，即表结构和表记录。表结构是数据清单中的第一行，即列标题(又称为字段名)，Excel 2016 利用这些字段名对数据进行查找、排序及筛选等操作。表记录是 Excel 2016 实施数据管理功能的对象，该部分不允许出现非法数据内容。要正确创建数据清单，应遵循以下准则。

(1)避免在一个工作表中建立多个数据清单，如果在工作表中还有其他数据，要在它们与数据清单之间留出空行、空列。

(2)通常在数据清单的第一行创建字段名。字段名必须唯一，且每一字段的数据类型必须相同。例如，字段名是“部门”，则该列存放的必须全部是部门名称。

(3)数据清单中不能有完全相同的两行记录。

4.4.2 数据排序

在实际应用中，为了方便查找和使用数据，用户通常按一定顺序对数据清单进行重新排列。其中，数值按大小排序，时间按先后排序，英文字母按字母顺序(默认不区分大小写)排列，汉字按拼音首字母排序或笔画排序。

▲数据排序

用于排序的字段称为关键字。排序方式分为升序(递增)和降序(递减)，排序方向有按行排序和按列排序，此外，还可以采用自定义排序。

数据排序有两种形式：简单排序和复杂排序。

- 简单排序：按一个关键字(单一字段)进行升序或降序排列。可以通过单击“数据”选项卡的“排序和筛选”组中的“升序”按钮、“降序”按钮快速实现，也可以单击“排序”按钮，打开“排序”对话框进行操作。
- 复杂排序：按一个以上关键字(多个字段)进行升序或降序排列。当排序的字段值相同时，可按另一个关键字继续排序，可以设置多个排序关键字。可以通过单击“数据”选项卡的“排序和筛选”组中的“排序”按钮来实现。

例 4-9

对“公司员工工资表”(数据清单)排序，按主要关键字“部门”升序排列；部门相同时，按次要关键字“基本工资”降序排列；部门和基本工资都相同时，按第三关键字“奖金”降序排列。复杂排序结果如图4-13所示。

	A	B	C	D	E	F	G	H
1	编号	姓名	部门	职务	基本工资	奖金	扣款额	实发工资
2	005	秦强	财务部	会计	6000	800	685.52	6114.48
3	011	潘越	财务部	会计	5950	700	735.27	5914.73
4	006	陆斌	财务部	出纳	4450	580	980	4050
5	009	雷昊	技术部	工程师	6600	1300	860	7040
6	010	郑黎	技术部	技术员	5900	840	760	5980
7	008	彭佩	技术部	技术员	5900	700	655.16	5944.84
8	007	邹蕾	技术部	技术员	4380	1080	890	4570
9	001	刘铁	销售部	业务员	7500	2400	1180.5	8719.5
10	012	王海	销售部	业务员	6300	2000	1080	7220
11	003	陈凤	销售部	业务员	6000	1560	865.88	6694.12
12	004	沈阳	销售部	业务员	5840	1660	780	6720
13	002	孙刚	销售部	业务员	5400	1780	1065.65	6114.35

图4-13　复杂排序结果

操作步骤如下。

①选中A2:H14单元格区域，右击，在快捷菜单中选择“复制”命令，然后新建一个工作簿，选中工作表Sheet1中的单元格A1，右击，在快捷菜单中选择“选择性粘贴”命令，在打开的“选择性粘贴”对话框中的“粘贴”栏中选中“数值”单选按钮，单击“确定”按钮，创建数据清单。

②选中数据清单中的任意单元格，单击“数据”选项卡的“排序和筛选”组中的“排序”按钮，打开“排序”对话框，勾选“数据包含标题”复选框。选择主要关键字为“部门”、排序依据为“单元格值”、次序为“升序”；单击“添加条件”按钮，选择次要关键字为“基本工资”、排序依据为“单元格值”、次序为“降序”；单击“添加条件”按钮，选择次要关键字为“奖金”、排序依据为“单元格值”、次序为“降序”，单击“确定”按钮。在该对话框中，勾选“数据包含标题”复选框是为了避免字段名也成为排序对象；“选项”按钮用来打开“排序选项”对话框，进行一些与排序相关的设置，如排列字母时区分大小写、改变排序方向(按行)或汉字按笔画排序等。

4.4.3　数据筛选

当数据清单中的记录非常多，用户却只对其中一部分感兴趣时，可以使用Excel 2016的数据筛选功能将用户不感兴趣的数据暂时隐藏起来。当筛选条件被清除时，隐藏的数据会恢复显示。

▲数据筛选

数据筛选有两种：自动筛选和高级筛选。自动筛选可以实现单字段筛选及多字段筛选的“逻辑与”关系(同时满足多个条件)，操作简便，能满足大部分应用需求；高级筛选可以实现多字段筛选的“逻辑或”关系，操作较复杂，需要在数据清单以外建立一个条件区域。

- 自动筛选：可通过单击“数据”选项卡的“排序和筛选”组中的“筛选”按钮来实现。在所需筛选的字段名下拉菜单中选择符合的条件，若没有，则选择“文本筛选”或“数字筛选”子菜单中的“自定义筛选”命令，在打开的“自定义自动筛选方式”对话框中输入条件。如果要使数据恢复显示，则单击“排序和筛选”组中的“清除”按钮。如果要取消自动筛选功能，则再次单击“筛选”按钮。

例 4-10

在“公司员工工资表”（数据清单）中，筛选销售部基本工资大于或等于6 000元且奖金大于或等于2 000元的记录。自动筛选结果如图4-14所示。

	A	B	C	D	E	F	G	H
1	编号	姓名	部门	职务	基本工资	奖金	扣款额	实发工资
2	001	刘铁	销售部	业务员	7500	2400	1180.5	8719.5
13	012	王海	销售部	业务员	6300	2000	1080	7220

图 4-14 自动筛选结果

操作步骤如下。

①选中数据清单中的任意单元格。

②单击“数据”选项卡的“排序和筛选”组中的“筛选”按钮，在各个字段名的右边会出现筛选按钮，单击“部门”列的筛选按钮，在下拉菜单中仅选中“销售部”，单击“确定”按钮，使筛选结果只显示销售部的员工记录。

③单击“基本工资”列的筛选按钮，在下拉菜单中选择“数字筛选”→“大于或等于”命令，打开“自定义自动筛选”对话框。在“大于或等于”下拉列表框右边的文本框中输入“6000”，单击“确定”按钮，此时，筛选结果只显示销售部员工中基本工资大于或等于6 000的记录。

④用同样的方法进行“奖金”列的筛选。

- 高级筛选：当筛选的条件较为复杂，或出现多字段间的“逻辑或”关系时，使用“数据”选项卡的“排序和筛选”组中的“高级”按钮更为方便。

在进行高级筛选时，字段名的右边不会出现筛选按钮，而是需要在条件区域输入条件。条件区域应建立在数据清单以外，用空行或空列与数据清单分隔。输入筛选条件时，首行输入字段名，从第二行起输入筛选条件，输入在同一行上的条件关系为“逻辑与”，输入在不同行上的条件关系为“逻辑或”。单击“数据”选项卡的“排序和筛选”组中的“高级”按钮，在打开的“高级筛选”对话框内进行数据区域和条件区域的选择，筛选结果可以在原数据清单位置显示，也可以在数据清单以外的位置显示。

例 4-11

在“公司员工工资表”（数据清单）中，筛选销售部基本工资大于6 000元或财务部基本工资小于6 000元的记录，并将筛选结果显示在原有区域。高级筛选结果如图4-15所示。

	A	B	C	D	E	F	G	H
1	编号	姓名	部门	职务	基本工资	奖金	扣款额	实发工资
2	001	刘铁	销售部	业务员	7500	2400	1180.5	8719.5
7	006	陆斌	财务部	出纳	4450	580	980	4050
12	011	潘越	财务部	会计	5950	700	735.27	5914.73
13	012	王海	销售部	业务员	6300	2000	1080	7220

图 4-15　高级筛选结果

操作步骤如下。

①在数据清单以外选择一个空白区域，在首行输入字段名“部门”和“基本工资”，在第二行对应字段下面输入条件“销售部”和“>6000”，在第三行对应字段下面输入条件“财务部”和“<6000”，如图 4-16 所示。

	A	B	C	D	E	F	G	H
2	001	刘铁	销售部	业务员	7500	2400	1180.5	8719.5
3	002	孙刚	销售部	业务员	5400	1780	1065.65	6114.35
4	003	陈凤	销售部	业务员	6000	1560	865.88	6694.12
5	004	沈阳	销售部	业务员	5840	1660	780	6720
6	005	秦强	财务部	会计	6000	800	685.52	6114.48
7	006	陆斌	财务部	出纳	4450	580	980	4050
8	007	邹蕾	技术部	技术员	4380	1080	890	4570
9	008	彭佩	技术部	技术员	5900	700	655.16	5944.84
10	009	雷曼	技术部	工程师	6600	1300	860	7040
11	010	郑黎	技术部	技术员	5900	840	760	5980
12	011	潘越	财务部	会计	5950	700	735.27	5914.73
13	012	王海	销售部	业务员	6300	2000	1080	7220
14								
15	部门	基本工资						
16	销售部	>6000						
17	财务部	<6000						

图 4-16　建立条件区域

②选中数据清单中的任意单元格，单击“数据”选项卡的“排序和筛选”组中的“高级”按钮，打开“高级筛选”对话框。选中“在原有区域显示筛选结果”单选按钮，再确认给出的列表区域是否正确。如果不正确，可以单击“列表区域”文本框右侧的折叠对话框按钮，在工作表中重新选择列表区域后再单击展开对话框按钮返回。然后单击“条件区域”文本框右侧的折叠对话框按钮，在工作表中选择条件区域后再单击展开对话框按钮返回，单击“确定”按钮。

4.4.4　分类汇总

实际工作中经常用到分类汇总，如仓库的库存管理经常要统计各类产品的库存总量，商店的销售管理经常要统计各类商品的售出总量等。上述工作的共同特点是先进行分类（排序），将同类别数据放在一起，然后进行数量求和之类的汇总运算。Excel 2016 提供了分类汇总功能。

▲分类汇总

分类汇总就是对数据清单按某个字段进行分类，将字段值相同的连续记录作为一类，进行求和、求平均值、计数等汇总运算。针对同一个分类字段，可进行多种方式的汇总。

需要注意的是，首先，在分类汇总前必须对分类字段排序，否则将得不到正确的分类汇总结果；其次，在分类汇总时要清楚对哪个字段分类，对哪些字段汇总及使用哪种汇总方式，这些都需要在“分类汇总”对话框中逐一设置。

分类汇总有两种形式：简单汇总和嵌套汇总。

- 简单汇总：对数据清单的一个或多个字段仅进行一种方式的汇总。

例 4-12

在“公司员工工资表”(数据清单)中，求各部门基本工资、奖金和实发工资的平均值。简单汇总结果如图 4-17 所示。

	A	B	C	D	E	F	G	H
1	编号	姓名	部门	职务	基本工资	奖金	扣款额	实发工资
2	005	秦强	财务部	会计	6000	800	685.52	6114.48
3	006	陆斌	财务部	出纳	4450	580	980	4050
4	011	潘越	财务部	会计	5950	700	735.27	5914.73
5			**财务部 平均值**		5466.667	693.3333		5359.737
6	007	邹蕾	技术部	技术员	4380	1080	890	4570
7	008	彭佩	技术部	技术员	5900	700	655.16	5944.84
8	009	雷曼	技术部	工程师	6600	1300	860	7040
9	010	郑黎	技术部	技术员	5900	840	760	5980
10			**技术部 平均值**		5695	980		5883.71
11	001	刘铁	销售部	业务员	7500	2400	1180.5	8719.5
12	002	孙刚	销售部	业务员	5400	1780	1065.65	6114.35
13	003	陈凤	销售部	业务员	6000	1560	865.88	6694.12
14	004	沈阳	销售部	业务员	5840	1660	780	6720
15	012	王海	销售部	业务员	6300	2000	1080	7220
16			**销售部 平均值**		6208	1880		7093.594
17			**总计平均值**		5851.667	1283.333		6256.835

图 4-17 简单汇总结果

根据分类汇总的要求，实际是对“部门”字段分类，对“基本工资”、“奖金”和“实发工资”进行汇总，汇总方式是求平均值。

操作步骤如下。

①选中 C 列(“部门”列)，单击“数据”选项卡的“排序和筛选”组中“升序”按钮，对“部门”字段升序排列。

②选中数据清单中的任意单元格，单击“数据”选项卡的“分级显示”组中的“分类汇总”按钮，打开“分类汇总”对话框。在“分类字段”下拉列表中选择“部门”，在“汇总方式”下拉列表中选择“平均值”，在“选中汇总项”(汇总字段)列表框中选中“基本工资”、“奖金”和“实发工资”，并清除其余默认汇总项，其设置如图 4-18 所示，单击“确定”按钮。在该对话框中，勾选“替换当前分

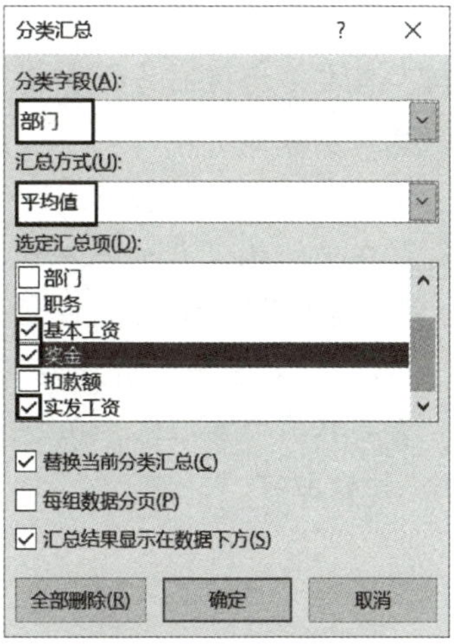

图 4-18 “分类汇总”对话框的设置(1)

类汇总”复选框的含义是，用此次分类汇总结果替换已存在的分类汇总结果。

分类汇总后，默认情况下，数据会分三级显示，可以单击分级显示区上方的 1 2 3 按钮控制，单击 1 按钮，只显示数据清单中的列标题和总计结果；单击 2 按钮，显示各个分类汇总结果和总计结果；单击 3 按钮，显示全部详细数据。

- 嵌套汇总：对同一字段进行多种不同方式的汇总。

例 4-13

在例 4-12 求各部门基本工资、实发工资和奖金的平均值的基础上，统计各部门人数。嵌套汇总结果如图 4-19 所示。

	A	B	C	D	E	F	G	H
1	编号	姓名	部门	职务	基本工资	奖金	扣款额	实发工资
2	005	秦强	财务部	会计	6000	800	685.52	6114.48
3	006	陆斌	财务部	出纳	4450	580	980	4050
4	011	潘越	财务部	会计	5950	700	735.27	5914.73
5			**财务部 计数**	3				
6			**财务部 平均值**		5466.667	693.3333		5359.737
7	007	邹蕾	技术部	技术员	4380	1080	890	4570
8	008	彭佩	技术部	技术员	5900	700	655.16	5944.84
9	009	雷旻	技术部	工程师	6600	1300	860	7040
10	010	郑黎	技术部	技术员	5900	840	760	5980
11			**技术部 计数**	4				
12			**技术部 平均值**		5695	980		5883.71
13	001	刘铁	销售部	业务员	7500	2400	1180.5	8719.5
14	002	孙刚	销售部	业务员	5400	1780	1065.65	6114.35
15	003	陈凤	销售部	业务员	6000	1560	865.88	6694.12
16	004	沈阳	销售部	业务员	5840	1660	780	6720
17	012	王海	销售部	业务员	6300	2000	1080	7220
18			**销售部 计数**	5				
19			**销售部 平均值**		6208	1880		7093.594
20			**总计数**	12				
21			**总计平均值**		5851.667	1283.333		6256.835

图 4-19　嵌套汇总结果

这需要分两次进行分类汇总。先按例 4-12 的方法求平均值，再在平均值汇总的基础上计数。

操作步骤如下。

①按例 4-12 的方法进行平均值汇总。

②在平均值汇总的基础上统计各部门人数。统计人数时，“分类汇总”对话框的设置如图 4-20 所示。需要注意的是，不能勾选“替换当前分类汇总”复选框。

若要取消分类汇总，在“分类汇总”对话框中单击“全部删除”按钮即可。

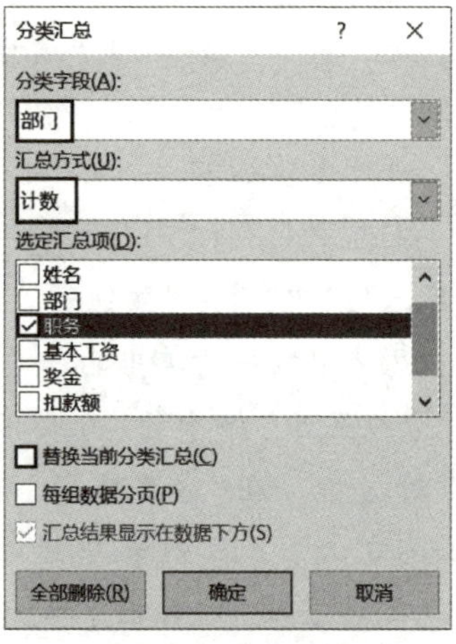

图 4-20　“分类汇总”对话框的设置（2）

4.4.5 数据透视表

分类汇总适合按一个字段进行分类，对一个或多个字段进行汇总。如果要对多个字段进行分类并汇总，就需要利用数据透视表来解决问题。

▲数据透视表

例 4-14

在“公司员工工资表”(数据清单)中，统计各部门各职务的人数。数据透视表的统计结果如图 4-21 所示。

	A	B	C	D	E	F	G
1							
2							
3	计数项:部门	列标签					
4	行标签	出纳	工程师	会计	技术员	业务员	总计
5	财务部	1		2			3
6	技术部		1		3		4
7	销售部					5	5
8	总计	1	1	2	3	5	12

图 4-21 数据透视表的统计结果

本例既要按“部门”分类，又要按“职务”分类，这时候需要使用数据透视表。

操作步骤如下。

①选中数据清单中的任意单元格。

②单击“插入”选项卡的“表格”组中的“数据透视表”按钮，打开“来自表格或区域的数据透视表”对话框。确认要分析的数据的范围(如果系统给出的单元格区域不正确，用户可拖曳鼠标选择单元格区域)及数据透视表的放置位置(可以放在新工作表中，也可以放在现有工作表中)，然后单击“确定”按钮。此时出现“数据透视表字段”任务窗格，把要分类的字段拖入“行”区和“列”区，使之成为数据透视表的行、列标题，将要汇总的字段拖入“值”区，本例中“部门”字段作为行标签，“职务”字段作为列标签，统计的数据项也是“职务”，如图 4-22 所示。默认情况下，如果数据项是非数值型字段，则对其计数，否则求和。

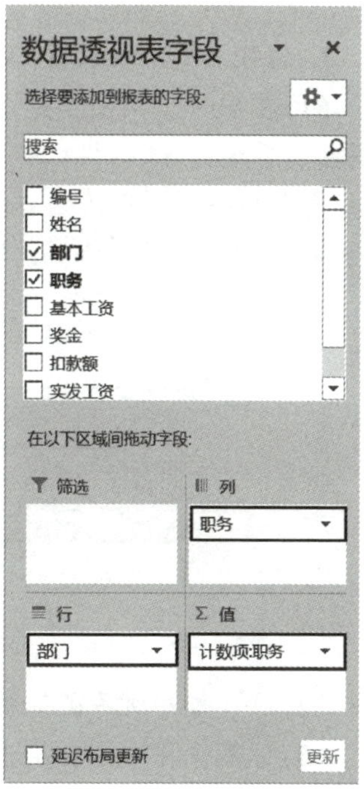

图 4-22 “数据透视表字段”任务窗格

创建数据透视表后，“数据透视表工具”选项卡会自动出现，该选项卡可以用于修改数据透视表，如更改数据透视表布局、改变汇总方式和进行数据更新等。

4.5 打印工作表

Excel 2016 工作表编辑完成后需要打印时，可以进行相应的设置，然后打印输出。

Excel 2016 工作表的打印，根据打印内容分为 3 种情况：打印活动工作表、打印整个工作簿、打印选中区域。这可以通过单击“文件”选项卡，在菜单中选择“打印”命令，在“设置”栏中进行相应设置。Excel 2016 的打印界面与 Word 2016 的打印界面非常类似。

如果打印时需要为工作表加上页眉和页脚，还可以单击打印界面最下面的“页面设置”链接，打开“页面设置”对话框，切换到其中的“页眉/页脚”选项卡，在“页眉”和“页脚”区域进行编辑。

习 题 4

1. 请按照以下要求对 Excel 文档进行编辑、格式化和图表制作。

(1) 在 Sheet1 中制作如图 4-23 所示的商品销售统计表。在工作表的第 1 行输入标题“商品销售统计表”，将标题字体设置为华文彩云、加粗、16 号，标题要求合并单元格(在一行内合并多列，且两端与数据表对齐)，居于表的中央(水平和垂直两个方向均居中)。增加表格线(包括标题)，设置第 1 列单元格的底纹为浅绿色。

	A	B	C	D	E	F	G
1	商品销售统计表						
2	商品名称	北京	天津	上海	广州	合计	平均销量
3	电视机	6500	3000	5000	4500		
4	洗衣机	2600	1200	2000	1600		
5	冰箱	1800	1000	3000	2000		
6	空调	1600	1400	1550	1520		
7							（单位：台）

图 4-23 商品销售统计表

(2) 统计每种商品在各地销量的合计，要求必须使用公式或函数计算。

(3) 计算每种商品在各地的平均销量，要求必须使用公式或函数计算，保留 1 位小数。

(4) 选定“商品名称”“北京”“天津”“上海”“广州”5 列的所有内容，绘制簇状柱形图，分类(X)轴标题为“商品名称”，图表标题为“商品销售统计表”。

2. 请按照以下要求对 Excel 文档进行数据管理操作。

(1) 建立如图 4-24 所示的报刊订阅表。

	A	B	C	D	E	F
1	报刊订阅表					
2	代号	名称	年价（元）	份数	总价（元）	单位
3	RMRB	人民日报	288	2	576	团委
4	DZ	读者	192	1	192	工会
5	DNAHZ	电脑爱好者	360	1	360	团委
6	BDDSB	半岛都市报	252	2	504	党政办
7	DZ	读者	192	2	384	资料室
8	RMRB	人民日报	288	3	864	党政办
9	RCYJ	市场研究	96	2	192	党政办
10	BDDSB	半岛都市报	252	10	2520	生产车间
11	QNWZ	青年文摘	120	6	720	工会
12	BDDSB	半岛都市报	252	5	1260	工会

图 4-24　报刊订阅表

(2)对报刊订阅表按“名称”字段进行升序排序，“名称”字段相同时，按“份数”字段降序排序。

(3)筛选出订阅“读者”的数据记录。

(4)采用 Excel 的高级筛选功能，筛选出订阅“半岛都市报”且份数大于 2 的记录。

(5)按订阅报刊的单位，对所订阅报刊的“总价”进行分类汇总求和。

第 5 章 PowerPoint 2016 演示文稿制作软件

演示文稿制作软件已广泛应用于会议报告、课程教学、广告宣传、产品演示等方面，成为人们在各种场合下进行信息交流的重要工具。

演示文稿制作软件以幻灯片的形式提供了一种演讲手段，利用它可以制作集文字、图形、声音、动画、电影、特效于一体的演示文稿。制作的演示文稿可以在计算机或投影屏幕上播放，也可以打印成幻灯片或透明胶片，还可以生成网页，在网络上展示。

本章将以 PowerPoint 2016 为例，介绍演示文稿制作软件的基本功能和使用方法。

5.1 PowerPoint 2016 的工作环境

PowerPoint 2016 常用的启动方法是在“开始”菜单中选择“PowerPoint 2016”命令。PowerPoint 2016 的工作窗口如图 5-1 所示。

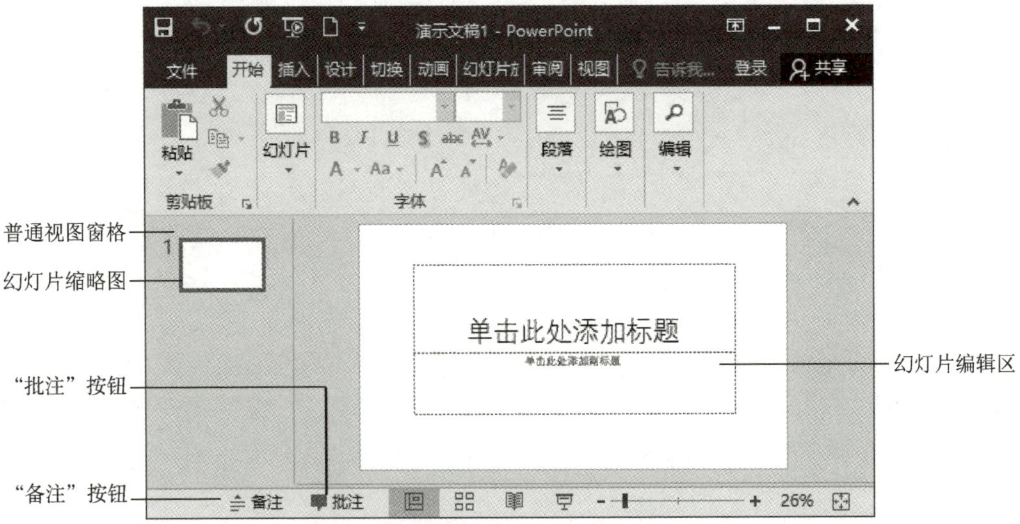

图 5-1　PowerPoint 2016 的工作窗口

PowerPoint 2016 根据建立、编辑、浏览、放映幻灯片的需要，提供了 4 种视图方式：普通视图、幻灯片浏览视图、阅读视图和幻灯片放映视图。视图不同，演示文稿的显示方式不同，对演示文稿可进行的加工也不同。各个视图间的切换可以通过单击“视图”选项卡中的相应按钮或单击窗口底部的 4 个视图按钮来实现。

1. 普通视图

如图 5-1 所示的就是普通视图，它是系统的默认视图，只能显示一张幻灯片。

▲PowerPoint 2016 的工作环境

在普通视图下，可以查看每张幻灯片的文本外观，也可以在单张幻灯片中添加图形、影片和声音，并创建超链接及向其中添加动画。在普通视图窗格中，按照幻灯片的编号顺序显示演示文稿中全部幻灯片的图像。

在普通视图中集成了“备注”窗格(单击底部的“备注”按钮后出现)，备注是演讲者对每一张幻灯片的注释，可以在“备注”窗格中输入，该注释内容仅供演讲者使用，不能在幻灯片上显示。在普通视图中还集成了“批注”窗格(单击底部的“批注”按钮出现)，可以为幻灯片添加批注。单击“批注”窗格中的“新建”按钮，输入相关的注释信息，此时幻灯片上会添加批注标记，一张幻灯片上可以添加多条批注。查看的时候，单击幻灯片上的批注标记，会在批注窗格中显示相应内容。批注内容不会在放映过程中显示。

2. 幻灯片浏览视图

在幻灯片浏览视图下，可以同时显示多张幻灯片，方便对幻灯片进行移动、复制、删除等操作。

3. 阅读视图

如果希望在一个方便审阅的窗口中查看演示文稿，而不想使用全屏的幻灯片放映视图，则可以使用阅读视图。如果要更改演示文稿，可随时从阅读视图切换到某个其他视图。

4. 幻灯片放映视图

在幻灯片放映视图下，幻灯片按顺序全屏幕放映，可以观看动画和超链接效果等。按 Enter 键或单击将显示下一张幻灯片，按 Esc 键或放映完所有幻灯片后工作窗口将恢复原样。在幻灯片上右击还可以打开快捷菜单进行操作。

5.2 制作一个多媒体演示文稿

5.2.1 建立演示文稿

利用 PowerPoint 2016 创建演示文稿的常用方法有利用模板新建、根据现有内容新建和新建空白演示文稿。

1. 利用模板新建

模板包括各种主题和版式。可以利用 PowerPoint 2016 提供的内置模板自动、快速地形成每张幻灯片的外观，以节省格式设计的时间，专注于具体内容的处理。除了内置模板，还可以联机在 Office. com 上搜索并下载更多的 PowerPoint 模板以满足要求。

2. 根据现有内容新建

如果对所有的设计模板都不满意，而喜欢某一个现有文稿的设计风格和布局，可以通过直接在上面修改内容来创建新的演示文稿。

3. 新建空白演示文稿

用户如果希望建立具有自己风格和特色的幻灯片，可以从空白演示文稿开始设计。

在 PowerPoint 2016 窗口中单击“文件”按钮，在菜单中单击“新建”命令，再单击“空白演示文稿”按钮，界面中就会出现一张空白的标题幻灯片，可以按照占位符中的文字提示来输入内容，还可以通过单击“插入”选项卡中的相应按钮插入自己需要的各种对象，如表格、图像、插图、链接、文本、符号、媒体等。

一个完整的演示文稿往往由多张幻灯片组成，其默认扩展名为 pptx。新建幻灯片时，单击“开始”选项卡的“幻灯片”组中的“新建幻灯片”下拉按钮，在幻灯片版式库中单击需要的版式，然后开始新幻灯片的制作。在 PowerPoint 2016 中预设了标题幻灯片、标题和内容、节标题、两栏内容等 11 种幻灯片版式以供用户选择。要修改幻灯片的版式时，可以选中幻灯片，单击“开始”选项卡的“幻灯片”组中的“版式”下拉按钮，在幻灯片版式库中重新选择版式。

5.2.2 编辑演示文稿

编辑演示文稿包括两部分：一是对每张幻灯片中的对象进行编辑操作；二是对演示文稿中的幻灯片进行移动、复制、删除等操作。

1. 编辑幻灯片中的对象

在幻灯片上添加对象有两种方法：建立幻灯片时，通过选择幻灯片版式为添加的对象提供占位符，再输入需要的对象；通过单击“插入”选项卡中的相应按钮（如“图片”“图表”等）来实现。

在幻灯片上添加的对象除了文本框、图片、表格、组织结构图、公式等，为了丰富演示文稿的内容，还可以是视频、音频、屏幕录制和超链接等。

（1）插入视频、音频和屏幕录制。

在幻灯片中插入视频、音频和屏幕录制，可以通过单击“插入”选项卡的“媒体”组中的相应按钮来实现。视频包括联机视频、PC 上的视频；音频包括 PC 上的音频、录制的音频；屏幕录制是指录制计算机屏幕和相关音频，可将录制的内容插入幻灯片中。

（2）插入超链接。

可以在幻灯片中插入超链接，利用它能跳转到同一文档的某张幻灯片上，或者跳转到其他的演示文稿、Word 文档、网页或电子邮件地址等。超链接只能在幻灯片放映视图下起作用。

超链接有以下两种形式。

- 以下划线表示的超链接：可以通过单击“插入”选项卡的“链接”组中的“链接”按钮来实现。

• 以动作按钮表示的超链接：可以通过单击“插入”选项卡的“插图”组中的“形状”下拉按钮，在下拉菜单的“动作按钮”区中单击各种动作按钮后绘制相应动作按钮来实现。

在幻灯片上添加的对象可以进行缩放、修改、移动、复制、删除等编辑操作，操作方法与 Word 2016 相同。

2. 编辑幻灯片

幻灯片的删除、移动、复制等操作，通常在幻灯片浏览视图或普通视图的普通视图窗格中通过使用编辑命令或编辑快捷操作方式进行。

例 5-1

新建“中国五岳简介”演示文稿，共 3 张幻灯片。第 1 张幻灯片如图 5-2 所示，插入了图片文件“高山流水 .jpg”、视频文件“clock. avi”和音频文件“高山流水 . mp3”；第 2 张幻灯片如图 5-3 所示，第 1 行文字是以下划线表示的超链接，右下角的按钮 是以动作按钮表示的超链接，均链接到下一张幻灯片，同时该幻灯片中还插入了图片文件“五岳 . jpg”；第 3 张幻灯片是由第 2 张幻灯片复制而成的，应用竖排标题与文本版式。

图 5-2　第 1 张幻灯片

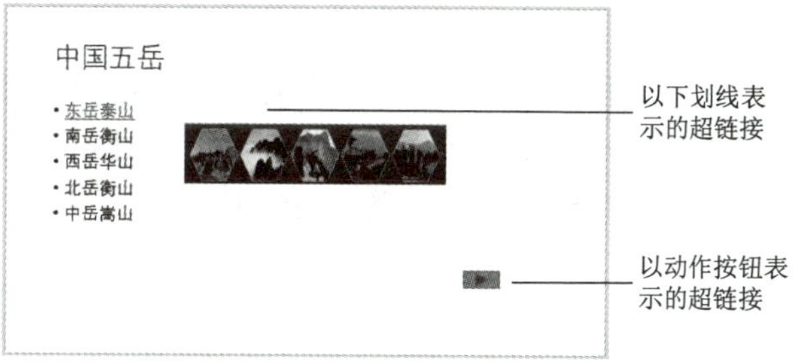

图 5-3　第 2 张幻灯片

操作步骤如下。

①在 PowerPoint 2016 窗口中单击“文件”按钮，在菜单中单击“新建”命令，再单击“空白演示文稿”按钮。

②在标题幻灯片上单击标题占位符，输入文字“中国五岳简介”，再单击副标题占位符，输入文字“制作人：点点”。

③单击“插入”选项卡的“图像”组中的“图片”下拉按钮，在下拉菜单中选择“此设备”命令，在打开的“插入图片”对话框中找到图片文件“高山流水 . jpg”插入幻灯片，并适当调整图片的大小和位置。

④单击“插入”选项卡的“媒体”组中的“视频”下拉按钮，在下拉菜单中选择“此设备”命令，在打开的“插入视频文件”对话框中找到视频文件“clock. avi”插入幻灯片，适当调整大小和位置。同样，单击“插入”选项卡的“媒体”组中的“音频”下拉按钮，在下拉菜单中选择“PC 上的音频”命令，在“插入音频”对话框中找到音频文件“高山流水 . mp3”插入幻灯片。插入音频文件后，幻灯片中出现一个声音图标。

⑤单击“开始”选项卡的“幻灯片”组中的“新建幻灯片”下拉按钮，在幻灯片版式库中选择“标题和内容”版式，插入一张幻灯片，输入相应内容。选中第一行文字，单击“插入”选项卡

的“链接”组中的“链接”按钮，打开“插入超链接”对话框。单击对话框左侧的“本文档中的位置”按钮，在“请选择文档中的位置”列表框中选择“下一张幻灯片”，单击“确定”按钮。

⑥单击“插入”选项卡的“插图”组中的“形状”下拉按钮，在“动作按钮”区中选择“动作按钮：前进或下一项”▷，将它绘制在幻灯片右下角的合适位置，在自动打开的“操作设置”对话框中确认超链接到下一张幻灯片后，单击“确定”按钮。

⑦按照前面所述的方法插入图片文件“五岳.jpg”，适当调整图片的大小和位置。

⑧在普通视图窗格中，选中第2张幻灯片，按住Ctrl键拖曳形成第3张幻灯片，或利用下拉菜单或快捷菜单中相应的编辑命令来实现。然后单击“开始”选项卡的“幻灯片”组中的“版式”下拉按钮，在版式库中选择“竖排标题与文本”。

5.3 定制演示文稿的视觉效果

演示文稿制作好后，接下来的工作就是修饰演示文稿的外观，以求达到最佳的视觉效果。美化演示文稿包括两个部分：一是对每张幻灯片中的内容分别进行美化；二是统一设置演示文稿中幻灯片的外观，进行美化。

5.3.1 美化幻灯片

用户在幻灯片中输入标题、文本后，为了使幻灯片更加美观、易读，可以设置文字和段落的格式，这可以通过单击“开始”选项卡的“字体”组和“段落”组中的相应按钮来实现。除了对文字和段落进行格式化，还可以对插入的文本框、图片、自选图形、表格、图表等其他对象进行格式化操作。只要单击这些对象，在打开的相应选项卡中设置即可。此外，还可以设置幻灯片的主题和背景等，这可以通过单击“设计”选项卡的“主题”和“自定义”组中的相应按钮来操作。

例 5-2

将例5-1中演示文稿的第1张幻灯片的标题文字设置为华文行楷、66、分散对齐；将第2张幻灯片的标题文字设置为居中，背景设置为预设渐变“顶部聚光灯-个性色1”；将第3张幻灯片的主题设置为“回顾”。美化幻灯片的效果如图5-4所示。

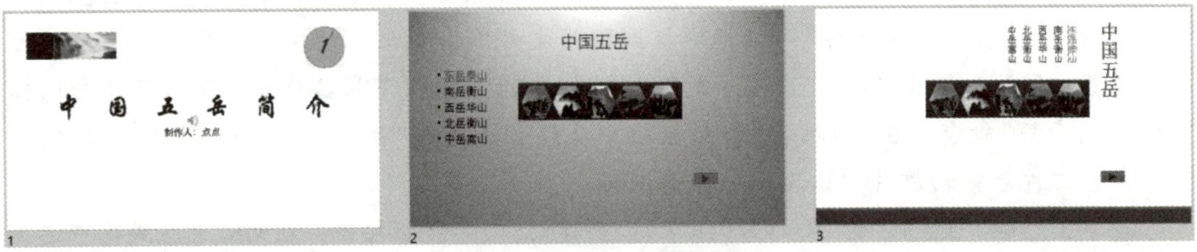

图 5-4　美化幻灯片的效果

操作步骤如下。

①在普通视图窗格中单击第 1 张幻灯片，选中标题文字，在“开始”选项卡的“字体”组中设置字体为“华文行楷”，字号为“66”，在“段落”组中设置对齐方式为“分散对齐”。

②在普通视图窗格中单击第 2 张幻灯片，选中标题文字，在“开始”选项卡的“段落”组中设置对齐方式为“居中”。单击“设计”选项卡中的“自定义”组中的“设置背景格式”按钮，打开“设置背景格式”任务窗格。选中“渐变填充”单选按钮，单击“预设渐变”下拉按钮，在预设渐变颜色库中选择“顶部聚光灯–个性色 1”，单击“关闭”按钮。

③在普通视图窗格中选中第 3 张幻灯片，在“设计”选项卡的“主题”组中右击“回顾”主题，在快捷菜单中选择“应用于选中幻灯片”命令。

5.3.2　统一设置幻灯片外观

一个演示文稿由若干张幻灯片组成。为了保持风格一致和布局相同，提高编辑效率，可以通过 PowerPoint 2016 提供的母版功能设计好一张母版，将其应用于所有幻灯片。母版包括可以出现在每一张幻灯片上的显示元素，可以对整个演示文稿中的幻灯片进行统一调整，避免重复制作。

▲统一设置幻灯片外观

PowerPoint 2016 的母版分为幻灯片母版、讲义母版和备注母版。

幻灯片母版是最常用的，它可以控制当前演示文稿中相同幻灯片版式上输入的标题和文本的格式与类型，使它们具有相同的外观。如果要统一修改多张幻灯片的外观，没有必要一张张地对幻灯片进行修改，只需在相应幻灯片版式的母版中修改即可。如果用户希望某张幻灯片与幻灯片母版的效果不同，则直接修改该幻灯片即可。

单击“视图”选项卡的“母版视图”组中的“幻灯片母版”按钮，进入“幻灯片母版”视图，在左边窗格列出 11 种版式。

母版通常有 5 个占位符，标题、文本、日期、幻灯片编号和页脚。在母版中可以进行下列操作。

①更改标题和文本样式。

②设置日期、页脚和幻灯片编号。

③向母版插入对象等。

在幻灯片母版中操作完毕后，单击“幻灯片母版”选项卡的“关闭”组中的“关闭母版视图”按钮返回之前的视图。

讲义母版用于控制幻灯片以讲义形式打印的格式，备注母版主要用于设置备注的格式。这些操作可以通过单击“视图”选项卡的“母版视图”组中的相应按钮进行。

例 5–3

在例 5–2 中演示文稿的每张幻灯片的右下角位置加入幻灯片编号，下方正中间加入页脚“中国五岳”，并在“标题幻灯片”版式母版中设置页脚字号为 24。

操作步骤如下。

①单击“插入”选项卡的“文本”组中的“页眉和页脚”按钮，打开“页眉和页脚”对话框，

勾选“幻灯片编号”和“页脚”复选框，并在“页脚”文本框中输入“中国五岳”。单击“全部应用”按钮。

②单击“视图”选项卡的“母版视图”组中的“幻灯片母版”按钮，进入“幻灯片母版”视图，在左边窗格中选择“标题幻灯片”版式，在页脚区选中“中国五岳”，在“开始”选项卡的“字体”组中的“字号”下拉列表中选择“24”，再单击“幻灯片母版”选项卡中的“关闭”组中的“关闭母版视图”按钮返回。此后，添加的“标题幻灯片”版式中的页脚字号均为24。

5.4 设置演示文稿的播放效果

5.4.1 设计动画效果

设计动画效果包括两部分：一是设计幻灯片中对象的动画效果；二是设计幻灯片间切换的动画效果。

▲设计动画效果

1. 设计幻灯片中对象的动画效果

在为幻灯片中的对象设计动画效果时，可以分别对它们的进入、强调、退出及动作路径进行设置。

• 进入动画效果：对象进入幻灯片时产生的效果，包括基本型、细微型、温和型及华丽型。

• 强调动画效果：用于让对象突出，引人注目，一般选择一些较华丽的效果。

• 退出动画效果：包括飞出、轮子、旋转、弹跳等多种效果，可根据需要进行设置。

• 动作路径：用于自定义动画的运动路线及方向，也可以采用 PowerPoint 2016 中预设的多种路径。

(1)添加动画。

添加动画可以通过单击“动画”选项卡的“动画”组中的动画库中的相应按钮来完成，PowerPoint 2016 将一些常用的动画效果放置于动画库中。也可以单击该选项卡的“高级动画”组中的“添加动画”下拉按钮，在下拉菜单中选择操作。如果想使用更多的效果，可以单击其中的相应命令，如“更多进入效果”、“更多强调效果”、“更多退出效果”和“其他动作路径”。例如，选择其中的“更多进入效果”命令，将打开“更改进入效果”对话框，如图5-5所示。

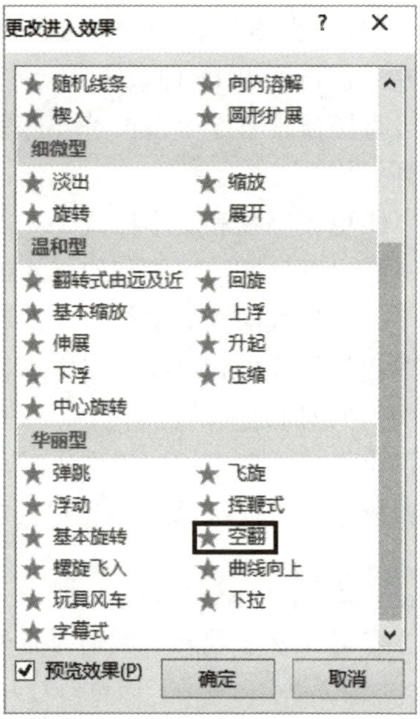

图5-5 “更改进入效果”对话框

(2)编辑动画。

设置好动画效果后，还可以对动画的方向、运行方式、顺序、声音、动画长度等内容进行编辑，让动画效果更加符合演示文稿的意图。有些动画可以改变方向，这可以通过单击“动画”选项卡的“动画”组中的“效果选项”下拉按钮来完成。动画运行方式包括“单击时”“与上一动画同时”“上一动画之后”3 种方式，可以在“动画”选项卡的“计时”组中的“开始”下拉列表中选择。

若要改变动画顺序，可以先选中对象，再单击“计时”组中的“向前移动”或“向后移动”按钮，此时对象左上角的动画序号会相应地发生变化。

给动画添加声音可以先选中对象，单击“动画”选项卡的“动画”组的对话框启动器按钮，打开对应的效果选项对话框，在“效果”选项卡中的“声音”下拉列表中选择合适的声音，如图 5-6 所示。在“效果”选项卡中还可以将文本设置为按字母、词或段落出现。

动画运行的时间可以选择非常快、快速、中速、慢速、非常慢 5 种方式，这可以在对应的效果选项对话框中的“计时”选项卡中设置，如图 5-7 所示。在“计时”选项卡中还可以设置动画运行方式和延迟。

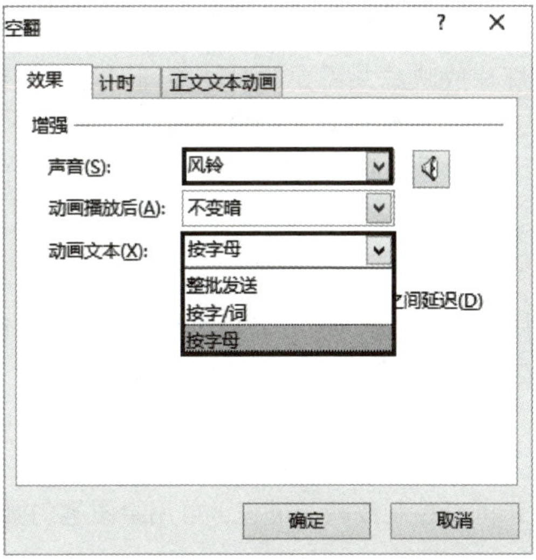

图 5-6　声音和动画文本的设置

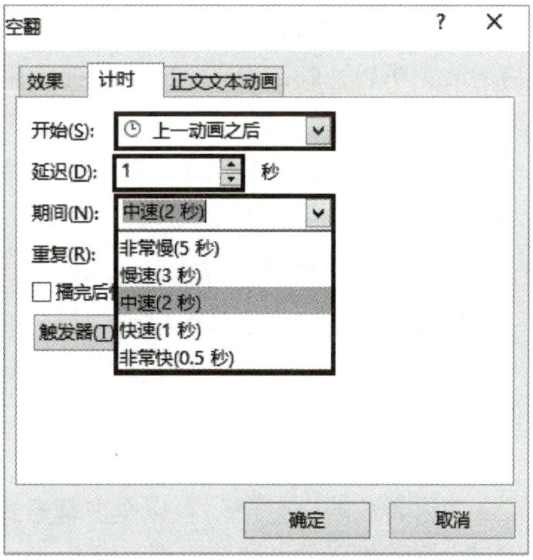

图 5-7　动画运行时间的设置

2. 设计幻灯片间的切换效果

幻灯片之间的切换效果是指移走屏幕上已有的幻灯片并开始新幻灯片的显示这个过程的动画效果，如形状、揭开、覆盖、闪光等。对幻灯片切换效果的设置，包括切换方式、切换方向、切换声音和换片方式等的设置。这可以通过单击“切换”选项卡的“切换到此幻灯片”组和“计时”组中的相应按钮来实现，如图 5-8 所示。其中，可以通过单击进行切换，或者设置时间间隔来自动切换。如果要将所选的切换效果应用于其他所有幻灯片，则单击“计时”组中的“全部应用”按钮即可。

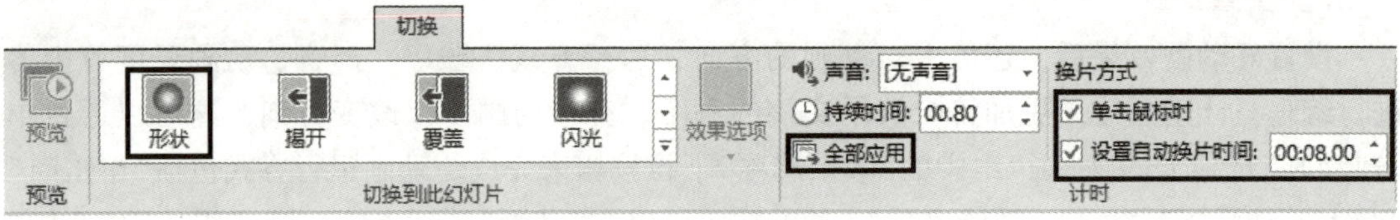

图 5-8 “切换”选项卡

5.4.2 播放演示文稿

在放映幻灯片前，一些准备工作是必不可少的，如隐藏不需要放映的幻灯片、排练计时、设置幻灯片的放映方式等。

1. 隐藏幻灯片

在普通视图的普通窗格中选中幻灯片并右击，在快捷菜单中选择“隐藏幻灯片”命令。或选中幻灯片，单击“幻灯片放映”选项卡的“设置”组中的“隐藏幻灯片”按钮。

2. 排练计时

排练计时是对幻灯片的放映进行排练，对每个动画所使用的时间进行控制。整个演示文稿播放完毕后，PowerPoint 2016 会提示用户幻灯片放映总共需要的时间并询问是否保留排练时间，单击“是”按钮后，PowerPoint 2016 会自动切换到幻灯片浏览视图下，并且在每张幻灯片下方显示放映所需要的时间。幻灯片排练计时是通过单击“幻灯片放映”选项卡的“设置”组中的“排练计时”按钮来实现的。

3. 设置幻灯片的放映方式

在播放演示文稿前，可以根据需要设置不同的放映方式。这可以通过单击“幻灯片放映”选项卡的“设置”组中的“设置幻灯片放映”按钮，在打开的“设置放映方式”对话框中操作。

幻灯片有以下 3 种放映方式。

- 演讲者放映(全屏幕)：以全屏幕形式显示，可以控制放映的进程，可用绘图笔勾画，适用于大屏幕投影的会议、讲课。
- 观众自行浏览(窗口)：以窗口形式显示，可编辑和浏览幻灯片，适用于人数少的场合。
- 在展台浏览(全屏幕)：以全屏幕形式在展台上进行演示，按事先预定的或通过“排练计时”按钮设置的时间和次序放映，不允许现场控制放映的进程。

播放演示文稿有多种方式：按 F5 键；单击“幻灯片放映”选项卡的“开始放映幻灯片”组中的“从头开始”按钮和“从当前的幻灯片开始”按钮；单击“幻灯片放映”按钮等。其中，按 F5 键是从第 1 张幻灯片放映到最后一张幻灯片，单击“幻灯片放映”按钮是从当前幻灯片开始放映。

例 5-4

为例 5-3 中演示文稿的第 2 张幻灯片的标题设置“空翻”动画效果，速度为“中速”，声音为“风铃”，从上一动画之后延迟 1 s 发生；设置全部幻灯片的切换效果为“形状”，换片方式为“单击鼠标时”或每间隔 8 s 换片。

操作步骤如下。

①在普通视图窗格中，单击第 2 张幻灯片，选中该幻灯片的标题，在“动画”选项卡的“动画”组中的动画库中选择“更多进入效果”命令，在打开的“更改进入效果”对话框的“华丽型”区中选择“空翻”(见图 5-5)，单击“确定”按钮。

②选中标题，单击“动画”选项卡的“动画”组的对话框启动器按钮，打开空翻动画效果对话框，在“效果”选项卡中设置“声音”为“风铃”(见图 5-6)；然后切换到“计时”选项卡，在“开始”下拉列表中选择“上一动画之后”，在“延迟”微调框中选择或输入“1”，在“期间”下拉列表中选择“中速(2 秒)”(见图 5-7)，单击“确定”按钮。

③选中任意幻灯片，选择“切换”选项卡的“切换到此幻灯片”组中的“幻灯片切换”库中的“形状”效果，在“计时”组中进行相应设置，并单击“全部应用”按钮(见图 5-8)。

④按 F5 键放映，查看幻灯片的播放效果。

5.5 打印和输出演示文稿

演示文稿可以打印，这可以通过单击“文件”按钮，在菜单中单击“打印”命令来实现。

例 5-5

将例 5-4 中的演示文稿以讲义形式用 A4 纸打印出来，每张纸打印 3 张幻灯片。

▲打印、输出演示文稿

操作步骤如下。

①打开演示文稿。

②单击“文件”按钮，在菜单中单击“打印”命令，在“设置”栏中单击“整页幻灯片”下拉按钮，在下拉列表中选择“讲义”区中的“3 张幻灯片”，在预览区域内即可预览打印效果，满意后单击“打印”按钮。

演示文稿制作完毕后，可以输出为不同格式的文件，可以创建 PDF/XPS 文档、创建视频、将演示文稿打包成 CD 等。这些操作可以通过单击“文件”按钮，在菜单中单击“导出”命令，在“导出”界面中单击相应的按钮来实现。

习 题 5

请按照以下要求对PowerPoint演示文稿进行操作。

(1)演示文稿包含2张幻灯片；采用“画廊”主题；幻灯片切换采用“闪光”方式。

(2)第1张幻灯片以艺术字作为主标题，字体为华文彩云，字号为40，内容为“奋斗是人生的基石”；副标题为“永不放弃是成功的保证”。设置动画效果为上一动画之后延时2秒以“浮入”方式显示主标题；单击鼠标，以“随机线条”方式显示副标题。

(3)第2张幻灯片中添加一个文本框，文本框内加入两段励志格言(内容自定，不少于20个汉字)和一幅图片，文字为蓝色，均带有动画效果。设置动画效果为单击鼠标，以弹跳方式显示两段文字；单击鼠标，延时2秒显示图片，采用底部飞入方式同时伴有鼓掌声。添加“动作按钮”中的“转到开头”按钮，单击该按钮返回第1张幻灯片。

第6章 人工智能基础

人工智能是一门研究如何使计算机能够像人一样思考、学习、推理和行动的学科。随着计算机硬件技术的进步、数据的爆炸式增长以及算法和模型的不断创新，人工智能在过去几十年间取得了显著的进展，成为当前科技发展中备受关注的热点领域之一。本章主要介绍什么是人工智能、人工智能的发展以及关键技术和应用。

6.1 人工智能概述

6.1.1 什么是人工智能

人工智能技术是科学技术发展过程中里程碑式的突破，从人脸识别、导航系统、智能搜索、语音助手、ChatGPT、智能机器人及无人机等生活日常(见图6-1)，到智能工厂、智慧交通、智慧城市及智能社会治理，人们的生活和社会的发展已经与人工智能深度嵌合，不可分离。那么人工智能到底是什么呢？

▲什么是人工智能

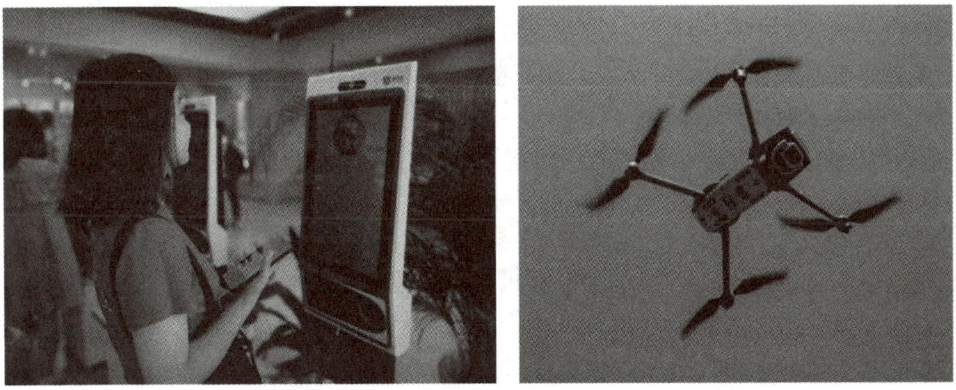

(a) 人脸识别　　(b) 无人机

图6-1 人工智能

斯图尔特·罗素(Stuart Russell)从不同维度总结了以往科学家对人工智能的 4 类定义，如图 6-2 所示。

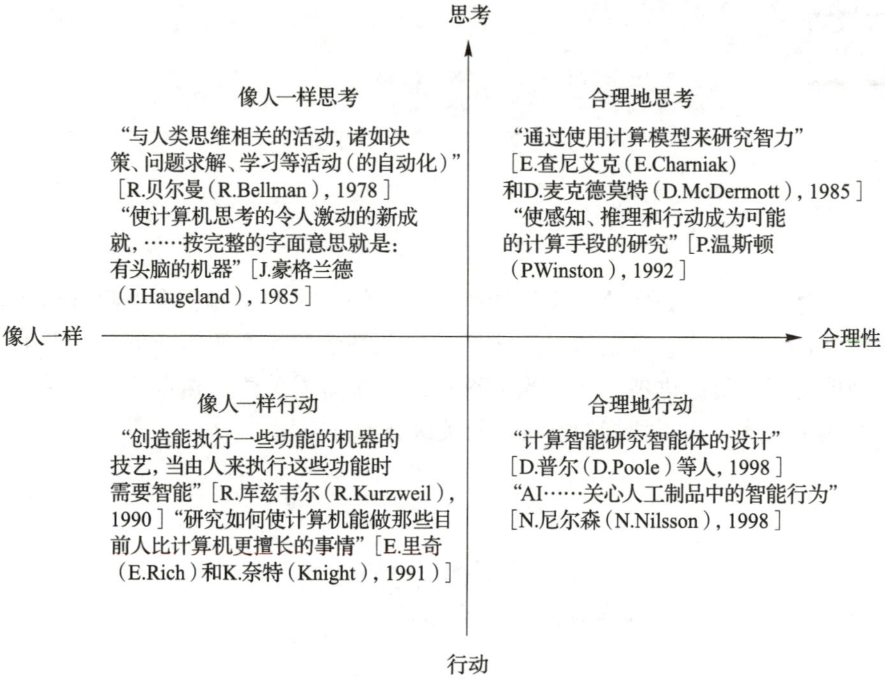

图 6-2　人工智能的定义

在这 4 类定义中，上半部分侧重于思维逻辑与推理过程，而下半部分则侧重于行为表现。左侧的定义依据与人类行为相似性的程度来评判是否为人工智能，而右侧的定义则以合理性作为标准。如果一个系统能够在给定的条件下“正确地行动”，那么它就被认为是合理的。人工智能是对人的意识、思维的信息过程的模拟。人工智能就是要让机器的行为看起来像人类所表现出的智能行为，即机器“像人一样思考”、“像人一样行动”、“合理地思考”和“合理地行动”。

我国科学家谭铁牛院士于 2019 年在《求是》上也给出了人工智能的定义：人工智能是研究开发能够模拟、延伸和扩展人类智能的理论、方法、技术及应用系统的一门新的技术科学，研究目的是促使智能机器会听(语音识别、机器翻译等)、会看(图像识别、文字识别等)、会说(语音合成、人机对话等)、会思考(人机对弈、定理证明等)、会学习(机器学习、知识表示等)、会行动(机器人、自动驾驶汽车等)。

从学科来看，人工智能横跨了自然科学和社会科学两大领域，涉及的学科包括哲学、数学、经济学、神经科学、心理学、计算机工程、控制论、语言学等，具有多学科交叉性的特点。近年来，人工智能已逐步发展成为计算机科学的一个分支，通过模拟人类思维和决策的过程，人工智能使计算机具备了感知、理解、学习和推理等能力，使其能够解决各种复杂的问题，甚至在某些领域超越人类。该领域的研究方向主要有机器人、语言识别、图像识别、自然语言处理和专家系统等。

6.1.2 人工智能的发展历程

1. 人工智能的诞生

人工智能的诞生，标志着人类开始尝试通过技术手段模拟和扩展自身的智能。这一领域的起源与发展，离不开艾伦·图灵(Alan Turing)这位伟大的数学家和计算机科学家的杰出贡献，尤其是他提出的图灵测试，对人工智能的理论和实践都产生了深远影响。

▲人工智能的发展简史

艾伦·图灵于1950年发表了题为《计算机器与智能》(*Computing Machinery and Intelligence*)的文章，并提出了“图灵测试”(见图6-3)：认为判断一台人造机器是否具有人类智能的充分条件，就是看其是否能够与人类进行自然流畅的对话，以至于无法判断这个对话中的参与者是机器还是人类。

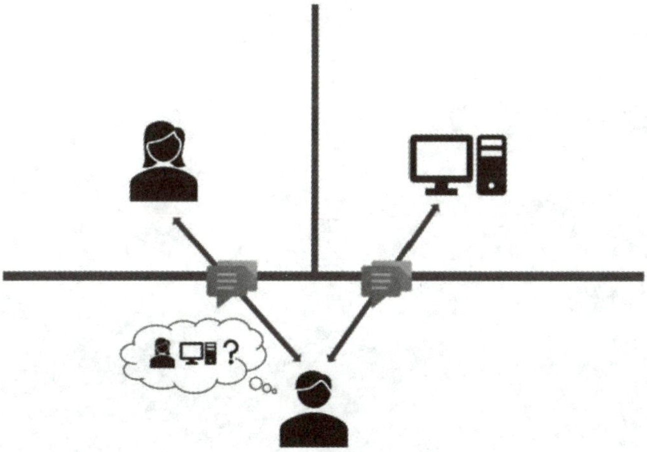

图6-3 图灵测试

图灵测试一般包括以下几个步骤。

①评判者与被测试对象通过键盘和显示器进行对话。

②评判者提问被测试对象一些问题，被测试对象通过自然语言回答这些问题。

③评判者根据被测试对象的回答来判断其是否具有智能。

一个经典的图灵测试实例如下。一个名为“尤金·古斯特曼”(Eugene Goostman)的聊天机器人成功地欺骗了33%的裁判，让他们相信它是一个13岁的乌克兰男孩。尽管这个测试的结果并不完美，但它展示了机器在模拟人类对话方面的潜力，也引发了人们对人工智能未来发展的广泛讨论。

在计算机诞生之初，计算机主要用于处理数学运算和数据存储，并不具备像人类一样的感知、理解和学习能力。图灵的思想和理论影响了人们对智能和计算的理解，激发了人们对机器智能的追求，为人工智能的进一步发展提供了指引。

20世纪50年代，一群计算机科学家和数学家开始探索“是否有可能让计算机具备类似人类智能的能力”这个问题，并于1956年在美国新罕布什尔州的达特茅斯学院举办了一次重要的学术研讨会，即达特茅斯会议。会议的目标是通过开发一种能够模拟人类智能的机器，实现“智能行为”。

这次会议由约翰·麦卡锡(John McCarthy)、马文·明斯基(Marvin Minsky)、克劳德·香农(Claude Shannon)和纳撒尼尔·罗切斯特(Nathaniel Rochester)等人组织，如图6-4所示，他们希望通过计算机和数学的力量，让机器具备学习、推理和解决问题的能力，从而让机器达到人类智能的水平。正是在这次会议上，麦卡锡首次提出了“人工智能”这一术语，并将其定义为“让机器的行为看起来像是人类的智能行为”，这个定义揭示了人工智能的本质目标，即让计算机具备类似人类智能的思考和决策能力。会议期间，与会者还探讨了多个领域，包括机器定理证明、自然语言处理、计算机下棋等，这些讨论指明了人工智能早期的研究方向。

图6-4　达特茅斯会议上主要科学家合影

虽然达特茅斯会议并没有直接解决所有的问题，但它奠定了人工智能领域的基础，并启发了人工智能后来的研究和发展。达特茅斯会议是人类历史上第一次人工智能研讨会，它标志着“人工智能”这门新兴学科的正式诞生。这次会议被认为是人工智能领域的开端，标志着人们对机器智能的研究进入一个全新的阶段，具有十分重要的历史意义。因此，1956年也被称为人工智能元年。

2. 人工智能的发展

人工智能的发展历程充满了起伏和波折。从最初的诞生到现在的广泛应用，人工智能经历了3次浪潮和2次低谷。

1)人工智能的发展的第1次浪潮

自达特茅斯会议之后，人工智能的发展迎来了第一次浪潮，在这段长达10余年的时间里，计算机被广泛应用于数学和自然语言领域。这让很多学者树立了机器向人工智能发展的信心。甚至在当时，有很多学者认为“20年内，机器将能完成人能做到的一切”。

在研究人工智能的初期，受到显著成果和乐观精神驱使的很多美国大学，如麻省理工学院、卡内基梅隆大学、斯坦福大学和爱丁堡大学，都很快建立了人工智能项目及实验室，同时获得了来自 APRA(美国国防部高级研究计划署)等政府机构提供的大量研发资金。

正是在这个时期，艾伦·纽厄尔(Allen Newell)和赫伯特·西蒙(Herbert Simon)于 1956 年开发了世界上第一个 AI 程序——逻辑理论家(Logic Theorist)，它能够证明数学定理，展示了 AI 在解决复杂问题上的潜力。1966 年，世界上第一个聊天程序 ELIZA 诞生，它是由麻省理工学院的人工智能学院编写的，能够根据设定的规则，根据用户的提问进行模式匹配，然后从预先编写好的答案库中选择合适的答案。

2)人工智能的发展的第 1 次低谷

第 1 次人工智能浪潮的辉煌并未持续太久，随着研究的不断深入，科学家们逐渐认识到，要实现真正的智能，必须解决众多复杂的理论和实践问题，这些问题涵盖了知识的表示与处理、有效的学习与推理机制等方面。由于当时的技术水平存在局限性，这些问题难以得到有效解决，进而导致了神经网络等关键技术的发展停滞，众多大型项目相继失败，人们对人工智能的信心遭受重创，研究经费大幅缩减，人们的研究兴趣逐渐减弱，许多研究人员因此转向其他研究领域。

1973 年，数学家莱特希尔(Lighthill)向英国政府提交了一份关于人工智能的研究报告。该报告对当时的机器人技术、语言处理技术和图像识别技术进行了严厉的批评，并明确指出，人工智能那些看似宏伟的目标在当时难以实现。随后人工智能陷入了第 1 次低谷。

第 1 次浪潮的经验教训促使研究者们不断反思和改进方法，这为接下来人工智能的发展打下了重要的基础。

3)人工智能的发展的第 2 次浪潮

随着计算机性能的不断提高和大规模数据集的出现，人工智能在 20 世纪 80 年代迎来了第 2 次浪潮。这一时期，人工智能算法得以更加高效地运行，同时人工智能研究开始转向更加实用和具体的领域，如专家系统等。专家系统是一种基于规则的人工智能系统，它能够通过模拟各领域专家的知识和经验来解决实际问题，如图 6-5 所示。

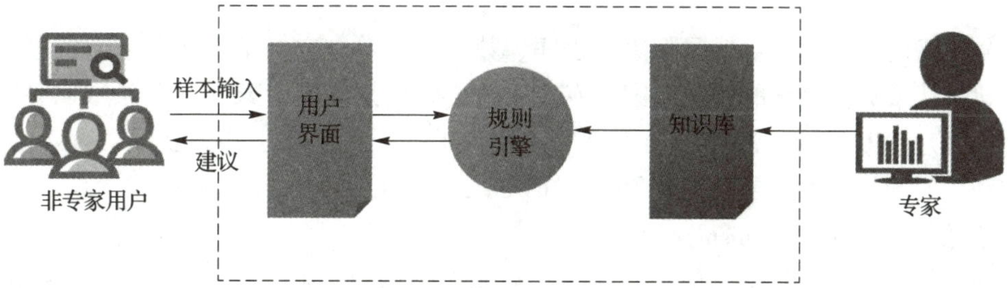

图 6-5 专家系统

1980 年，卡内基梅隆大学研发了一套名为“RI”的专家系统。这是一套具有完整专业知识和经验的计算机智能系统，为当时的计算机巨头公司 DEC 每年省下数千万美金。专家系统在医疗、化学和地质等领域取得了成功，推动了人工智能进入应用发展的新时期。同时，人工智能在光学字符识别(OCR)、语音识别等领域也取得了重要突破。

4）人工智能的发展的第2次低谷

尽管专家系统在商业应用中取得了一定成功，但它们仍难以适应动态环境和不确定性。随着人工智能的应用规模不断扩大，专家系统存在的一些问题逐渐暴露出来，如应用领域有限、知识获取困难、推理方法单一、难以与现有数据库兼容等。同时伴随着 IBM 个人计算机的性能提升和成本降低，人工智能系统的高硬件成本和复杂的维护问题逐渐显现，人工智能市场出现明显萎缩，政府资助也大幅削减。到 20 世纪 80 年代后期，人工智能的发展进入了第2次低谷。

5）人工智能的发展的第3次浪潮

从 20 世纪 90 年代中期开始，随着人工智能技术的不断发展和应用领域的不断拓展，其发展迎来了第3次浪潮。1997 年5月11日，IBM 的计算机系统“深蓝“战胜国际象棋世界冠军卡斯帕罗夫（Kasparov）；2006 年，多伦多大学的杰弗里·辛顿（Geoffrey Hinton）提出深度信念网（deep belief net），深度学习（deeping learning，DL）正式诞生；2016 年，Google 公司的 AlphaGo 战胜了韩国围棋棋手李世石；2022 年 11 月，OpenAI 发布了基于 GPT 模型的人工智能对话应用服务——ChatGPT。这一时期，人工智能不仅在技术上实现了多项里程碑式的突破，更在实际应用中获得了广泛普及，从自动驾驶到医疗诊断、从智能推荐系统到智能家居，人工智能正逐步成为推动社会发展的重要力量。

6.1.3 人工智能三大流派

人工智能的研究主要包括符号主义、连接主义和行为主义三大流派。这三大流派各有其独特的理论观点和应用领域，共同推动了人工智能技术的不断发展和创新。

1）符号主义（Symbolism）

符号主义又称逻辑主义，是一种基于逻辑推理的智能模拟方法。它认为人类认知和思维的基本单元是符号，智能是符号的表征和运算过程。符号主义致力于使用某种符号来描述人类的认知过程，并把这种符号输入到能处理符号的计算机中，从而模拟人的智能行为。

符号主义的典型代表包括国际象棋程序、数独程序等，它们基于问题求解的策略和方法，寻找最优或近似最优的解决方案；专家系统，它模拟人类专家在某一领域回答或解决问题，如医疗诊断系统、法律咨询系统等；知识工程，它是基于知识获取、表示、存储、管理和利用的智能技术，帮助构建和维护知识库，如百度百科、维基百科等。

2）连接主义（Connectionism）

连接主义又称仿生学派，是一种基于神经网络的连接机制与学习算法的智能模拟方法。受人脑神经网络的启发，连接主义认为智能活动是由大量简单单元通过复杂连接后并行运行的结果，通过使用神经网络来模拟人脑神经元的连接方式和学习算法来产生智能。

深度学习是连接主义的代表性应用。深度神经网络通过多层学习，能够从原始图像中自动提取特征，达到识别和分类的目的。例如，DeepMind 的 AlphaGo 通过深度学习掌握了复杂的围棋游戏，并打败了人类围棋世界冠军李世石。

3)行为主义(Behaviorism)

行为主义又称进化主义，是一种基于"感知行动"的行为智能模拟方法。行为主义认为，智能的本质在于能够根据环境反馈调整行为，而不通过表示和推理完成，关注智能体如何通过与环境的交互来学习。行为主义认为，人工智能可以像人类智能一样逐步进化，分阶段发展和增强。

智能机器人是行为主义的典型应用。如图 6-6 所示为波士顿动力机器人 Atlas，它基于感知行动模式模拟动物行为的控制系统，能够执行多种复杂任务。进化算法(如遗传算法、粒子群算法等)是基于自然选择和遗传变异原理的智能优化算法，用于解决复杂问题的全局搜索和优化。

图 6-6 波士顿动力机器人 Atlas

6.1.4 人工智能的分类

按照智能水平高低，即是否能真正实现推理、思考和解决问题，人工智能可分为弱人工智能、强人工智能和超人工智能三种。

1)弱人工智能

弱人工智能(weak artificial intelligence)，又称狭义人工智能(artificial narrow intelligence, ANI)，是指能够执行特定任务或解决特定问题的人工智能系统。这些系统被设计为模仿人类的某些智能行为，表面看起来像是智能的，但是并不真正拥有智能，也不会有自主意识，不能真正实现推理和解决问题，仅能应用于特定的、受限的领域。

弱人工智能的核心在于其"专用性"，即它们只能完成特定任务，而不能像人类一样具备广泛的智能和学习能力。弱人工智能是擅长单个方面能力的人工智能，其应用遍布各个领域，如智能语音助手(如 Siri、小爱同学)、图像识别软件、自动驾驶系统、推荐系统以及医疗诊断系统等。这些系统依赖于大数据和先进的算法，能够在其被编程的范围内表现出色，但一旦超出这个范围，它们的能力就会受到限制。例如，能战胜国际象棋世界冠军的人工智能只会下象棋，如果问它怎样更好地在硬盘上储存数据，它就不知道怎么回答了。

迄今为止，人工智能系统大都还是实现特定功能的专用智能，而不像人类智能那样能够不断适应复杂的新环境并不断涌现出新的功能，因此，现阶段的人工智能属于弱人工智能。

2)强人工智能

强人工智能(strong artificial intelligence)，又称通用人工智能(artificial general intelligence, AGI)，是指智能水平与人类相当或比人类更高的人工智能系统，能够理解、学习并应用于各种不同的任务，包括推理、理解语言、解决问题、制订计划、抽象思考和创新等。强人工智能系统能够像人类一样思考、解决问题，甚至在某些方面超越人类。

强人工智能需要结合情感、认知和推理等人脑高阶智能，并能通用到各种场景中，是未来人工智能的主要发展方向。尽管科学家们在人工智能领域取得了显著进展，如通过深度学习算法实现了图像和语音识别能力的提升，但真正实现强人工智能仍然是一个遥远的目标。

3）超人工智能

超人工智能（Artificial Super Intelligence，ASI）是指智能水平远远超越人类的人工智能系统。这种人工智能不仅能够执行特定的任务，而且能够在各个领域独立思考、学习和解决问题，甚至可能在创造力、智慧和解决问题的能力上全面超越人类。哲学家、知名人工智能思想家尼克·博斯特罗姆（Nick Bostrom）认为，超人工智能在几乎所有领域都比最聪明的人类大脑聪明很多，包括科学创新、通识和社交技能。

超人工智能是未来人工智能的终极形态。在现实中，科学家们对超人工智能的实现及其潜在影响仍存在广泛的争议。一些科学家甚至警告说，超人工智能可能会对人类构成威胁，因为它可能不再受人类的控制。

6.2 人工智能的关键技术

在人工智能领域，其技术应用的细分领域包含机器学习、知识图谱、自然语言处理、计算机视觉、生物特征识别、语言识别、智能机器人、人机交互等。

6.2.1 机器学习

▲机器学习与深度学习

1. 机器学习的定义

机器学习（machine learning，ML）是人工智能的一个重要组成部分，专门研究计算机怎样模拟或实现人类的学习行为，以获取新的知识或技能，重新组织已有的知识结构并用之不断改善自身的性能。

简而言之，机器学习是让计算机使用算法从大量的数据中进行“学习”，找到规律，从而可以像人一样具有“智能”。它通过大样本数据训练出模型，然后用模型进行预测。机器学习与人类思考的对比，如图 6-7 所示。

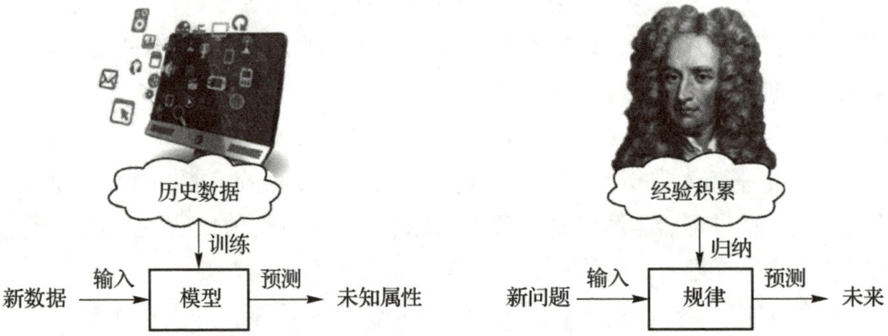

图 6-7　机器学习与人类思考的对比

著名的 AlphaGo，通过不断学习和更新算法，在人机大战中打败围棋世界冠军李世石，如图 6-8 所示，这就是机器学习的结果。在其他领域，如计算机视觉，机器学习能在海量图像中通过不断训练来改进视觉模型，从而不断提高图像识别的准确率。

图 6-8　人机大战：谷歌 AlphaGo 对弈李世石

2. 机器学习的分类

根据学习方式和训练数据的不同，机器学习通常分为监督学习、无监督学习和强化学习。

1) 监督学习

监督学习是机器学习中最常见、最直观的一种学习方法。在监督学习中，模型会接收一系列带有标签的训练数据，这些标签通常是数据对应的正确答案或结果，它们就像一个“老师”，指导模型学习如何根据输入数据预测输出。通过反复迭代，模型会逐渐优化其预测能力，直至达到令人满意的准确度。

监督学习就像你在学开车的时候，旁边坐着一位经验丰富的教练(或称为监督者)。他告诉你什么时候踩油门，什么时候刹车，甚至在哪条路上转弯。在多次练习后，你就逐渐掌握了驾驶技巧。监督学习就是这样，它有一个“老师”——那些带有正确答案(标签)的训练数据。

监督学习的应用场景如下。

①图像分类：识别照片中的物体，如猫、狗、汽车等。

②垃圾邮件检测：判断邮件是否为垃圾邮件。

③语音识别：将语音转换为文本。

④金融风险评估：评估贷款申请人的信用风险。

2) 无监督学习

与监督学习不同，无监督学习就是在没有明确标签或指导的情况下，让模型从数据中自己发现规律和结构。模型接收大量无标签的数据，尝试将数据分成不同的组(聚类)或找出数据的内在特征(降维)，其任务是从这些数据中发现隐藏的结构、模式或相关性。

著名机器学习专家吴恩达曾使用“鸡尾酒会”的例子对无监督学习进行了解释。大意是在一场鸡尾酒会上，会场的两个不同位置各放一个麦克风，给机器布置一个任务，要求把麦克风采集到的音频数据进行分离，看看哪些声音分别属于谁。由于我们无法事先给每个声音打上标签，所以这一声音分离任务就是“无监督”的。

无监督学习的应用场景如下。

①市场细分：将消费者分为不同的群体，以便进行更精准的营销。

②社交网络分析：识别社交网络中的社区或群体。

③异常检测：识别信用卡欺诈、网络攻击等异常行为。

④推荐系统：根据用户的购买历史和浏览行为推荐商品或服务。

3)强化学习

强化学习是一种让智能体在与环境的交互中学习最优策略的方法。这一过程中智能体会尝试不同的动作，并根据环境给予的奖励或惩罚来调整其行为。强化学习的目标是找到一种策略，使智能体在长期的交互过程中获得最大的累积奖励。

强化学习就如训练小狗，使其在听到指令后表现出特定行为(如坐下)，若该行为被正确执行，则给予小狗正向奖励；若行为不当，则不予以奖励。经过反复的实践与反馈，小狗逐渐辨识出哪些行为是正确的，哪些是不正确的。强化学习就是这样，模型(智能体)在与环境的互动中学习如何做出最优决策，以获得最大的奖励。

强化学习的应用场景如下。

①机器人导航：让机器人学会在复杂环境中自主移动。

②游戏 AI：让计算机学会玩复杂的游戏，如围棋、国际象棋等。

③自动驾驶：让汽车学会在道路上安全行驶。

④智能客服：让客服机器人学会与用户进行自然的对话。

3. 深度学习

深度学习是机器学习的一个子领域，是基于多层神经网络的学习方法，能够自动提取特征并进行模式识别，用于处理图像和语音等非结构化数据，如图 6-9 所示。其中，神经网络是一种模拟人脑神经网络结构而设计的计算模型，具有完成复杂模式识别和学习任务的能力。

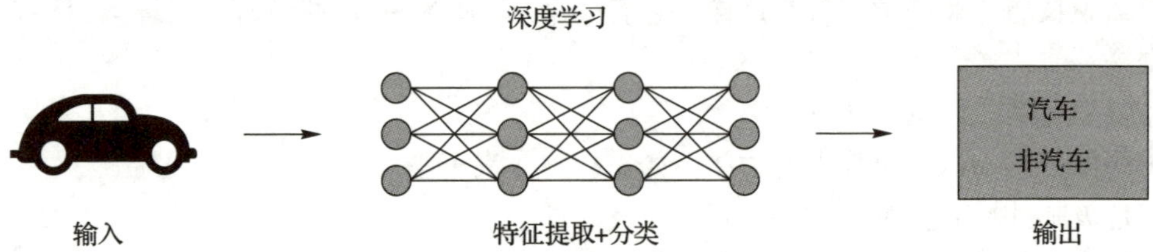

图 6-9　深度学习示意图

深度学习的“深度”体现在其神经网络具有多层结构，这些层次包括输入层、隐藏层和输出层。每一层的神经元会自动处理输入的数据，提取关键特征，并将这些特征传递给下一层，最终，输出层会根据所提取的特征给出预测或分类的结果。而“学习”这一过程，则是指训练神经网络中各个“神经元”的敏感度。深度学习的目标就是构建这样一个庞大、多层次的神经网络，并精细调整其中各个神经元的敏感度，从而让这个网络能够像人类一样识别图像、理解声音等。

深度学习在多个领域展现出巨大的应用潜力和价值，如表 6-1 所示。

表 6-1 深度学习的应用领域

应用领域	具体任务	典型应用
图像识别	物体识别	自动驾驶中的道路标志检测
	面部识别	人脸解锁、安全监控
语音识别	语音转文字	虚拟助手的语言交互
	文字转语音	语音助手、无障碍技术
自然语言处理	机器翻译	多语种之间自动翻译
	文本生成	新闻摘要、故事创作
	情感分析	社交媒体情感分析、产品评价

6.2.2 知识图谱

1. 知识图谱的定义

知识图谱(knowledge graph, KG)的概念源自早期的知识表示与推理技术。随着互联网迅猛发展，信息量激增，传统知识管理方法已难以应对海量数据。为了更有效地组织利用这些信息，研究人员着手探索新的知识表示与推理途径，于是知识图谱应运而生。

知识图谱是一种通过图形化结构来表示知识和信息的形式，它通过实体与实体之间的关系来描述和组织知识。简单来说，知识图谱是一种结构化的知识库。与传统的数据库模型不同，知识图谱使用图结构来表示信息。图中的节点表示实体，而边则表示这些实体之间的关系。它就像一个超级智能的记事本，不仅能记录信息，还能理清这些信息之间的逻辑关系。

知识图谱仿佛一个庞大的网络，以图形化的表示方式将信息紧密相连，使我们能够快速定位所需信息，并洞察它们之间的内在联系。当你在搜索引擎中输入“李白”时，不仅能迅速获取他的基本信息，还能浏览他的生平事迹、相关重要人物及事件链接，这便是知识图谱的魅力所在。

2. 知识图谱的组成

实体、关系、属性构成了知识图谱的基本组成单元。

1)实体

在知识图谱中，实体通常是指现实世界或想象世界中的对象、概念或事物，这些对象可以是具体的物理对象，如“李白”“黄山”；也可以是抽象概念，如“感情”“经济学”。实体是知识图谱的基础单位，所有的知识和信息都围绕实体展开。

2)关系

关系就是连接实体的边，说明实体之间的关系。关系可以是单向的，也可以是双向的，还可以有不同的类型(如“是”“属于”“位于”等)。例如，“爱迪生”与“电灯泡”之间的关系是“发明者”，而“黄山”和“安徽”之间的关系是“位于”。关系可以是具体的，如“属于”“位于”等；也可以是抽象的，如“影响”“导致”等。

3)属性

属性是对实体的描述和补充，用于描述实体的特征，如年龄、颜色、大小等，可以进一步丰富实体的表示，使得知识图谱中的实体更加具体和生动。例如，李白的“出生朝代”“性别”等就可以作为属性。

假设我们正在构建一个关于教育的知识图谱，其中，实体有学校(如“北京大学”)、教师(如“李老师”)、学生(如“小明”)、课程(如“数学”)等；关系包括教师与学校之间的“任教于”、学生与学校之间的“就读于”、教师与学生之间的“教授”等；不同实体有不同的属性，如学校的属性包括“名称”“所在地”“建立时间”等，教师的属性包括“姓名”“年龄”“职称”等，学生的属性可能包括“姓名”“年级”“专业”等。

如图 6-10 所示，通常以圆圈和连线来展示实体和关系，每个圆圈表示一个实体，不同图案的圆圈表示不同领域的知识库，它们之间的连线则表示不同领域之间的关系。这种图形化的表示方式使复杂的知识体系变得直观、易懂。

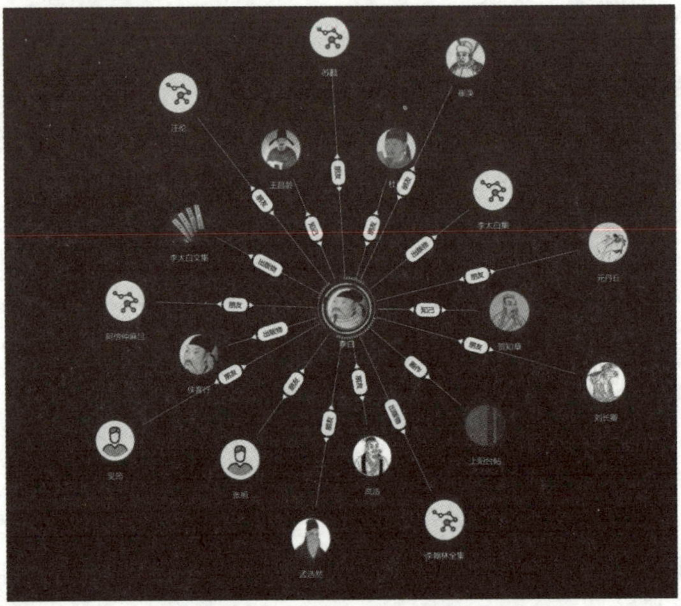

图 6-10　知识图谱示意图

3. 知识图谱的应用

知识图谱能够捕捉到实体之间的复杂语义关系，进而支持多种人工智能应用，包括智能搜索、推荐系统、自然语言处理、数据挖掘与信息检索及行业应用。

1)智能搜索

知识图谱能够赋予搜索引擎更强大的语义理解能力，从而提供更精准、更全面的搜索结果。例如，当用户搜索“北京的旅游景点”时，利用知识图谱的智能搜索引擎能够直接展示与北京相关的旅游景点信息，如故宫、颐和园等，并提供这些景点的详细介绍、开放时间、门票价格等实用信息。

2)推荐系统

知识图谱可以对不同语义层级进行抽象和编码，通过语义高度关联和互通，实现语义级别的推荐优化和精准度的提高。通过分析用户的行为模式和兴趣点，知识图谱能够为用户提供个性化的推荐服务。无论是电影、音乐、商品还是文章，知识图谱都能帮你找到最适合你的内容。

3) 自然语言处理

知识图谱是自然语言处理任务中的重要工具，它能够帮助机器更深入地理解人类语言，提升交互的智能性。例如，智能客服可以通过知识图谱中的实体和关系信息，提供更准确的回答和更流畅的对话体验。

4) 数据挖掘与信息检索

在大数据时代，知识图谱能够帮助我们发现和理解数据之间的关系，为数据挖掘和信息检索提供有力的支持。通过分析数据之间的关系，知识图谱能够揭示隐藏在数据背后的知识和规律。

5) 行业应用

知识图谱在金融、电子商务、医疗保健、公共安全、企业知识管理等领域都有广泛的应用。例如，在金融领域，知识图谱可以用于风险管理、投资决策和欺诈检测；在医疗保健领域，它可以用于辅助医疗决策、疾病管理和诊断等。

6.2.3 自然语言处理

1. 自然语言处理的定义

自然语言处理(natural language processing，NLP)是一种用自然语言同计算机进行交流的技术，属于计算机科学、人工智能与语言学交叉的领域，旨在让计算机理解、生成和处理人类语言。

自然语言，如中文、英文等，是人类用以沟通的语言，蕴含着复杂的语法规则、丰富的语义内容以及深厚的文化背景。计算机无法直接领悟自然语言，同时，人类也难以直接理解计算机的数字信息。为了搭建起人类与计算机之间的沟通桥梁，自然语言处理应运而生。如图 6-11 所示，自然语言处理的最终目标是使计算机能够像人类一样，流畅且自然地与人类进行交流。

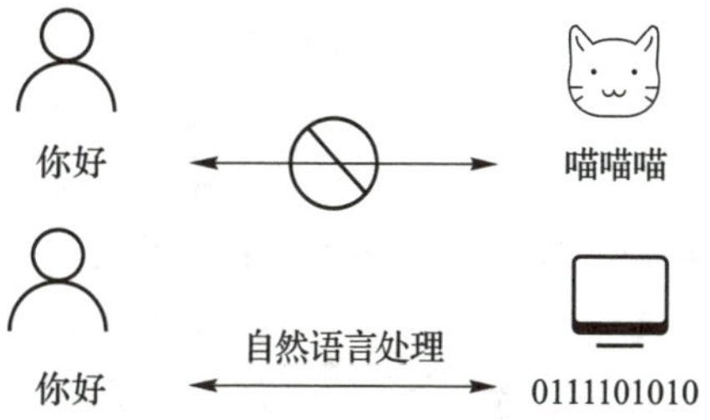

图 6-11　沟通的桥梁——自然语言处理

自然语言处理主要分为两个部分：自然语言理解和自然语言生成。自然语言理解是让计算机读懂文本或听懂语音，理解其含义、上下文和情感。例如，当你向智能手机询问天气时，手机能听懂你的问题并给出答案，这就是自然语言理解的一个应用。自然语言生成则是使计算机能够生成人类可理解的文本或语音，如智能客服自动回复你的问题或者 AI 助手帮你撰写邮件。

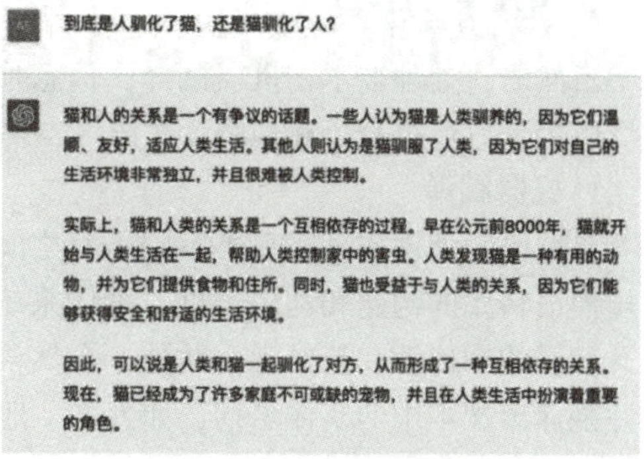

图 6-12　向 ChatGPT 提问

由 OpenAI 发布的聊天机器人模型 ChatGPT，是一款自然语言处理工具，具有强大的语言功能。如图 6-12 所示，ChatGPT 能够通过学习和理解人类的语言来进行对话，还能够根据聊天的上下文进行互动，像人类一样来聊天交流，甚至能够完成撰写邮件、视频脚本、文案、代码等任务。

2. 语言模型

当人们互相交流时，之所以能流畅地理解对方的意图并作出回应，是因为大脑中存储了海量的语言知识和规则。语言模型，正是计算机模拟这一过程的智慧结晶，它让机器能够“学习”并理解人类语言的规律。

语言模型作为自然语言处理的核心工具之一，通过分析大量文本数据来学习语言的统计特性。这些特性包括词汇的出现频率、词语间的搭配关系、句子结构的规律等。其目的是根据已有的文本数据来预测下一个词或短语，从而帮助机器理解、生成或处理自然语言文本。在实际应用中，语言模型的性能通常依赖于大型文本语料库，模型的训练过程也需要大量计算资源，模型通过不断调整其参数以提升预测准确性，最终达到对自然语言的深刻理解。

早期的语言模型主要基于概率统计模型，如 n-gram 模型。n-gram 模型是一种简单但有效的语言模型，它认为文本中的每个词只与前 n-1 个词有关。例如，在二元语法(bigram)模型中，一个词的出现概率仅依赖于其前一个词。虽然这种方法在处理短文本时表现尚可，但随着文本长度的增加，计算复杂度急剧上升，且难以捕捉长距离依赖关系。

随着深度学习的兴起，神经网络语言模型逐渐成为主流。这些模型通过多层神经网络结构，能够学习并记忆更复杂的语言特征，包括上下文的长距离依赖、语法结构、语义关系等。特别是 Transformer 模型，以其强大的并行处理能力和长距离依赖捕捉能力，极大地推动了自然语言处理领域的发展，成为当前许多先进自然语言处理系统的核心组件。

语言模型的进步不仅体现在对文本的理解上，更重要的是，它们能够基于学习到的语言规律生成新的、符合语法和语义规则的文本。这一能力使得机器能够完成自动写作、对话生成、文本摘要、机器翻译等多种创造性任务。例如，GPT 系列模型，通过大规模的无监督预训练，学会了丰富的世界知识和语言模式，能够生成连贯、富有逻辑且有时具有创意的文本回复，展现了人工智能在模仿人类语言创造方面的巨大潜力。

从最初的简单统计模型到如今的深度学习模型，语言模型的不断进化，不仅为机器“理解”人类语言提供了无限可能，也为构建更加智能、人性化的人机交互界面奠定了坚实的基础。

3. 自然语言处理的应用

自然语言处理技术在机器翻译、信息检索、文本挖掘、对话系统等多个领域都得到了广泛应用。它通过分析和理解人类语言，提升了信息处理的效率和准确性。

1) 机器翻译

自然语言处理技术实现了不同语言之间的自动翻译，极大地促进了跨语言交流。通过大规模语料库的构建和利用，机器翻译系统能够学习到更多的语言规律和表达方式，从而提升翻译的准确性和流畅度。此外，自然语言处理中的实体识别技术能够帮助系统准确识别并翻译出文本中的实体名词，如人名、地名等，进一步提高翻译的质量。

同时，基于自然语言处理技术的自动评估方法也大大提高了机器翻译评估的效率和客观性，为机器翻译系统的优化和改进提供了有力的支持。传统的机器翻译评估方法主要依赖人工评价，但这种方法存在主观性强、效率低下等问题。而基于自然语言处理技术的自动评估方法则能够有效解决这些问题。例如，利用自然语言处理中的文本相似度计算技术，可以自动对机器翻译的结果进行打分和排序，从而快速准确地评估翻译系统的性能。

自然语言处理技术在机器翻译方面的应用不仅限于文字翻译，还拓展到了语音翻译和实时翻译等场景，为国际会议、商务谈判等提供了便捷、高效的沟通工具。

2) 信息检索

自然语言处理技术通过对文本进行分词、词性标注、语义分析等处理，深度挖掘文本中的语义信息，能够更精确地理解用户的查询意图，并返回相关的搜索结果。这种技术在搜索引擎、智能问答系统等方面得到了广泛应用，显著提高了信息检索的效率和准确性。

除了提高检索准确性，自然语言处理技术还在实现智能推荐和个性化服务方面发挥着重要作用。通过对用户历史查询和行为数据的分析，自然语言处理技术能够帮助系统预测用户的兴趣偏好，从而为用户提供更加个性化的信息推荐服务。这种智能推荐不仅提升了用户体验感，也使得信息检索系统更加智能化和人性化。

3) 文本挖掘

自然语言处理技术能够深入分析和处理大量的文本数据，从中提取出有价值的信息和知识。通过分词、词性标注、命名实体识别等预处理操作，以及文本分类、情感分析等高级处理技术，可以实现对文本数据的精准挖掘和高效利用。

例如，在新闻挖掘中，自然语言处理技术可以快速提取新闻报道的标题、摘要和关键词，帮助用户快速了解新闻的主要内容；在学术研究中，可以快速生成论文摘要、综述等；在社交媒体分析中，自然语言处理技术可以分析用户的评论和反馈，提供宝贵的用户洞察和市场趋势。

4) 对话系统

在对话系统中，自然语言处理技术使得计算机能够理解和回应人类的自然语言输入。对话系统通常由输入模块、理解处理模块和输出模块组成。自然语言处理技术在理解处理模块中发挥着关键作用，它负责解析用户的输入，理解其意图和需求，并生成相应的回应。

例如，在智能客服系统中，自然语言处理技术可以识别用户的问题类型，并从知识库中提取相关信息来回答用户的问题；在语音助手中，可以将用户的语音输入转化为文本，并生成自然的回复。

6.2.4 计算机视觉

1. 计算机视觉的定义

计算机视觉(computer vision，CV)，简而言之，是赋予计算机“看”并理解其所见世界的能力。这里说的“看”，并不是指计算机真的有眼睛，而是指它能够通过摄像头或其他图像传感器捕捉周围环境的图像信息，并通过一系列复杂的算法对这些信息进行处理和分析，从而理解图像中的内容和含义。

计算机视觉的发展受到了人类视觉系统的启发，模拟人类视觉系统来对视觉信息进行感知、理解和分析。如图 6-13 所示，人类通过眼睛观察世界，然后大脑的视觉神经处理系统对看到的景象进行解释和理解，计算机视觉则是通过图像传感器捕捉图像，然后利用计算机算法对图像进行解析和识别。只不过，计算机的处理速度和准确性要远远超过人类，而且它还能不受疲劳、光线等因素的干扰。

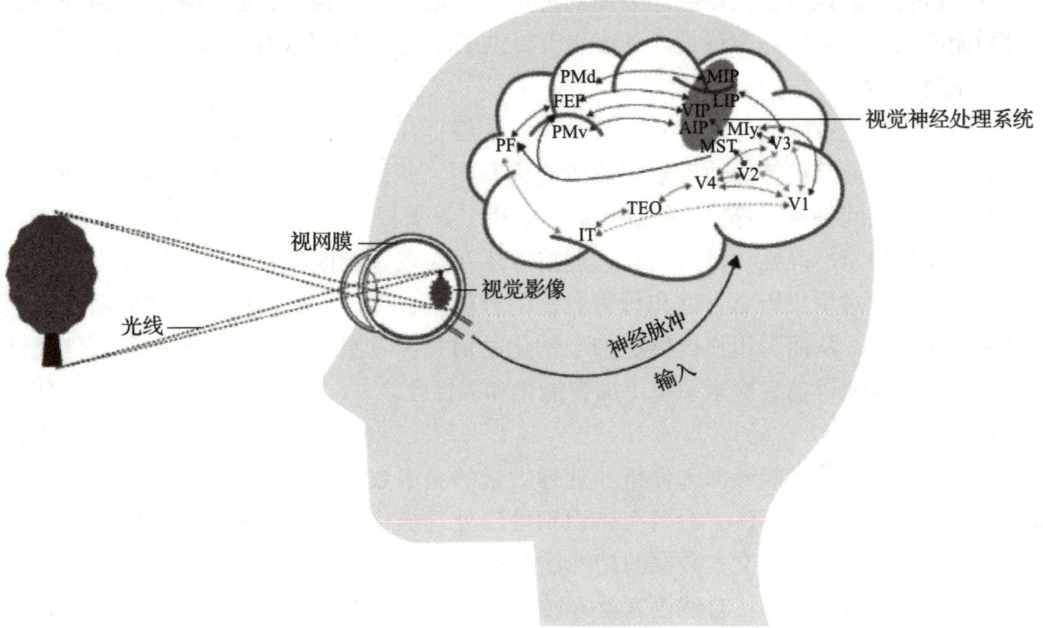

图 6-13　人类视觉系统

作为一门交叉学科，计算机视觉融合了计算机科学、人工智能、认知心理学、神经科学等多个领域的知识，旨在通过图像处理、模式识别和机器学习等技术，使计算机能够从图像或视频中自动提取、分析和理解有用信息。

计算机视觉的工作流程大致可以分为以下几个步骤：图像采集、预处理、特征提取、模型匹配与决策、结果输出。首先，通过摄像头或传感器等设备获取图像或视频数据；其次，对原始数据进行预处理，如去噪、增强对比度等，以提高后续处理的准确性；再次，利用算法提取图像中的关键特征，如边缘、角点、纹理等；然后，将这些特征与预训练的模型进行匹配，通过机器学习或深度学习算法进行识别、分类、定位等操作；最后，根据处理结果作出相应的决策或输出信息。

2. 计算机视觉的典型任务

1) 图像分类

当看到一张图片时，大脑会迅速识别出图片中的物体、场景或人物，而计算机视觉中的图像分类任务，就是模仿人类大脑的这一功能，让计算机自动识别出图片中的物体类别。如图 6-14 所示，系统会识别图像中存在的内容，有人（person）、树（tree）、草地（grass）、天空（sky）。

图像分类的过程通常涉及对图像进行特征提取，并通过机器学习算法进行分类。图像分类的基本过程分为两个步骤：首先，计算机将图片转换为一组数字（特征向量），这些数字能够表示图片中的颜色、纹理、形状等信息；其次，计算机将这些特征向量输入一个已经训练好的分类器中，分类器会根据特征向量的值来判断图片属于哪个类别。

2) 目标检测：精准定位物体位置

与图像分类不同，目标检测任务不仅要识别出图片中的物体类别，还要准确地定位出这些物体在图片中的位置，即目标检测需要同时解决“是什么”和“在哪里”两个问题。例如，在图6-15所示的目标检测中，计算机准确识别出了图片中的不同人物及相应位置。

图6-14　图像分类

图6-15　目标检测

目标检测的基本过程可以分为两个步骤：第一步是区域选择，即从图片中选择出可能包含物体的区域；第二步是特征提取和分类，即对每个选定的区域进行特征提取，并将其输入到分类器中进行分类。

3) 目标跟踪：持续锁定动态目标

目标跟踪任务是在视频中，对特定目标进行持续锁定和跟踪。与目标检测相比，目标跟踪更注重物体在连续时间内的运动轨迹，需要处理的是视频数据，而不仅仅是单张图片。

目标跟踪的基本过程可以分为三个步骤：首先是目标初始化，即在视频的第一帧中选定要跟踪的目标；然后是特征提取和匹配，即对每一帧中的目标进行特征提取，并找到与前一帧中目标最相似的区域；最后是目标更新，即根据匹配结果更新目标的位置和大小。

4) 语义分割：理解图像内容的关键

语义分割任务是将图片分割成若干个区域，并为每个区域赋予一个语义标签，从而实现对图片内容的深入理解。与图像分类和目标检测不同，语义分割不仅要求识别出物体的类别和位置，还要求对物体的形状和轮廓进行精确分割，并为每个像素分配一个类别标签（如人、树等）。图像中属于同一类别的像素点会被划分为同一颜色表现，不同类别的像素被分割为不同颜色的区块，如图6-16所示，把图像分为人（红色）、树（深绿）、草地（浅绿）、天空（蓝色）标签。

语义分割的基本过程可以分为两个步骤：首先是特征提取，即利用卷积神经网络等深度学习模型提取图片中的特征信息；然后是像素分类，即将每个像素点分类为特定的语义类别。

5) 实例分割：区分同一类别的不同个体

实例分割任务是在语义分割的基础上，进一步区分同一类别的不同个体，如医学图像中的器官分割、遥感图像中的建筑物分割等。换句话说，实例分割不仅要识别出物体的类别和位置，还要对每个物体进行个体级别的分割和识别，而语义分割只区分类别，不区分类别中的具体单位。如以人(person)为目标，语义分割不区分属于相同类别的不同实例(所有人都标为红色)，实例分割区分同类的不同实例(使用不同颜色区分不同的人)，如图6-17所示。

图6-16 语义分割

图6-17 实例分割

实例分割的基本过程可以分为两个步骤：首先是语义分割，即将图片分割成若干个具有语义标签的区域；然后是实例识别，即在每个语义区域内识别出不同的个体。

3. 计算机视觉的应用

从智能安防(见图6-18)、医疗诊断到自动驾驶，再到虚拟现实，计算机视觉无处不在，深刻地改变着人们的生活方式。

1)智能安防

(1)人脸识别：通过摄像头捕捉人脸图像，利用计算机视觉算法进行面部特征提取和比对，可以快速确定人员身份。在机场、火车站等人员流动密集的地方，人脸识别技术可以识别潜在威胁，防止恐怖分子、逃犯进入敏感区域。而在公司、银行等场所，人脸识别技术更是取代了传统的密码、IC卡等认证技术，提高了出入管理的安全性和便捷性。

图6-18 计算机视觉在智能安防中的应用

(2)行为分析：利用深度学习、图像分割和动作识别等技术，计算机视觉可以分析视频监控数据，实时识别是否有异常行为或潜在的安全风险。例如，在商场、机场等公共场所，通过实时监控人群动态，计算机视觉可以发现并预警异常行为，如打架、奔跑等，避免安全事故的发生。

(3)智能监控：结合目标检测与跟踪算法，智能监控系统能够自动识别和跟踪目标物体或人群，分析其行为和轨迹。系统能够进行实时预警，并自动保存相关的视频记录，供后续查看和分析。无论是个人场所监控，还是公共场所监控，智能监控系统都能提供高效、准确的安防解决方案。

2)医疗诊断

(1)医学影像分析：医学影像系统，如CT、MRI和B超等，通常会产生大量的图像数据。医生需要花费大量的时间和精力来分析这些图像，而计算机视觉技术可以实现自动化的图像分析，大大提高了工作效率和诊断准确性。例如，计算机视觉可以帮助医生自动检测和识别肿瘤、病变以及其他潜在的疾病迹象，提供更及时、准确的诊断结果。

(2)个性化治疗规划：利用计算机视觉技术，医生可以根据患者的体型、面部特征等信息进行个性化的治疗规划和手术模拟。这不仅提高了手术的成功率和治疗效果，还为患者提供了更加舒适和个性化的治疗体验。

(3)药物研发和临床试验：通过对药物分子结构和细胞显微镜图像进行分析，计算机视觉可以快速筛选出潜在的药物候选和疗效评估，加快新药的研发和上市进程。

3)自动驾驶

(1)环境感知：计算机视觉能够收集道路、交通标志、信号灯、其他车辆、行人等周围环境的视觉信息，帮助自动驾驶车辆实时感知和理解其所处的环境。

(2)障碍物检测与分类：自动驾驶车辆利用计算机视觉来对路上的障碍物进行检测和分类，如其他车辆、行人、动物、路障等。这有助于车辆及时做出避让和减速等驾驶决策，确保行车安全。

(3)车道检测与交通标志识别：计算机视觉可用于识别和跟踪道路上的车道线，帮助车辆保持在正确的车道上。同时，自动驾驶车辆还能利用计算机视觉来识别交通标志和信号灯，确保遵守交通规则。

(4)自适应巡航控制：通过监测前方车辆的速度和位置，计算机视觉可以调整自动驾驶车辆的速度，保持安全距离。这提高了行车的安全性和舒适性。

4)虚拟现实

(1)物体检测与跟踪：计算机视觉技术能够使系统实时监测并识别虚拟环境中的物体，以及跟踪这些物体的运动和位置变化。例如，在虚拟现实游戏中，系统可以实时追踪玩家的头部和手部动作，从而相应地调整虚拟视角，实现更加自然和流畅的交互体验。

(2)场景重建与模型生成：虚拟现实需要对现实世界的场景和物体精确地建模。计算机视觉技术可以通过扫描现实世界的物体和场景，生成虚拟环境所需的三维模型。这些模型可以用于创建逼真的虚拟环境，为虚拟现实应用提供丰富的素材和表现手段。

(3)面部表情识别与情绪理解：通过计算机视觉技术，系统可以实时识别用户的面部表情和情绪状态。在虚拟现实中，这可以用于调整虚拟环境的内容和氛围，以更好地匹配用户的情绪状态。例如，在虚拟社交平台上，系统可以根据用户的表情变化来调整聊天界面的颜色、背景音乐或聊天内容，从而提供更加个性化的服务。

(4)即时定位与地图构建(simultaneous localization and mapping，SLAM)：SLAM技术是虚拟现实中的一个重要组成部分，它使系统能够在环境中追踪自己的位置并实时创建地图。计算机视觉技术通过提取图像中的特征点来估算设备的位置和朝向，并相应地更新地图，为用户在虚拟环境中的导航和定位提供有力支持。

6.2.5 其他关键技术

1. 生物特征识别

生物特征识别是指根据人的生理或行为特征对人的身份进行识别、认证，它采用自动技术对生物特征进行测量，并将这些特征数据与数据库中的特征模板进行对比后确认身份信息。生物特征识别涉及的内容十分广泛，包括指纹、掌纹、人脸、虹膜、指静脉、声音、步态等，如图6-19所示。其识别过程涉及计算机视觉、语音识别、机器学习等多项技术。目前，生物特征识别作为重要的智能化身份认证技术，在金融、安防、交通等领域得到了广泛的应用。

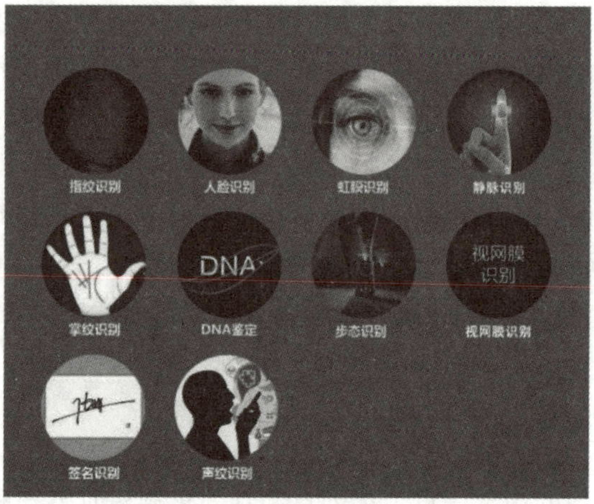

图6-19　生物特征识别涉及的内容

2. 语音识别

语音识别主要关注自动且准确地转录人类的语音，即将人类语音中的词汇内容转换为计算机可以“读”的数据，即让机器能听懂“人话”。该技术在不同口音的处理、消除背景噪声、区分同音异形/异义词(“波”和“播”听起来是一样的)方面存在一些困难，同时还需要具有与正常语速区配的工作速度。语音识别的应用包括语音助手、语音拨号、语音导航、智能家居控制、语音搜索、语音购物、语音聊天机器人等。

3. 智能机器人

人工智能技术把机器学习、计算机视觉、自然语言处理等技术整合到机器人身上，使得机器人拥有判断、决策的能力，能在各种不同的环境中处理不同的任务。智能机器人技术可以应用于制造、医疗保健、家庭服务、军事等领域。例如，在制造领域，智能机器人(见图6-20)可以协作完成重复性工作和高风险的任务；在医疗保健领域，智能机器人可以帮助医生诊断疾病、协助手术；在家庭服务领域，智能机器人可以帮助老年人和残障人士完成日常生活中的一些活动。

图6-20　智能机器人

4. 人机交互

人机交互技术是指人和计算机之间进行信息交流与合作的技术，与认知心理学、人机工程学、多媒体技术、虚拟现实技术等密切相关。传统的人与计算机之间的信息交换主要依靠交互设备进行，主要包括键盘、鼠标、操纵杆等输入设备，以及打印机、显示器、音箱等输出设备。现在的人机交互技术除了传统的基本交互和图形交互，还包括语音交互、情感交互、体感交互及脑机交互等技术，因此被广泛应用于智能家居、智能助手、虚拟现实等领域。

6.3 人工智能的应用

人工智能技术在全球范围内迎来了前所未有的发展机遇。大数据、云计算等技术的飞速发展为人工智能提供了强大的基础支撑。随着各国政府、科研机构和企业对人工智能技术的投入不断加大，其在卫生健康、教育、金融、制造、交通等多个领域的应用也取得了显著成果。

▲人工智能的应用成果

6.3.1 人工智能在卫生健康领域的应用

随着技术的不断进步和医疗数据的持续积累，人工智能技术的应用不仅提升了医疗服务的质量和效率，还为患者带来了更好的治疗体验和健康管理。2024 年 11 月 14 日，为贯彻落实党中央、国务院关于开展“人工智能+”行动的决策部署，国家卫生健康委办公厅、国家中医药局综合司、国家疾控局综合司联合印发《卫生健康行业人工智能应用场景参考指引》，文件中详尽地列出了“人工智能+”在卫生健康行业中的各类应用场景，总计涵盖了 13 项 84 条，如图 6-21 所示。其中，人工智能在医疗诊断、药物研发、病例分析、健康管理等多方面展现出巨大的潜力。

1. 医疗诊断

人工智能在医疗诊断中的应用是当前人工智能的热门应用之一。通过分析海量的医疗数据和医学文献，人工智能可以快速准确地识别和预测疾病。例如，人工智能可以通过对图像数据的分析来帮助医生检测癌症和其他疾病的早期迹象。此外，人工智能还可以辅助诊断，提供各种可能的治疗方案，并根据患者的个体特征进行个性化治疗。

▲智慧医疗

2024 年 11 月 11 日，上海市东方医院正式发布了一款由医生团队联合研发的人工智能医学大模型“Med-Go”。它学习了 6000 余本国内外著名医学教材，成功通过了国家执业医师资格考试，显示出其强大的知识储备和应用能力。这款大模型不仅能辅助医生进行病例诊断，还能给予精准的治疗建议，标志着人工智能在医疗领域的重要应用落地。

在医学影像智能辅助诊断方面，人工智能利用多种技术对医学影像数据进行智能分析，

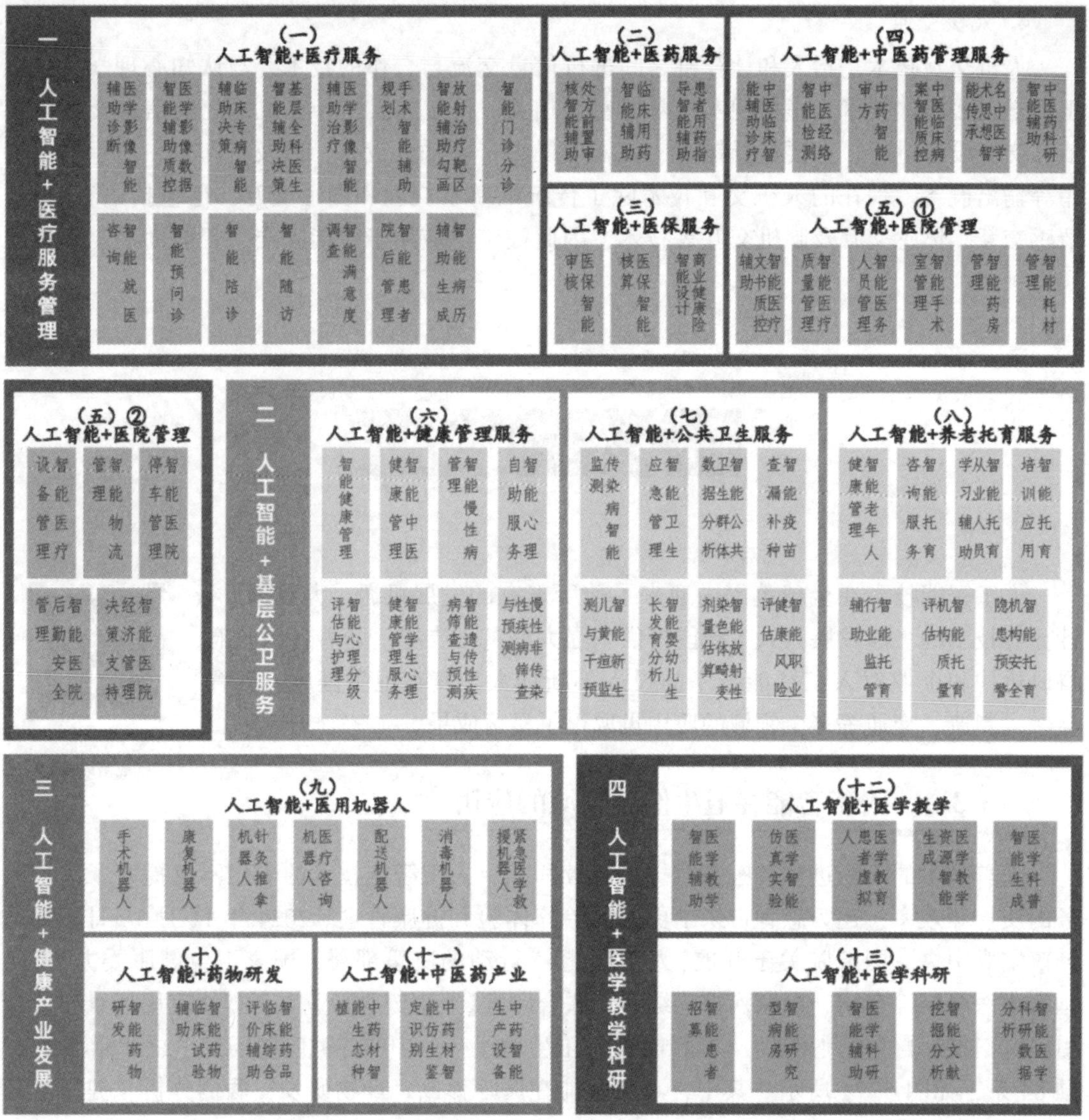

图 6-21 《卫生健康行业人工智能应用场景参考指引》全景图

涵盖各类影像诊断场景，能发现微小病灶，提升影像数据分析效率、诊断质量及早期诊断精度。此外，人工智能还可以辅助质控，在影像检查和报告流程中实时、准确、高效地评价影像质量，协助技师提高图像采集质量，提高影像诊断报告质量。

2. 药物研发

人工智能在药物研发过程中也发挥着重要作用。药物研发是一项复杂而耗时的工作，而人工智能可以加速药物筛选和设计的过程。通过分析大量的病例数据和化学结构信息，人工智能可以帮助科学家预测药物的活性、副作用和代谢途径等。这将有助于降低药物研发的成本和时间，并提高药物的研发成功率。

人工智能还可以模拟蛋白质进化过程，提高药物研发的效率。通过分析蛋白质的结构和功能，人工智能可以模拟蛋白质进化过程，预测其变异和相互作用情况，从而加快新药的开发。

3. 病例分析

人工智能在病例分析中也能提供有价值的支持。通过分析大量的病例数据和医学文献，人工智能可以帮助医生更好地理解疾病的发展规律和患者的病情。此外，人工智能还可以帮助医生制订治疗计划，并提供实时的监测和反馈。

临床专病智能辅助决策是人工智能在病例分析中的一个重要应用。其基于机器学习等技术，处理临床专科疾病数据，构建知识库和模型，在多种疾病诊疗中整合多模态数据，实现患者风险评估，为医生提供诊疗方案推荐、治疗效果预测等辅助决策支持，提高临床诊治效率和医疗质量。

4. 健康管理

人工智能在健康管理领域同样发挥着重要作用。通过分析个人的健康数据和生活习惯，人工智能可以提供个性化的健康建议和预警。例如，人工智能可以提醒用户定期进行体检，合理安排饮食和锻炼，并监测患者的生理指标，以及及时预测和预防潜在的健康问题。

智能患者院后管理是人工智能在健康管理中的一个重要应用。基于对患者诊疗数据的智能分析，为出院患者提供个性化随访、健康监测、药物管理等全面服务，包括制订随访计划、利用可穿戴设备监测生理参数、管理用药计划、提供康复指导和在线咨询等，提高患者依从性和康复效果，减轻医护负担，优化医疗资源配置。

5. 其他医疗领域

人工智能在医疗服务管理、基层公共卫生服务、医保、中医药、医疗质量管理等方面也有广泛的应用。例如，智能分诊系统通过图文、语音等人机对话采集患者信息，利用医学知识图谱和深度学习技术，为患者推荐就诊科室和医生，解决医患资源错配问题，提升就诊精准性和效率，减少候诊时间。

在医保智能审核方面，人工智能技术结合医保审核规则，基于数据分析和智能审核规则库、知识库，构建智能控费体系，对医保费用进行事前提醒、事中审核、事后分析，帮助医保审核员提升审核效率和质量。

中医临床智能辅助诊疗是人工智能在中医药领域的一个重要应用。通过中医四诊智能诊断设备采集数据，基于中医药知识库建立诊疗模型，为医生提供个性化、精准化诊疗建议，包括推荐诊疗方案、辅助治疗、临床预警等，提高中医辨证论治准确性。

尽管人工智能在医疗领域的应用取得了显著的进展，但仍面临一些挑战。例如，数据的质量和数量对人工智能模型的训练至关重要，但目前高质量的医疗数据仍然相对稀缺。此外，人工智能算法的可解释性和可信度也需要进一步研究和改进。

然而，随着技术的不断进步和医疗数据的持续积累，人工智能在医疗领域的潜力不可估量。未来，人工智能将能够更好地助力医生的决策，改善医疗服务的效率和质量，为人类的健康福祉做出更大的贡献。

6.3.2 人工智能在教育领域的应用

在教育领域，人工智能技术的应用已经渗透到了教学、评估、课程设计、管理等多个环节，打破了传统教育的时空限制，为教育者提供了更精准的教学决策支持，让优质教育资源得以共享，有助于实现因材施教的教育理念。

1. 个性化学习与智能辅导

▲智慧教育

人工智能技术为每个学生提供了前所未有的个性化学习体验。通过大数据分析和机器学习技术，人工智能系统能够追踪学生的学习行为，如阅读速度、答题准确率等，从而评估学生的学习效果，深入挖掘学生的学习数据，发现学习中的问题和盲点，为个性化学习提供数据支持，根据学生的学习习惯、知识水平、兴趣爱好等多维度数据，量身定制学习内容和计划。

(1)智能教学平台：这些平台能够实时分析学生的学习数据，为教师提供个性化的教学建议，并为学生推荐合适的学习资源。例如，清华大学利用独立研发的千亿参数大模型GLM4，开发了专属的人工智能助教，实现了范例生成、自动出题、答疑解惑等功能，极大地提升了教学效果。

(2)智能辅导机器人：这类机器人能够24小时不间断地为学生提供学习辅导和答疑服务。它们拥有丰富的知识库和语言处理能力，能够根据学生提出的问题给出详细的解答和建议。这种不受时间和空间限制的学习方式，为学生提供了极大的便利。

(3)个性化作业辅导：智能辅助工具如Chat Z智能练习AI助手，通过对话模型提供个性化作业辅导。这种辅导方式不仅能针对学生的特点进行单独辅导，还能激发学生的学习兴趣和积极性，帮助其及时调整学习策略。

2. 教学评估与反馈机制

人工智能技术还可以用于智能化教学评估与反馈。

(1)智能化评估系统：通过语音识别、图像识别等技术，智能化评估系统可以对学生的表现进行实时监测和评估，能够对学生的作业、考试等进行自动批改，并生成详细的学习报告。这些报告不仅包含学生的成绩，还包含学生在各个知识点上的掌握情况、学习进步情况等，为教师提供全面的教学反馈。

(2)即时反馈机制：人工智能系统能够即时分析学生的学习数据和答题情况，为学生提供针对性的建议和改进方案。这种个性化的反馈机制能够帮助学生及时调整学习策略，提升学习效果。

3. 课程内容设计与优化

人工智能技术还为课程内容的设计与优化提供了有力支持。通过分析学生的学习需求和兴趣爱好，人工智能系统可以为教师提供个性化的课程设计建议，帮助他们打造更具吸引力和实用性的课程内容。

(1)智能化课程设计：人工智能技术可以根据学生的学习需求和兴趣爱好，为教师提供个性化的课程设计建议。这些建议不仅考虑了知识点的分布和难度，还考虑了学生的学习风格和兴趣点，使课程内容更加贴近学生的实际需求。

(2)虚拟现实与增强现实教学：人工智能技术可以与虚拟现实(VR)和增强现实(AR)技术相结合，为学生提供沉浸式的学习体验。通过VR技术，学生可以身临其境地参观历史遗址、实验室等场景，将虚拟信息叠加到现实世界中，更好地理解抽象概念。这种教学方式不仅能激发学生的学习兴趣，还能提升他们的学习效果。例如，哈尔滨工业大学推出的针对电工电子实验教学的人工智能项目，利用VR技术构建了虚拟实验室，学生可以在虚拟实验室中进行实验操作，人工智能系统能够实时评估学生的操作情况，提供反馈和指导。

4. 教育管理与资源分享

人工智能技术在教育管理和资源分享方面也发挥着重要作用。

(1)智能管理系统：通过引入人工智能技术，学校可以建立智能管理系统，实现对学生、教师、教学资源等各个方面的全面管理。这些系统可以实时监测学生的出勤情况、学习情况、健康状况等，为教师和管理者提供全面的数据支持。同时，这些系统还可以实现教学资源的智能化分配和调度，提高教学资源的利用效率。

(2)智能化资源分享平台：这些平台汇集了各种优质的教学资源，如教学视频、课件、练习题等，为教师提供更丰富和多样化的教学素材。这些资源不仅可以帮助教师更好地备课和教学，还可以提高教学质量。例如，浙江大学的新一代科教平台“智海平台”就提供了以知识点为中心的数字化教学资源集成和交互式实训平台，为师生提供了丰富的学习资源和便捷的学习体验。

6.3.3 人工智能在金融领域的应用

从智能投顾到风险管理，从客户服务到市场预测，人工智能都发挥着巨大的作用，不仅提高了金融机构的运营效率和决策质量，还为客户提供了更加便捷、个性化的服务，深刻改变了金融行业的面貌。

1. 智能投顾与个性化理财

智能投顾是人工智能在金融领域最引人注目的应用之一。它利用机器学习和大数据分析技术，根据投资者的风险偏好、财务状况和投资目标，提供个性化的投资建议和资产配置方案。与传统的投资顾问相比，智能投顾具有更高的效率、更低的成本以及更广泛的服务范围。

智能投顾系统能够实时监测市场动态，分析股票、债券、基金等金融产品的价格变动和趋势，为投资者提供及时、准确的投资建议。同时，它还能根据投资者的反馈和市场的变化，不断优化投资策略，提高投资收益率。

例如，一些智能投顾平台通过分析投资者的交易记录、风险偏好和财务状况，为投资者提供个性化的资产配置建议。这些平台还提供了丰富的投资工具和数据分析功能，使投资者能够更全面地了解市场动态和投资风险。

2. 风险管理与信贷审批

金融机构可以利用人工智能技术对客户的历史交易记录、信用记录、社交媒体活动等多维度数据进行深度分析，从而更准确地评估客户的信用风险。利用机器学习算法，金融机构可以建立风险预测模型，对潜在的风险因素进行识别和量化。这些模型能够实时监测客户的交易行为，及时发现异常交易和潜在风险，为金融机构提供及时的风险预警和处置建议。

在信贷审批方面，人工智能技术可以自动化处理大量的贷款申请，提高审批效率。同时，它还能根据客户的信用记录和风险评估结果，自动调整贷款额度和利率，实现个性化的信贷审批。例如，一些银行利用人工智能技术对客户的信用记录进行深度分析，建立风险预测模型，实现了对贷款申请的自动化审批和风险评估。这不仅提高了审批效率，还降低了信贷风险。

3. 客户服务与聊天机器人

人工智能技术在客户服务方面的应用也越来越广泛。聊天机器人作为一种智能客服系统，能够24小时不间断地为客户提供服务，解答客户的问题和疑虑。通过自然语言处理技术，聊天机器人可以理解客户的语义和情感，提供准确、及时的回答和解决方案。同时，它还能根据客户的历史记录和偏好，提供个性化的服务建议和产品推荐。

例如，一些金融机构已经部署了智能客服系统，通过聊天机器人与客户进行交互，提供了全天候的客户服务。这些系统能够自动回答客户的问题，处理常见的业务请求，不仅提高了客户服务的效率和质量，还降低了人工客服的成本。

4. 市场预测与量化交易

通过分析大量的历史数据和实时信息，人工智能系统可以预测未来的市场趋势，为投资者提供有价值的投资建议。量化交易是一种利用数学模型和算法进行交易的方式，人工智能技术可以自动执行交易策略，根据市场变化及时调整投资组合，提高交易效率和收益率。

例如，一些金融机构利用人工智能技术建立了市场预测模型，通过分析宏观经济数据、行业动态、市场情绪等多维度信息，预测未来的市场趋势。同时，它们还利用人工智能技术进行量化交易，通过自动执行交易策略，实现了更高的交易效率和收益率。

5. 反欺诈与合规监管

通过分析客户的交易行为和账户信息，人工智能系统可以识别出潜在的欺诈行为和违规行为，为金融机构提供及时的风险预警和处置建议。同时，人工智能技术还可以自动化处理大量的合规数据和报告，提高合规监管的效率和准确性。

例如，某支付公司利用人工智能技术建立了反欺诈系统，通过实时监测客户的交易行为和账户信息，识别出潜在的欺诈行为，并及时采取措施进行处置。这不仅降低了欺诈风险，还提高了客户支付的安全性。另外，一些金融机构还利用人工智能技术建立了合规监管平台，自动化处理大量的合规数据和报告。这不仅降低了合规成本，还提高了金融机构的合规水平。

6.3.4 人工智能在制造领域的应用

我国作为世界制造业大国，正积极推动智能制造的发展。人工智能技术在生产制造、研发设计、质量管控、物流管理等多个环节起着至关重要的作用，成为推动行业创新和转型的关键力量。

▲为机器立心，为人文赋理

1. 智能工厂与自动化生产

智能工厂是人工智能在制造领域的重要应用之一。通过将人工智能与物联网、大数据、云计算等技术相结合，可以实现对生产流程的实时监控、智能调度和自主优化，从而提高生产效率和质量。

例如，海尔集团的COSMOPlat工业互联网平台，通过人工智能技术实现了从研发设计、采购、生产到销售的全流程数字化和智能化管理。该平台能够自动分析市场需求、优化生产计划、预测库存变化，并实时调整生产流程，确保生产的高效和灵活。

此外，格力集团也积极引入人工智能技术，打造了智能工厂。通过人工智能算法，格力集团实现了对生产设备的智能监控和故障预警，大幅降低了设备故障率，提高了生产线的稳定性和可靠性。

2. 个性化定制与智能设计

在研发设计方面，人工智能技术正在推动制造业向更加智能化、个性化的方向发展。企业可以利用人工智能算法对市场需求、用户行为等数据进行分析，从而更准确地把握市场趋势，为产品的研发设计提供有力支持。

例如，美的集团通过引入人工智能技术，构建了智能家居研发平台。该平台能够通过对用户的使用习惯、偏好等数据进行分析，为产品的研发设计提供智能化建议。这不仅加速了产品的迭代速度，还提高了产品的市场竞争力。

此外，人工智能技术在产品设计的智能化方面也发挥着重要作用。通过人工智能算法对产品设计方案进行优化，能够降低设计成本，提高设计效率。例如，在汽车设计领域，人工智能技术已经能够实现对汽车外观、内饰等方面的智能化设计，为汽车制造商提供了更加高效、个性化的设计解决方案。

3. 预测性维护与设备健康管理

人工智能在预测性维护和设备健康管理方面的应用，为制造业带来了巨大的经济效益。通过对设备运行数据的实时监测和分析，人工智能系统能够预测设备的故障趋势，提前进行维护和保养，避免生产中断和设备损坏。

例如，三一重工股份有限公司利用人工智能技术对工程机械设备进行智能监测和维护。通过安装传感器和采集设备数据，人工智能系统能够实时监测设备的运行状态，进行故障预警，提前安排维修计划，确保设备的稳定运行。这不仅降低了维修成本，还提高了设备的可靠性和使用寿命。

此外，中国中车集团在轨道交通领域也应用了人工智能技术进行设备健康管理。通过对列车运行数据的实时监测和分析，人工智能系统能够预测列车的故障趋势，提前进行维护，确保列车的安全运行。

4. 质量控制与缺陷检测

人工智能在质量控制和缺陷检测方面的应用，为制造业提供了更加高效和准确的检测手段。通过机器视觉和深度学习算法，人工智能系统能够快速、准确地识别产品表面的瑕疵和缺陷，提高产品质量和客户满意度。

例如，比亚迪股份有限公司利用人工智能技术对新能源汽车的电池进行质量检测。人工智能系统能够实时监测电池的生产过程，识别电池表面的瑕疵和缺陷，确保电池的质量和安全。这不仅提高了产品的合格率，还降低了质量检测的人力成本。

在华为的手机制造过程中，人工智能技术也被广泛应用于质量检测环节。通过人工智能算法对手机外观、功能等进行全面检测，能够准确识别出产品缺陷，确保每一台出厂的手机都符合质量标准。此外，人工智能技术还能够通过数据分析，找出质量问题的根源，为生产过程的改进提供有力支持。

5. 供应链优化与智能物流

人工智能在供应链优化和智能物流方面的应用，为制造业提供了更加高效和灵活的供应链管理方式。利用人工智能算法分析市场需求、库存水平和物流数据，企业可以优化供应链流程，降低库存成本，提高物流效率。

例如，阿里巴巴的菜鸟网络就是人工智能在物流领域的典型应用。通过人工智能算法，菜鸟网络能够实时分析物流数据，优化运输路线和配送计划，提高物流效率和服务质量。此外，菜鸟网络还利用人工智能技术进行智能仓储管理，通过自动化分拣和库存管理，降低了仓储成本，提高了库存周转率。

京东物流也积极引入人工智能技术，打造了智能供应链体系。通过人工智能算法，京东物流能够实时分析市场需求和库存数据，优化库存水平，降低库存成本。同时，京东物流还利用人工智能技术进行智能配送，通过自动化分拣和配送路线优化，提高了配送效率和服务质量。

6.3.5 人工智能在交通领域的应用

在交通领域，人工智能在智能交通管理、自动驾驶以及车载监控等方面的应用，显著提高了交通效率与安全性。

1. 智能交通管理

智能交通管理是人工智能技术在交通领域的重要应用之一，其目标在于提升交通系统的整体运行效率和保障行车安全。借助先进的大数据技术和预测模型，人工智能能够实时分析道路交通状况，包括车流量、行车速度以及拥堵状况等，如图6-22所示，为交通管理部门提供科学、准确的决策依据。

图 6-22 道路交通状况实时分析

在实际应用中，人工智能技术通过处理海量的交通数据，能够迅速识别出可能发生交通拥堵的迹象和潜在的安全隐患。例如，在高速公路上，人工智能可以实时监测车流密度和行车速度，一旦发现异常情况，如车速过慢或车流过于密集，便可自动调整路段的信号灯配时，引导车辆分流，从而有效缓解交通压力。

人工智能技术还能助力实现交通信号的智能化控制和优化。传统的交通信号系统往往依赖固定的配时方案，难以根据实时交通状况进行灵活调整。而人工智能技术的应用，使得交通信号系统能够根据道路实时情况，如车流量、行人流量等因素，动态调整信号灯的配时方案。这种智能化的信号控制方式，不仅能够提高道路的通行效率，减少车辆等待时间，还能在一定程度上降低交通事故的发生率。

另外，人工智能可以通过分析乘客的出行数据和习惯，优化公交和地铁的线路规划，提高公共交通的服务质量。同时，在停车管理方面，人工智能也能实现智能寻车和停车位预约等功能，为市民提供更加便捷的停车服务。

2. 自动驾驶

自动驾驶作为人工智能在交通领域应用的杰出代表，其研发与应用已经引起了全球范围内的广泛关注。这项技术通过集成先进的传感器、雷达、摄像头以及高性能计算机系统，使得车辆能够实时感知周围环境，进行智能决策，并自主控制行驶过程。自动驾驶技术已经在多个领域得到了应用，包括出租车、公交车、物流运输等，一些企业已经推出了自动驾驶出行服务，如百度的萝卜快跑(见图 6–23)，为用户提供了便捷、高效的出行体验。

图 6–23　自动驾驶出行服务——百度的萝卜快跑

机器学习和深度学习技术在实现自动驾驶方面发挥着至关重要的作用。通过对大量驾驶数据的学习和分析，人工智能能够逐渐掌握驾驶技巧和经验，从而使得自动驾驶系统在面对复杂交通情况时能够做出准确判断。此外，深度学习技术还能够让自动驾驶系统持续学习和进化，以适应不断变化的交通环境。

自动驾驶技术的广泛应用将会带来诸多积极影响。首先，自动驾驶技术有望显著提高交通效率。通过智能调度和优化行驶路线，自动驾驶车辆能够减少拥堵现象，提高道路通行能力。其次，自动驾驶技术在提升交通安全性方面具有巨大潜力。在所有交通事故中，人为因素导致的交通事故占比较大，而自动驾驶系统能够避免因驾驶员疲劳、分心或操作失误等原因引发的事故，从而降低交通事故发生率和人员伤亡率。

自动驾驶技术的发展也面临着一些挑战和问题。例如，自动驾驶系统需要处理大量的实时数据，这对计算能力和数据处理速度提出了极高要求。同时，自动驾驶技术的可靠性和稳定性也需要经过长时间的测试和验证。此外，法律法规、伦理道德以及公众接受度等方面的问题也需要妥善解决。

即便如此，自动驾驶技术仍然被视为未来交通领域的重要发展方向。随着技术的不断进步和成熟，自动驾驶技术有望为人们带来更加便捷、高效和安全的出行体验。同时，自动驾驶技术的广泛应用还将推动相关产业的发展和创新，为经济社会发展注入新的活力。

3. 车载监控

人工智能技术在车载监控系统中的应用也非常广泛。通过对海量视频的学习和分析，车载监控系统能够实现从“被动防御”向“主动预防”的转变，实时、主动发现并提醒安全风险。

(1)人脸识别：利用人脸识别技术，车辆可以抓拍乘客的人脸图片，并上传至监控中心进行对比，及时发现潜在的安全风险。在发生民事或刑事案件时，人脸识别技术能够提供犯罪嫌疑人的图象，为公安部图像侦查提供相关证据。同时，人脸识别技术还能用于司乘人员的身份验证，提高特种车辆运营过程的安全性。

(2)车牌识别：通过车辆前后安装的摄像头，对车前方和车后方的车辆进行车牌识别，设备具备移动卡口的功能，结合卫星定位数据在 GIS 地图上可以定位所关注车辆所在位置，满足移动治安刑侦的需求。

(3)视频客流统计：利用智能检测与识别技术，可以识别监控画面中的乘客运动轨迹，进而判断乘客的上下车状态，实现对客流数量的精确统计，为城市客流量趋势及人员流向提供准确的数据。

(4)驾驶员行为与状态监测：将视频智能识别技术与车载监控系统相结合，可以实时监测驾驶员的行为和状态。如图 6-24 所示，通过车内摄像头实时监控和测量司机脸部特征变化、头部活动及身体上半部分的反应和动作，结合人工智能算法评判出驾驶员的疲劳程度和不良驾驶行为(如瞌睡、打电话、抽烟等)。当达到某一预设报警标准时，系统会迅速作出分析判断，及时发出相应报警提示。

图 6-24　驾驶员行为与状态检测

6.4 人工智能安全与伦理

随着人工智能技术的迅猛发展，其在各个领域的应用日益广泛，从自动驾驶汽车到智能医疗诊断，从个性化教育到高级金融服务，人工智能正在重塑人类的生活、工作和世界。然而，随着人工智能技术的广泛应用，其安全与伦理问题也日益凸显，成为制约人工智能健康发展的关键因素。

6.4.1 人工智能安全

2024外滩大会指出，当前，人工智能具有巨大的发展潜力，也引发了诸多方面的风险和挑战。如何在促进人工智能技术快速发展和应用的同时，确保其安全性、可靠性和可控性，显得尤为关键。人工智能安全，简而言之，就是确保人工智能系统的安全性、可靠性和稳健性，防止其被恶意利用或对人类社会造成不良影响。这涉及多个层面，包括数据安全、算法安全、系统安全等。

1. 数据安全是人工智能安全的基础

人工智能系统为了提供个性化服务和进行复杂决策，通常需要收集和分析大规模的用户数据。这些数据往往包含敏感的个人信息，如健康记录、财务状况、行为习惯等。不当的数据处理和访问可能导致隐私泄露，甚至引发更严重的安全威胁。因此，确保数据的完整性、真实性和保密性是维护人工智能安全的关键。如何保护用户数据，使其不被泄露或滥用，成为人工智能应用中的首要问题。

2. 算法安全是人工智能安全的重要组成部分

人工智能算法是驱动人工智能系统的核心，如果算法存在漏洞或缺陷，将可能被黑客利用进行攻击。例如，通过对抗性样本攻击，黑客可以欺骗人工智能系统，使其作出错误判断。此外，算法的透明性和可解释性也尤为关键。某些高度复杂的人工智能模型可能在内部机制上难以解释，导致其在实际应用中的可解释性受限。同时，在追求透明性的过程中，也可能暴露模型工作的细节，从而被恶意利用。为了提高人工智能系统的透明性和可解释性，研究人员正在开发可解释人工智能技术，旨在使复杂模型的决策过程可被理解。可解释人工智能技术通过提供模型决策的详细解释，帮助决策者理解模型的工作原理和决策依据，从而增强决策的公正性和可信度。

3. 系统安全是人工智能安全的宏观层面

系统安全涉及人工智能系统的整体架构、部署环境以及与其他系统的交互等方面。一个安全的人工智能系统应该具备强大的防御能力，能够抵御各种网络攻击和恶意行为。同时，系统还应该具备自我修复和容错能力，以确保在出现故障或异常情况时能够迅速恢复正常运行。

6.4.2 人工智能的伦理问题

1. 责任归属与问责机制

建立明确的责任归属和问责机制，确保人工智能系统的开发者、使用者和监管者能够对其行为负责，是维护人工智能伦理的关键。责任归属问题在自动驾驶、医疗诊断等人工智能应用中尤为突出。由于人工智能系统的决策过程可能高度自动化，出现错误或事故时，责任该如何界定成为法律难题。例如，自动驾驶汽车的事故责任应归咎于制造商、软件开发者还是车辆使用者？美国亚利桑那州发生了 Uber 无人车撞伤行人并致死的事故（见图 6-25），据外媒报道，事故发生时，车辆已经检测到车头前的行人，但决策系统却“决定”不采取任何闪避措施，同时人类安全驾驶员也未能及时作出反应。那么责任应如何认定？为了应对这一挑战，需要在立法层面制定和完善相关法律，确保在技术事故发生时能够迅速公正地划分责任。

图 6-25　美国亚利桑那州发生的 Uber 无人车撞伤行人并致死的事故

2. 公平性与多样性

人工智能系统的设计和应用过程中可能存在偏见和歧视，影响系统的公平性和多样性。人工智能系统的训练和运作依赖于大量数据，而这些数据可能反映或包含现存的偏见和不平等。例如，某些面部识别技术在识别不同种族或性别的人脸时存在差异，这种差异源于训练数据的偏见，并可能进一步放大社会不公，如杜克大学提出了一种称为 PULSE（Photo Upsampling via Latent Space Exploration）的人工智能算法。它可以轻松将马赛克级别画质的人脸图像转化为高清画质图像，但是 PULSE 生成的图像不能保证是还原的原始人物的头像，它会在人脸肤色上进行大胆“创新”，把原本黑肤色的人像变成白肤色的。

因此，确保人工智能系统在设计、开发和应用阶段遵循非歧视和公平性原则，需要研发人员在算法和数据处理过程中采取积极措施，如使用多样化和公平的数据集、实施偏见检测和校正机制及公开透明地报告算法性能。通过这些努力，可以降低人工智能系统中的偏见风险，维护社会的公正和包容。

3. 隐私保护与尊重人权

人工智能系统的应用可能侵犯个人隐私权和人权，如未经同意的面部识别、数据滥用等。尊重和保护个人隐私和人权，确保人工智能系统的应用符合道德和法律规范，是构建人工智能伦理框架的基础。

随着人工智能技术的深度发展，“人工智能换脸”应用日益普及，然而利用“AI 盗脸”伪造身份、模拟声纹实施犯罪的案件也层出不穷。不法分子通常通过收集当事人发布在社交媒体平台上的图片和视频，利用人工智能技术生成相关内容在线上或者线下造谣，并以此敲诈勒索当事人。若这些信息被发送给当事人的亲友、同事等，将可能给当事人带来巨大的名誉损害及产生人身安全、财产安全威胁。

6.4.3 我国人工智能的法律规范

我国于 2017 年发布的《新一代人工智能发展规划》对人工智能伦理问题的研究提出了较为明确的要求，且制定了人工智能伦理和法律的战略目标：到 2025 年，初步建立人工智能法律法规、伦理规范和政策体系，形成人工智能安全评估和管控能力；到 2030 年，建成更加完善的人工智能法律法规、伦理规范和政策体系。该文件比较明确地提出了指导人工智能发展的三重规范，即相关法律法规、伦理规范与政策体系，如若进行时间上的先后排序，则先形成相关政策体系，再制定相关伦理规范，最后在宪法精神的指导下制定并完善规范人工智能发展的相关法律法规，从而对人工智能政策体系和伦理规范也起到调整与兜底作用，这也是法律规范作为防范秩序失控最后保障的应有之义。

我国相关的主要法律规范如表 6-2 所示。

表 6-2 我国相关的主要法律规范

法律规范名称	主要内容	针对人工智能的相关要点
《中华人民共和国网络安全法》	规定了网络运营者应履行的网络安全保护义务	保障人工智能系统网络安全，防止数据泄露、恶意攻击等安全事件
《中华人民共和国数据安全法》	聚焦于数据的安全保护，规范数据处理活动	保护人工智能领域数据的安全，确保人工智能系统的可靠性和稳定性
《中华人民共和国个人信息保护法》	保护个人信息权益，规范个人信息处理活动	在人工智能应用中，个人信息的收集、使用和处理必须合法、正当、必要，并征得个人同意
《生成式人工智能服务管理办法》	促进生成式人工智能技术健康发展和规范应用	要求提供者对生成内容的真实性、合法性负责，防止生成虚假信息，规定用户权益保障、数据安全等要求

在充实人工智能伦理的过程中加强对宪法中人文价值的捍卫，是人工智能伦理可靠性的重要体现。同时面对相对稳定的宪法与不断加速的人工智能之间的矛盾，立足于对人工智能伦理进行规制的现状，对症下药，实现宪法精神与人工智能伦理的紧密衔接，将宪法中人权保障的精神转化为人工智能伦理的终极价值内涵。

面对新技术发展所逐步形成的新型权利，不能使其仅停留在主观层面，依据宪法，通过专门性立法、具体的宪法解释等，针对人工智能伦理涉及多主体、多领域及人工智能高度类人化等特点，逐步建立并完善以宪法为核心的人工智能伦理的规范体系，将事关公民重大利益的新型权利纳入宪法效力的规范体系之中，是真正发挥宪法精神对人工智能伦理保障作用的必然选择。

习 题 6

1. 简要说明人工智能的发展历程。
2. 简要说明人工智能的三大流派。
3. 简要说明人工智能的分类。
4. 简要说明机器学习的分类。
5. 简要说明人工智能的关键技术。
6. 简要说明知识图谱的组成要素。
7. 简要说明自然语言处理的应用。
8. 简要说明计算机视觉的典型任务。
9. 简要说明人工智能的应用所面临的挑战。
10. 举例说明人工智能在其他行业的应用。

第7章 大 模 型

在当今人工智能发展的浪潮中，大模型(large model，LM)无疑是最耀眼的明星之一。作为人工智能领域的重要技术突破，大模型凭借海量数据和庞大参数，展现出卓越的学习与推理能力，重塑了机器与人类的交互模式，并在医疗、教育、科研等领域显著提升了社会效率。本章主要介绍大模型的概念、关键技术、产品和应用。

7.1 大模型概述

7.1.1 大模型的基本定义

1. 算法、模型、训练、推理

在深入探讨大模型的定义与应用之前，我们有必要先夯实基础，明晰“算法、模型、训练、推理”这四个核心概念及其内在联系。它们是构建人工智能知识体系的基石，也是理解大模型运作机制的关键。

1)算法：解题方法

算法即解决问题的一系列步骤或规则，如同解方程的步骤或计算三角形面积的公式般明确。在计算机科学领域，算法是程序设计的基石，正如教师通过“先移项，再合并同类项”教学生解方程，算法指导计算机逐步完成任务。

在人工智能领域，算法用于指导模型如何学习、如何从数据中提取信息以及如何进行决策，如分类数据用“决策树算法”，预测趋势用“线性回归算法”，这些算法通过不同的数学和逻辑方法，对输入的数据进行处理，从而输出有用的信息或作出决策。

2)模型：学到的知识

模型是算法学习数据后获得的具体能力，类似于学生刷题后总结的解题技巧和知识要点。在人工智能领域，模型通常用于描述数据之间的关系或规律。例如，一个能识别猫或狗图片的模型的本质是它掌握了区分两者特征的规律，就如同学生背熟了10种题型的解法，考试时看到新题也能套用。

近年来，随着人工智能技术的迅猛发展，大模型作为其中的“超级大脑”，不仅能够回答问题，还能进行创作，展现出惊人的语言理解和生成能力。这些模型之所以能够捕捉和表示更复杂的数据特征和模式，关键在于它们通过大量的数据和先进的算法进行训练，从而掌握数据中的规律。例如，GPT 系列模型从 GPT-1 到 GPT-4，性能的提升与训练数据量的增加密不可分。高质量的数据是大模型发展的“燃料”，它直接影响模型的性能。数据的多样化和质量不仅增强了模型的语言理解能力，也使其能够处理更加复杂的自然语言任务。

3）训练：学习过程

训练是模型利用大量数据学习的过程，它通过调整模型参数以适应数据分布和规律。在训练过程中，算法会不断地计算模型的预测结果与实际结果之间的差距，并通过反向传播算法来调整模型的参数，以减小这种差距，就像学生刷题，老师批改纠错的过程。

训练过程的核心环节，简而言之，就是输入数据、调整参数、进行验证。

- 输入数据：向模型展示大量实例，如 100 万张猫或狗的图片。
- 调整参数：模型在接收数据的同时，不断调整内部算法（如调整权重），以最小化错误率。
- 进行验证：用新数据测试模型是否学到位，不行就继续学。

对于大模型，训练过程通常需要大量的计算资源和时间。例如，训练一个大型的自然语言处理模型可能需要数周甚至数月的时间，以及数百甚至数千个 GPU 的计算资源。在训练过程中，模型会不断地从数据中学习到新的知识，并逐渐适应数据的分布和规律。这样，当模型遇到新的数据时，它就能够根据已经学到的知识进行预测或决策。

4）推理：模型的应用阶段

推理是模型在训练完成后，利用学到的知识进行预测或决策的过程，就像考试时的答题过程。在推理阶段，模型已经固定了参数，不再进行训练，模型会接收新的输入数据，并根据学到的规律进行预测或决策。

在自然语言处理任务中，经过深度学习训练的 DeepSeek 模型能够根据用户输入的文本生成相应的回答。例如，当用户请求“帮我写一首关于秋天的诗”，DeepSeek 模型能够利用其强大的语义理解和文本生成能力，创作出符合要求的诗歌。在图像识别任务中，训练好的模型可以根据输入的图像识别出其中的物体或场景。例如，当用户通过人脸识别闸机时，系统会用训练好的模型判断人脸是否与已存储的图像匹配。

推理过程往往比训练过程迅速，因为它省去了参数调整的步骤，仅执行前向计算。这赋予了模型实时处理新数据的能力，满足了实际应用的需求。然而，推理结果的准确性高度依赖于训练的质量。

通俗地讲，算法像数学教师教的解题方法，模型像学生在大脑里总结的解题套路，训练像学生用这些解题套路疯狂刷题的学习过程，推理就像考场上用套路答题的过程。这四个概念是相互关联、相互依存的：算法是模型的基础，模型是算法的具体实现，训练是模型学习的过程，推理是模型在训练完成后进行预测或决策的过程。

2. 大模型的定义

简而言之，大模型指的是规模庞大的模型。但这里的“规模庞大”并不是指物理尺寸上的巨大，而是指模型所包含的参数数量的巨大。在人工智能领域，大模型指的是拥有数千万至数亿参数的深度学习模型，具备海量参数、卓越的学习能力和泛化能力，能处理并生成多种数据类型。其核心在于数十亿乃至数万亿的参数(parameter)。这些参数犹如人脑神经网络中的神经元，大模型利用这些参数之间的连接，记录数据中的模式与规则。

大模型的构建并不是一蹴而就的。它需要大量的数据作为“食材”，通过深度学习算法这个“厨师”的精心“烹饪”，才能得到具有强大能力的模型。这些数据涵盖文本、图像、音频、视频等，如同大模型的“营养餐”，助力其持续学习与成长。

例如，如图 7-1 所示，当问 DeepSeek“如何做番茄炒蛋”时，它并非从菜谱库中直接复制答案，而是通过参数中存储的“语言规律”重新组织出一段合理的步骤说明。大模型能像人类一样，在阅读时提炼关键信息，实现深度理解。OpenAI 的 GPT 和深度求索的 DeepSeek 便是大模型的典型代表。

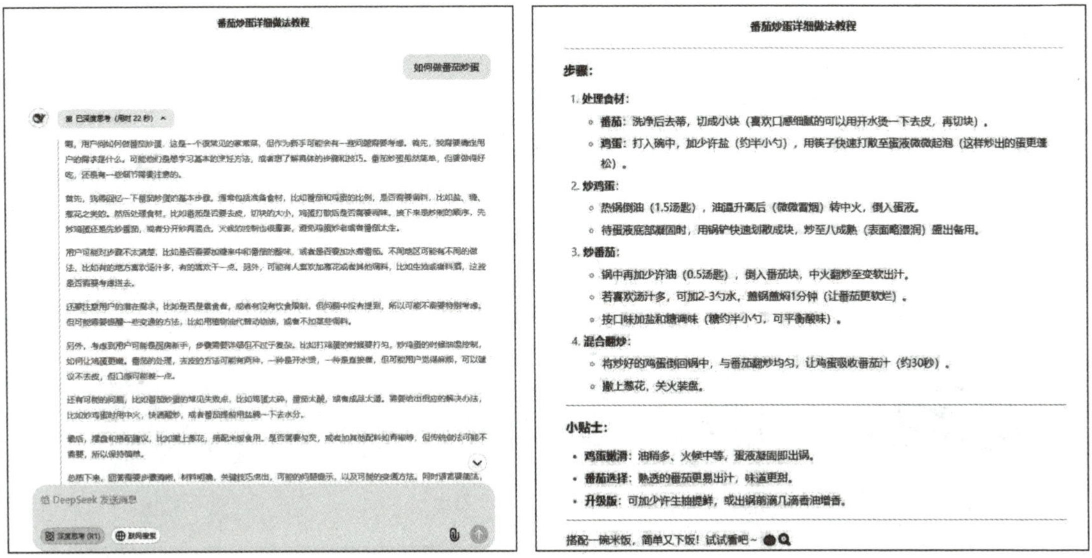

图 7-1 向 DeepSeek 提问

大模型具有以下特点。

(1)规模庞大，参数众多。大模型之所以称“大”，首要原因在于其规模庞大。它们通常拥有数亿甚至数百亿参数，这些参数如同神经网络中的神经元，共同构成了模型复杂而强大的学习能力。例如，LLaMA 系列模型的参数数量从 70 亿到 650 亿不等，而 PaLM 2 的参数数量更是高达 3 400 亿，这些数据凸显了大模型在参数规模上的巨大。2020 年，OpenAI 推出了 GPT-3，其参数数量达到了 1 750 亿。2023 年 3 月发布的 GPT-4 的参数规模是 GPT-3 的 10 倍以上，达到 1. 8 万亿。

(2)学习能力强，泛化性好。凭借庞大的参数数量和复杂的网络架构设计，大模型展现出了非凡的学习能力。它们能够在海量数据上进行训练，从中提取出有价值的信息和规律。尤为重要的是，大模型展现出卓越的泛化能力，能够在面对新数据或新任务时依然保持出色的表现，这主要归功于其在训练阶段所习得的通用特征。

(3)多任务处理能力。许多大模型具备多任务学习的能力，这意味着它们可以在同一个模型上同时处理多种不同类型的任务。例如，一个大语言模型不仅可以进行文本生成、语言翻译，还能进行问答、情感分析等。这种多任务处理能力使得大模型在实际应用中更加灵活和高效。

(4)对计算资源要求高。大模型的训练和推理过程对计算资源的要求极高。训练一个大模型往往耗时数周乃至数月，同时需要动用数百乃至数千个 GPU 的计算资源。因此，大模型的研究和应用往往依赖于高性能计算集群和云计算平台。

(5)可解释性相对较低。由于大模型具有复杂的网络结构和庞大的参数规模，其决策过程往往难以直观解释。这被称为黑箱效应，意味着模型的输出结果与输入数据之间的直接关联难以捉摸。然而，随着研究的深入，科学家们正在探索提高大模型可解释性的方法，以更好地理解和应用这些模型。

3. 人工智能与大模型

人工智能是一个广泛的领域，涵盖了各种旨在使机器能够模拟人类智能的技术和方法，如机器学习、自然语言处理、计算机视觉等。早期的专家系统，宛如棋盘上的机械棋手，严格遵循既定的棋谱，仅在限定的领域内按部就班地执行预设的逻辑。到了 20 世纪 80 年代，机器学习的兴起赋予了机器从海量数据中提炼规律、预测未来的能力，这一过程仿佛孩童通过观察世界，逐渐学会识别各种动物。深度学习作为机器学习进一步发展的分支，基于人工神经网络，通过多层节点的连接和计算，实现对复杂信息的处理和理解，如图 7-2 所示。

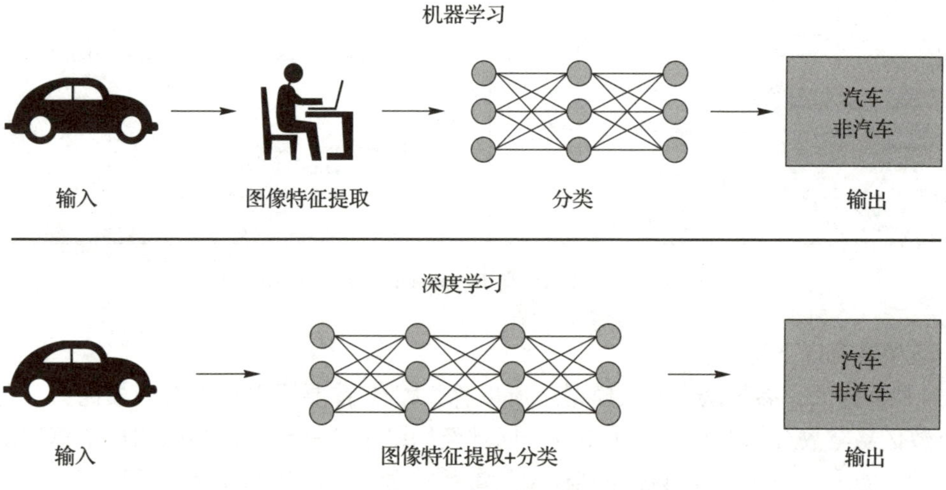

图 7-2　机器学习与深度学习

大模型是深度学习发展的产物，也是人工智能发展过程中最具里程碑意义的突破，想象一下，我们的大脑中有无数个神经元，它们相互连接，形成了复杂的神经网络，使我们能够思考、学习、记忆。大模型，堪称人工智能领域的“超级大脑”，它借鉴人脑的运作模式，构建了一个由数以亿计乃至百亿计的参数交织而成的庞大网络。这个网络如同智慧的源泉，能够接收信息、处理数据、输出成果，轻松应对自然语言理解、图像生成、自动推理、机器翻译等复杂任务。

如图 7-3 所示，人工智能作为最顶层的技术领域，包含了机器学习，机器学习又进一步发展为深度学习，而深度学习则催生了大模型这一重要产物。人工智能、机器学习、深度学习及大模型，犹如阶梯般层层递进，紧密相连，它们不仅展现了智能系统从抽象理论迈向具体实践、由简单逐步迈向复杂的壮丽图景，而且携手并进，共同驱动着人工智能领域的蓬勃发展。

图 7-3 人工智能与大模型的关系

7.1.2 大模型的发展历程

大模型的发展经历了从早期探索到深度学习崛起，再到如今大模型兴起的过程。

1. 早期探索阶段

在 20 世纪 50 年代，人工智能作为一个新兴领域开始崭露头角。最初，AI 模型主要基于小规模的专家知识，通过规则和逻辑来进行推理。随着数据资源的不断增加和计算机性能的逐步提升，人们开始意识到基于数据驱动的机器学习方法在人工智能领域具有更大的潜力。然而，受限于当时的计算能力和数据量，这些模型通常规模较小，性能也有限，就像记住公式的“书呆子”，遇到老师没教过的问题就死机。

此阶段的重要节点如下。

20 世纪 50 年代，计算机科学和人工智能正处于萌芽阶段。科学家们开始探索如何让机器模仿人类智能，提出了许多重要的概念和方法，如艾伦 · 图灵的“图灵测试”。

1956 年，达特茅斯学院举行了一次著名的夏季研讨会，会上正式提出了“人工智能”这一术语，标志着人工智能学科的诞生。

1957 年，弗兰克 · 罗森布拉特(Frank Rosenblate)发明了感知机(见图 7-4)，这是一种能识别简单模式和特征的简单神经网络。

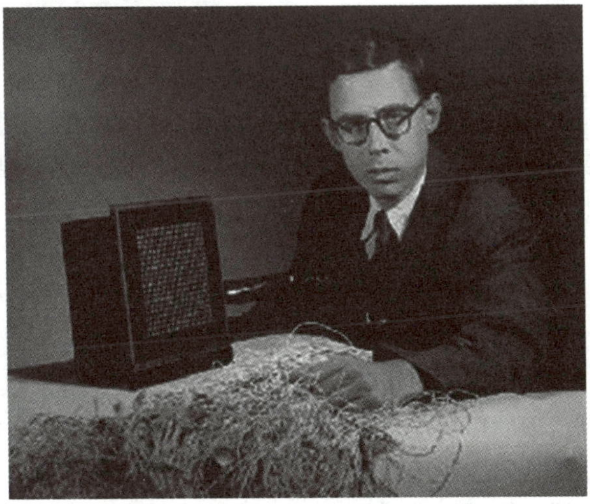
图 7-4 弗兰克 · 罗森布拉特和感知机

20世纪80年代，卷积神经网络的雏形CNN诞生，开启了传统神经网络模型的新篇章。

1998年，现代卷积神经网络的基本结构LeNet-5诞生，为自然语言处理和计算机视觉等领域的深入研究奠定了基石。

2. 深度学习崛起阶段

进入21世纪，随着大数据和计算能力的飞速发展，深度学习技术逐渐崛起，成为推动人工智能领域进步的重要力量。深度学习模型通过构建深度神经网络，能够自动学习数据的特征表示，避免了手工设计特征的烦琐过程。

此阶段的重要节点如下。

2006年，杰弗里·辛顿及其团队的研究成果展示了如何利用无监督学习方法来训练深度神经网络，为后续的大模型技术奠定了基础。

2012年，AlexNet在ImageNet竞赛中以远超第二名的成绩夺冠，这一压倒性胜利标志着深度学习在图像识别领域的重大突破。

2013年，自然语言处理模型Word2Vec诞生，首次提出将单词转换为向量的“词向量模型”，推动了自然语言处理领域的发展。

2014年，生成对抗网络（GAN）的提出，开启了深度生成模型的新纪元。

2017年，Google提出基于自注意力机制（self-attention）的神经网络结构——Transformer模型架构，为大模型预训练算法架构奠定了基础。

3. 大模型兴起阶段

随着数据资源的不断增加和计算资源的不断提升，大规模预训练模型成为大模型发展的重要方向。这些模型通过大量数据的预训练，能够捕获更丰富的知识和特征，进而在各种任务中展现出卓越的性能。

此阶段的重要节点如下。

2018年，OpenAI和Google分别发布了GPT-1与BERT大模型，标志着预训练大模型成为自然语言处理领域的主流。

2019年，OpenAI发布了GPT-2模型，展示了大模型在语言生成方面的巨大潜力。

2020年，OpenAI发布了GPT-3模型，该模型拥有1 750亿参数，是当时最大的语言模型。GPT-3基于CommonCrawl、网络文本、书籍、维基百科等数据集进行训练，其在少样本学习任务上取得了显著的性能提升，无需微调即可达到最新的SOTA结果。

2023年，超大规模多模态预训练大模型（如GPT-4）等相继发布，大模型技术不断向更多领域拓展应用。

2024年，随着开源大模型（如DeepSeek）的迅速崛起，大模型技术从“实验室特权”向“大众化工具”加速转变，推动了技术的广泛应用和市场增长。

大模型的发展历程见证了人工智能领域的不断创新与重大突破。从感知机的初步探索，到现今超大规模预训练模型的广泛应用，每一步进展都凝聚了科学家们无尽的智慧与辛勤汗水。随着技术的不断进步和应用场景的拓展，大模型将在更多领域发挥重要作用，推动人工智能技术的持续发展和创新。

7.1.3 大模型的分类

大模型可以根据不同的分类标准进行划分，如表 7-1 所示。其中根据输入数据类型的不同，大模型可分为三类：大语言模型、大视觉模型、多模态大模型。

表 7-1 大模型的分类

分类标准	类型	描述	代表性产品/示例
按处理数据类型划分	大语言模型	用于自然语言处理，处理文本数据，学习语言的语法、语义和语境规律	GPT 系列(OpenAI)、DeepSeek、文心一言(百度)、通义千问(阿里云)、Bard(谷歌)
	大视觉模型	用于计算机视觉任务，处理图像数据，实现图像分类、目标检测等	VIT 系列(谷歌)、文心 UFO(百度)、盘古 CV(华为)、INTERN(商汤)
	多模态大模型	处理多种模态数据(文本、图像、音频等)，结合 NLP 和 CV 能力，实现综合理解	DALL·E2(OpenAI)、星火大模型(科大讯飞)、盘古 Ultra(华为)、Gemini(谷歌)
按应用领域划分	通用大模型(L0)	在多个领域通用，具有强大泛化能力，适用于多场景任务	GPT 系列、DeepSeek
	行业大模型(L1)	针对特定行业优化，使用行业数据进行预训练或微调	金融领域大模型、医疗领域大模型
	垂直大模型(L2)	针对特定任务或场景优化，使用任务相关数据进行微调	智能客服大模型、自动驾驶大模型
按功能划分	生成式大模型	用于生成文本、图像、音频、视频等内容	GPT 系列(文本生成)、DALL·E2(图像生成)、Sora(视频生成)
	推理式大模型	专注于逻辑推理和复杂任务解决	OpenAI 的 o3(推理模型)、DeepSeek(数学推理)

1. 大语言模型

大语言模型(large language model，LLM)指在自然语言处理领域中的一类大模型，主要用于文本数据的处理和自然语言的理解。这类模型通常基于 Transformer 等先进神经网络架构，通过无监督或半监督学习方式，从海量文本数据中学习语言的规律、结构和语义。这些模型不仅能够完成传统的文本分类、情感分析等任务，还能够进行开放式的文本生成、问答系统构建，甚至能够参与多轮对话，展现出接近甚至超越人类的语言智能。

大语言模型的核心在于其庞大的参数规模和复杂的网络结构。这些模型内含庞大的参数体系，从数百万至数十亿不等，能够精准捕捉并展现语言的微妙差异与复杂结构。通过大规模的语料库训练，大语言模型能够学习到语言的统计规律和语义特征，从而理解文本的含义，并生成连贯、流畅的回应。

在语言理解方面，大语言模型展现出了惊人的能力。它们能够准确识别文本的语境、情感和意图，从而完成文本分类、命名实体识别、情感分析等各种自然语言处理任务。无论是剖析新闻报道的核心议题，还是分析用户评论中的情感脉络，大语言模型均能输出精确且值得信赖的分析结果。

而在文本生成方面，大语言模型展现出了其强大的功能。它们能依据特定的上下文或主题，创造出连贯且逻辑严密的文本内容。无论是撰写文章、编写故事，还是进行对话交流，大语言模型都能够提供丰富多样的文本生成结果，极大地拓展了自然语言处理的应用范围。

值得一提的是，大语言模型还具备强大的泛化能力。这意味着它们不仅能够处理训练过程中见过的文本数据，还能够对未见过的文本数据作出准确的预测和生成。这种泛化能力使得大语言模型能够适应各种不同的应用场景和需求，为自然语言处理技术的广泛应用提供了可能。

例如，OpenAI的GPT系列模型便是大语言模型的代表，它能够根据用户输入生成高质量的文本，支持多种语言和主题。大语言模型不仅能轻松应对简单问答，更擅长复杂推理与判断，彰显出卓越的智能实力。此外，这些模型还具备自适应能力，可以通过微调和迁移学习等方法，适应特定领域的需求，从而提升在特定任务上的表现。

目前，大语言模型已经在多个领域取得了显著的成果。在智能客服领域，大语言模型能够准确理解用户的问题，并提供恰当的回答和解决方案。在教育领域，大语言模型能够帮助教师优化教学设计，并为学生提供量身定制的学习资源与即时反馈。在创作领域，大语言模型能够成为作家、编剧等创作者的得力助手，为他们提供灵感和创作素材。

然而，大语言模型的发展也面临着一些挑战和问题。例如，大语言模型的训练过程需要大量的计算资源和时间，包括高性能的处理器、大容量的存储器、高速的网络带宽、分布式计算环境和云计算服务，同时，还需要解决数据隐私和安全性等问题。此外，大语言模型在处理某些复杂或模糊的语言表达时，也可能存在一定的局限性和不确定性。

2. 大视觉模型

大视觉模型(large vision models，LVM)是指在计算机视觉领域中使用的大模型，主要用于图像处理和分析。这类模型具有大量参数和复杂网络结构，能够模拟人类视觉系统的工作原理，通过深度学习算法，从海量的图像数据中学习图像的特征表示、空间关系以及上下文信息，从而实现对图像内容的准确理解和高效处理。

大视觉模型的核心优势在于其卓越的泛化性能与多任务并行处理能力。经过大规模数据的严格训练，大视觉模型能够敏锐地捕捉图像的细节与上下文信息，从而在多样化的应用场景中展现出卓越的性能。无论是图像分类、目标检测、人脸识别，还是更为复杂的图像分割、视频理解及图像生成任务，大视觉模型均能轻松完成。此外，大视觉模型还具备强大、高效的计算能力，能够利用迁移学习技术快速适应不同领域或特定任务的图像数据，从而满足实时应用的高要求。

在众多大视觉模型中，ViT(Vision Transformer)模型无疑是典型代表之一。ViT 模型首次将 Transformer 模型架构引入计算机视觉领域，通过自注意力机制和位置编码，实现了对图像全局特征的建模。这一创新不仅提高了图像识别的准确率，还为大视觉模型的发展开辟了新的道路。除此之外，SAM(Segment Anything Model)、YOLOv8、CLIP 等模型也各具特色，在各自的领域内发挥着重要作用。

大视觉模型的应用领域广泛而多样。在医疗领域，大视觉模型通过深度学习技术，能够辅助医生进行医学影像的分析和诊断，自动识别病变区域和异常结构，为医生提供准确的诊断依据。这种自动化的影像分析方法不仅可以提高诊断效率，还可以降低人为误差造成的风险，从而提高医疗服务的效率和准确性。例如，利用人工智能技术，如深度学习算法和大数据技术，对 X 光片、CT 影像、MRI 图像等医疗影像数据进行自动识别和分类，医生可以更快地获取患者的病情信息，从而制订更加精准的治疗方案。在安防领域，大视觉模型，如海康威视训练的百亿级参数大模型，通过高精度的人脸识别和行为分析技术，为公共场所的安全提供了有力保障。它们能够实时监测和分析视频监控画面中的异常行为、可疑人物等，及时发出预警信号，有效预防犯罪事件的发生。

除了医疗和安防领域，视觉大模型还在自动驾驶、零售、智能制造等多个领域发挥着重要作用。在自动驾驶领域，视觉大模型，如 Meta 发布的 DINOv2 和清华大学研发的 DriveVLM 等，通过深度学习技术实时处理和分析车辆周围的环境信息，为自动驾驶系统提供精准的导航和决策支持。这些模型不仅能够识别物体，还能够理解场景和形状，从而在各种复杂情况下都能更有效地作出反应。在零售领域，大视觉模型通过深度学习顾客的购买历史、浏览习惯和社交足迹，能够生成高度定制化的推荐方案，实现商品的自动分类、检索和推荐，从而提升购物体验和销售额。在智能制造领域，大视觉模型则能够用于产品质量检测、生产线监控等方面，提高生产效率和产品质量。

大视觉模型作为计算机视觉领域的重大革新，正在重塑图像与视频处理格局，加快相关领域发展步伐。随着技术的不断进步和应用场景的不断拓展，大视觉模型将在未来发挥更加重要的作用。然而，大视觉模型也面临着一些挑战，如计算资源需求大、数据隐私保护尚待加强、模型可解释性差等。

3. 多模态大模型

多模态大模型(multimodal large models，MLLM)是指能够同时处理和理解多种类型数据(如文本、图像、音频、视频等)的大模型。多模态大模型的出现是建立在大语言模型和大视觉模型不断突破的基础上的，与传统的单一模态模型(如仅处理文本或仅处理图像)不同，多模态大模型能够整合来自不同模态的信息，从而实现更为复杂且智能的任务处理能力，如文本到图像的生成、图像到文本的描述、视频到文本的摘要等。

多模态大模型的核心在于多模态输入与融合，能够接收多种模态的数据输入，如文本、图像、音频和视频等，并通过特定的机制，如交叉注意力机制、多模态特征融合层等，将不同模态的特征结合起来，形成统一的表示。多模态大模型通过在大规模多模态数据集上的预训练，学习跨模态的共同表示，随后针对具体任务进行微调，从而在情感分析、事件描述、内容生成等任务中实现更准确的理解和解释。

在多模态大模型的典型代表中，OpenAI 的 GPT 系列无疑占据了举足轻重的地位。特别是 GPT-4V 和 GPT-4o 等增强版模型，不仅继承了 GPT 系列在文本生成方面的卓越能力，还进一步扩展了多模态处理能力。例如，GPT-4o 在文本分析、推理和编程能力上相较于 GPT-4 有显著提升，特别是在视觉和音频理解能力上，GPT-4o 表现出更优越的性能。此外，GPT-4o 的响应速度是 GPT-4 Turbo 的两倍，具体到音频输入的响应时间，最短可达 232 ms，平均可达 320 ms，这使得它在实时交互方面具有明显优势。它们能够同时处理文本、图像、音频和视频等多种数据形式，为智能客服、内容创作、自动驾驶等领域提供了强有力的支持。此外，Google 的 Gemini、Meta 的 Image Bind 等模型，也在各自的领域内展现出了出色的多模态处理能力。

多模态大模型的应用场景广泛而多样。在教育领域，多模态大模型能够根据学生的学习习惯和个性化需求，提供定制化的教学内容和互动方式，进而提升教学效果和学习体验。在自动驾驶领域，多模态大模型能够整合摄像头、雷达、地图等多种传感器的信息，使车辆在复杂交通环境中实现精准自主导航和智能决策。

值得一提的是，多模态大模型在内容创作方面也有着广泛的应用。多模态大模型能够生成高质量的文本、图像和视频内容，为文化娱乐行业提供丰富的素材和创意。例如，电影制作中，多模态大模型能生成逼真的虚拟角色和场景，有效降低成本并加速制作进程。在广告营销领域，多模态大模型可以根据用户的行为习惯和偏好，生成个性化的广告内容，提高广告的转化率和用户满意度。

7.1.4 大模型的工作原理

当谈论“大模型”时，仿佛在讨论一个拥有超级大脑的智能体——它能创作诗歌、编写代码、解答习题，甚至能理解不同语言之间的微妙差异。这种令人惊叹的能力背后，其实蕴含着所有大模型的共性特征：通过海量数据训练形成的模式识别系统。正如人类学习积累智慧，大模型亦通过对海量数据样本的反复观察，逐步构建起对复杂规律的认知体系。

无论是处理图像、语音，还是文本的大模型，它们的核心原理都建立在相似的基础之上：基于 Transformer 架构的深度神经网络结构、通过无监督学习构建的多层级模式抽象能力，以及基于海量训练数据驱动的知识涌现机制。这三者共同构成了现代大模型实现跨模态认知的基础框架，考虑到自然语言是人类最直接的交互媒介，我们以其为例，深入剖析大模型的运行机理。

大语言模型就像一座由乐高积木搭建的智慧城堡，每块积木代表一个参数。当人们用 ChatGPT 聊天时，它其实在调动上万亿个这样的参数组合。正如人类大脑拥有 860 亿个相互连接的神经元，GPT-3 模型则配备了 1 750 亿个参数，这些参数实质上是神经网络中可调校的数值，经由训练逐步习得文本中的统计规律与语义联系。

模型参数记录着词语之间的关联规则。例如，输入“天空是_ _ _ 的”后，模型会检索参数网络中“蓝色”“晴朗”“广阔”等高频搭配。这种关联不是简单的查字典，而是通过概率计算找出最合适的词，就像人们说话时会选择最贴切的表达。这种基于概率的计算过程使得模型能够生成自然流畅的语言，同时反映出其对上下文的理解。

大语言模型的工作流程通常包括两个关键阶段：预训练和微调。预训练是指在一个大型数据集上训练模型，以学习通用的语言特征和模式；而微调则是在特定任务或数据集上进一步调整模型，以适应特定的应用场景。

1）预训练：构建通用知识库

预训练如同为模型准备了一场“知识盛宴”。将书籍、网页等内的海量数据切割成小块，如同喂给模型的“文本零食”，让它参与“词语填空”游戏：掩盖句子中的部分词语，促使模型推测并填补掩盖的部分。经过无数次的参数调优，模型逐步掌握词语之间的关联、语法结构的规律以及广泛的事实知识，形成强大的通用能力。

预训练阶段，模型在无标注的庞大文本库（如书籍、网页）上通过无监督学习完成初始训练。例如，GPT 系列采用“自回归”模式，通过预测被遮盖的下一个词来学习上下文关系；而 BERT 则通过双向上下文预测被掩盖的词。Transformer 的自注意力机制在此过程中发挥着关键作用，它能动态计算文本中不同位置词语的重要性权重，捕捉长距离依赖关系。

训练 GPT-3 模型需要巨大的计算资源，据估计，其训练过程可能使用了数千个 GPU/TPU 核心，持续了数周到数月的时间。能源消耗方面，训练 GPT-3 可能消耗了数百万千瓦时的电力，相当于一个小镇一年的用电量。模型在“吃”进海量数据后，会形成对世界的抽象认知，就像人类通过观察积累常识。

2）微调：专业化能力培养

预训练后的模型如同博学却不会解题的学者。微调就是给它上“专业课”，用标注数据教它特定技能。例如，用客服对话数据训练，模型就能学会礼貌应答；用编程代码训练，它就能掌握写代码的能力。

微调的主要目的是将预训练的模型调整到特定任务上，以提高其在该任务上的表现。此过程常采用特定领域的小规模标注数据集，针对如情感分析、问答系统等特定任务。在微调过程中，根据具体任务设定新的训练目标，并在特定任务上进行精细化调整。

这个过程引入了人类教师的指导，工程师通过认可优质回答、驳回错误答案的方式，如同训练导盲犬时利用奖励强化正确行为一样，通过强化学习，模型逐步优化输出质量，最终成为能写诗、编程、解题的“多面手”。

当向大语言模型提问时，它其实在进行“思维链”推演。输入“请用李白的风格写春天”，模型依次激活相关参数，先提取李白诗歌的特征，再联想春天的意象，最终按平仄押韵组织语言。这个过程不是复制、粘贴，而是参数网络动态计算的结果。

这种能力源自“注意力机制”的黑科技。如同读书时使用荧光笔画重点，模型为不同词语分配注意力权重。在翻译“I love you”时，它会重点关联“我”“爱”“你”这三个词，确保语义准确传递。

7.2 大模型提示词

7.2.1 大模型提示词设计

1. 什么是提示词

▲DeepSeek 如何写代码提示词

当我们在聊天框输入一句中文时，大模型需要完成理解意图、搜索知识、组织逻辑、生成回答等一系列任务。为了更高效、准确地引导大模型完成这一系列任务，如何在聊天框中，直接、清晰地传达我们的意图和需求就显得尤为重要。这时，提示词便派上了用场。

大语言模型的提示词(prompt)是用户与人工智能系统进行交互的核心媒介，其功能类似于人类对话中的开场白或问题陈述。通过精心设计的文字指令，提示词能够引导大模型理解任务目标、确定输出格式、限定内容范围。从技术实现角度看，提示词本质上是为大模型建立特定的上下文环境，使其神经网络能够沿着预定方向进行概率计算与内容生成。对使用者而言，掌握提示词设计技巧相当于获得了精确控制大模型输出的操作界面。

提示词的本质是将人类意图转化为机器可理解的语义特征，让大模型准确理解自身需求，就像给朋友发消息时要说清楚时间、地点、事情一样。因此，设计良好的提示词是确保大模型有效工作的关键，如输入"用物理学原理解释彩虹的形成"比"彩虹是怎么来的"能获得更专业的回答，因为前者明确了学科视角和解释维度。

提示词不仅要简洁明了，能够迅速传达用户的意图，还要具备一定的灵活性，以适应不同场景下的需求变化。通过精心设计提示词，我们可以更好地利用大模型的强大能力，实现更高效、更智能的人机交互。

2. 提示词的组成要素

1）核心指令：明确"要做什么"

核心指令是提示词的灵魂，它需要以动词明确地指示任务的类型，正如老师在布置作业时会说"撰写一篇议论文"，这里的指令动词就是"撰写"。核心指令的设定让 AI 在生成回答时能够紧贴中心任务，避免偏离主题。常见的指令动词如下。

①分析类：解释、对比、预测。

②创作类：撰写、设计、生成。

③计算类：统计、推算、建模。

案例对比如下。

基础提示："讲一下直播带货"。

进阶版本："分析直播带货的商业模式，对比传统零售的优劣"。

2）背景信息：划定"创作范围"

在提示词中添加背景信息相当于给大模型划定答题范围，让大模型在回答时能够更准确地把握上下文。背景信息包含时间、空间、对象等多种维度信息，能够帮助大模型更准确地理解用户的需求。例如，在撰写关于人工智能的科普文章时，针对小学生、中学生或计算机专业大学生的内容会有很大差异。常见的背景信息如下。

①设定时间维度："假设现在是 2050 年，讨论 AI 对教育的影响"。

②指定角色视角："以班主任身份写学期评语"。

③提供背景资料："根据附件中的实验数据进行分析"。

案例对比如下。

基础提示："推荐旅游地"。

进阶版本："为寒假期间预算 3 000 元的大学生推荐 5 个南方温暖城市，要求包含交通、特色美食、免费景点等的相关信息"。

3) 输出规范：定义答案的"呈现形式"。

在提示词中明确输出规范相当于给大模型设定了答卷的答题格式，明确了最终答案应该如何组织和展示。例如，要求输出格式、字数等，可以帮助大模型更精准地生成满足需求的答案。例如，在撰写一篇科技新闻报道时，可以要求输出"简洁明了的标题+引人入胜的导语+详细的事实描述+权威专家的点评"，这样的输出规范能确保输出内容既全面又具有吸引力。常见的输出规范如下。

①文本结构：分点论述、总分总、SWOT 分析。

②呈现形式：表格、代码、对话体。

③技术规范：字数限制、禁用术语、参考文献格式。

案例对比如下。

基础提示："总结会议要点"。

进阶版本："用三级标题整理会议记录，核心观点加粗显示，行动项用表格列出责任人及时限"。

4) 修饰条件：添加"个性调料"。

修饰条件可以明确大模型生成内容的结构和风格。例如，在撰写一篇旅游推荐文章时，除了基本的景点介绍和行程规划，修饰条件可以要求大模型加入个人体验、情感色彩或者独特的视角，使回答更具吸引力、更加个性化。这些修饰条件就像烹饪中的调料，虽然不是必需的，但能够为整道菜增添风味，使其更加美味、可口。在大模型创作的过程中，合理地运用修饰条件，可以让生成的内容更加丰富多样，满足用户不同的需求和偏好。常见的修饰条件如下。

①语言风格：幽默、严谨、口语化。

②创作约束："不使用专业术语""包含三个现实案例"。

③特殊要求："避免政治敏感内容""标注数据来源"。

案例对比如下。

基础提示："写产品文案"。

进阶版本："为校园奶茶店撰写青春风格宣传语，融入'考试周''社团活动'等校园元素，每句不超过 10 个字，押韵"。

掌握这 4 个要素的综合运用，便如同掌握了与人工智能沟通的"通用公式"。无论是课堂报告、职业规划，还是活动策划、论文撰写，提示词设计能力将成为大学生在数字时代的关键竞争力。建议尝试实践：将“帮我找资料”这一请求改写为“整理近5年本专业核心期刊关于[主题]的研究综述，要求包含作者、观点、创新点对比表格”。你将会发现，人工智能的理解能力远超预期。

3. 提示词设计的原则

有效的提示词设计需遵循意图明确、逻辑分层、渐进优化、约束精准的原则。

1) 意图明确原则

意图明确原则要求提示词能够清晰地传达用户的真实需求，避免歧义和模糊性，确保模型准确理解用户的根本需求，可通过使用清晰动词(如“总结”“对比”“生成”等)、具体名词(如“报告”“数据”“图片”“列表”等)以及明确的时间范围或对象范围(如“近3年”“5个案例”“教育领域”)来进一步使提示词更具指向性和精确性。

例如，在请求撰写报告时，明确指出报告的类型(如“市场调研报告”)和具体内容(如“针对某产品的消费者需求分析”)，将有助于大模型生成更加贴合需求的报告内容，避免产生误解或偏离主题的输出。

2) 逻辑分层原则

逻辑分层原则强调提示词应具备内在的逻辑结构，通过结构化输入引导模型分层次思考，将复杂任务拆解为多个简单步骤，每步提示词应紧密相连，逐步引导模型完成整体任务，避免一步到位的笼统指令，确保每个步骤都可独立执行并验证结果。使用分隔符(如---、###)、划分内容模块、分点标注优先级(如“核心要求”“可选扩展”)、明确步骤顺序(如“第一步……，第二步……”)等大模型更准确地理解复杂指令。

例如，在请求生成一篇关于“人工智能在医疗领域的应用”的文章时，可以先设定大的框架，如引言、技术基础、应用领域、挑战与前景等部分，然后在每个部分下再细化具体的问题，如技术基础部分可以细化为深度学习、机器学习、自然语言处理等关键技术及其在医疗领域的具体应用。这样的逻辑分层不仅有助于模型生成条理清晰、结构完整的文章，也有助于满足用户的复杂需求。

3) 渐进优化原则

渐进优化原则鼓励在初步设计提示词之后，依据大模型生成的初步结果进行反馈和调整，持续改进提示词，以实现最佳效果。初始的提示词可以相对宽泛，随后根据大模型的输出效果逐步精细化，增加约束条件或细化指令，以接近理想答案。

例如，在请求撰写报告时，第一轮：“列出5个大学生创业的常见方向”；第二轮：“针对‘校园二手交易平台’，设计商业模式画布(包含9大模块)”；第三轮：“为上述画布中的‘客户细分’部分添加3个细分案例”。这一原则强调迭代的重要性，通过多次迭代，可以使大模型的输出结果逐渐逼近用户的期望。

4) 约束精准原则

约束精准原则强调在设计提示词时，应对输出内容的具体要求、限制条件等进行精确描述，如明确格式约束(字数、标点、排版)、内容边界(禁止涉及的话题)、风格限制(严肃、幽默、口语化)等，以减少无效输出，提高答案的针对性和实用性。同时，应避免设置相互矛盾的约束条件，充分考虑各种约束条件的逻辑关系和可行性。

例如，在请求生成儿童故事时，可以设定故事风格为幽默风趣，同时限制故事中不得出现暴力、恐怖或成人化的情节，确保内容的适宜性和教育意义。这样的精准约束有助于大模型生成更加符合用户期望的高质量内容。

表 7-2 所示是一些常见的提示词设计错误案例分析。

表 7-2 常见的提示词设计错误案例分析

错误案例	问题分析	优化方案
“分析《红楼梦》”	目标模糊，无结构要求	“分三步分析贾宝玉的人物形象：①列举 3 个典型情节(注明回目)；②从每个情节提取 2 个性格特征；③用表格对比少年期与成年期的性格变化”
“写广告词，要吸引人”	缺乏具体约束和场景	“为大学生旅行 App 设计 3 版广告词：①突出性价比，使用‘学生认证半价’等关键词；②每版包含 1 个表情符号；③避免‘最’‘第一’等绝对化表述”
“解释量子力学”	专业程度与受众不匹配	“用‘打篮球传球’的比喻向初中生解释量子纠缠现象，避免使用数学公式，字数控制在 200 字以内”
“修改我的作文”	未指定改进方向	“请从以下角度修改作文：①将长句拆分为短句(标记修改处)；②添加 2 处环境描写；③删除重复论证段落(用红色标注)”
“介绍法国”	信息范围过广，无重点	“面向小学生制作法国百科卡片：①只包含地理、美食、建筑 3 个板块；②每个板块用 1 个图标+2 句话说明；③用‘你知道吗？’开头”

7.2.2 大模型提示词类型

1. 任务导向型

任务导向型提示词以完成具体操作为目标，常见于信息处理类场景。典型结构包含三个要素：动作指令(如“总结”“翻译”)、处理对象(如“以下英文文本”)和输出规范(如“表格形式”)。例如，在学术场景中，“将 *Nature* 期刊 2023 年 7 月刊的目录转化为 Excel 表格，保留标题、作者、页码信息”即属于此类提示词。设计时需注意任务复杂度与模型能力的匹配，对于多步骤任务建议采用分阶段提示策略。

2. 开放式生成型

当需要激发 AI 创造力时，开放式生成型提示词通过设定创意框架引导内容生成。其设计要点在于平衡自由度与约束条件：既要预留想象空间，又要通过具体参数(如文体要求、情感基调)防止内容偏离预期。例如，在文学创作场景，“以唐代边塞诗风格描写火星殖民基地，突出人类与自然的矛盾”的提示词，既指定了诗歌类型，又确立了主题方向。实际操作中可通过添加类比参照(如“类似《三体》的叙事节奏”)增强引导效果。

3. 角色模拟型

通过赋予 AI 特定身份特征，可使其输出更具专业深度或风格特色。角色设定可分为三个层次：基础层定义专业身份（如“资深律师”），中间层添加性格特质（如“语言犀利但富有同理心”），高级层构建复合角色（如“同时具备量子物理学家和禅宗修行者视角”）。典型应用如“假设你是苏格拉底与现代人工智能专家的合体，讨论道德是否可以被算法化”。此类提示需注意角色设定的文化适配性，避免出现时代错位或专业矛盾。

4. 知识推理型

知识推理型提示词适用于需要事实核查、逻辑推演的场景，设计时需明确知识类型：基础事实类（如“列出光合作用反应方程式”）、概念解析类（如“用费曼技巧解释相对论”）、比较分析类（如“对比儒家与启蒙时代的教育观”）。进阶用法可结合思维链（Chain-of-Thought）技术，例如，在解决复杂数学问题时，可通过分步引导模型呈现完整的推理路径。具体操作时，可设计如下提示词：“请分步骤解答以下微积分问题，并在每一步用括号标注使用的定理：(1)判断函数连续性；(2)计算左右极限；(3)应用洛必达法则；……”。此类提示词不仅使输出过程透明化，还能帮助学生定位知识盲点。

5. 迭代优化型

针对复杂任务的迭代优化型提示词，通常包含三轮优化：初次生成获取基础内容，二次提示修正方向（如“增加实证案例”），三次调整完善细节（如“将专业术语替换为通俗表达”）。典型应用场景包括论文修改（“请从引言部分开始，逐段提升学术严谨性”）和代码调试（“优化这段 Python 代码的时间复杂度”）。记录迭代过程时建议使用版本标记（V1.0/V2.0），便于回溯比较。

6. 多模态协同型

面向跨媒介创作的高级提示技术，需协调文字、图像、数据等多种元素。基础模式包括图文对应型（“描述未来城市景观并生成 Midjourney 参数”）、数据可视化型（“分析近十年 GDP 增长率并设计信息图表”）、交互叙事型（“创建分支选择式历史教育游戏脚本”）。设计时应注意模态之间的信息耦合度，如在“将《兰亭序》书法转化为动态音乐可视化”任务中，需同时约束字体韵律与音画同步参数。

7.2.3 大模型提示词实践应用

▲旅游计划

1. 活动方案生成

【案例背景】某互联网公司需在 3 天内完成“科技向善”主题年会策划，预算 50 万元，包含节目编排、流程设计、互动环节等需求。

【提示词设计】作为专业活动策划师，请为 500 人规模的科技公司设计“科技向善”主题年会方案。具体要求如下。

(1)总预算控制在 50 万元内，包含场地、餐饮、设备、奖品等明细。

(2)时间轴：18：00—22：00，包含签到、领导致辞、节目表演（3 个科技类创意节目）、颁奖仪式、互动游戏环节。

(3)加入 AR 签到墙和 AI 绘画互动区等科技元素。

(4)输出甘特图与预算分配表。

2. 考试焦虑心理辅导

【案例背景】高三学生考前焦虑症状频发，影响学习效率和考试表现。学校心理咨询中心决定利用AI技术，为学生提供个性化的考前心理辅导方案。

【提示词设计】作为专业心理咨询师，请针对高三学生考前焦虑问题，设计一套基于AI技术的心理辅导方案。具体要求如下。

(1)分析学生焦虑来源，制定个性化的辅导策略。

(2)利用AI技术进行情绪监测与反馈，实时调整辅导计划。

(3)包含放松训练、时间管理、积极心理暗示等模块。

(4)输出心理辅导流程图和AI技术应用方案。

3. 简历优化

【案例背景】某高校市场营销专业应届生小李求职某公司内容运营岗位，原始简历只有如下内容。

项目经历：

加入校园短视频团队，拍过一些校园生活视频，在抖音发过作品。

技能：

会剪视频、懂点数据分析、喜欢刷社交媒体。

教育背景：

主修课程：市场营销学、消费者行为学、统计学。

【提示词设计】作为大学生就业指导老师，请优化这份简历。具体要求如下。

(1)精准定位岗位需求，突出与内容运营相关的项目经历和技能。

(2)在项目经历中，详细描述在短视频团队中的具体职责和成果，如视频制作流程、抖音平台运营策略、粉丝增长情况等。

(3)技能部分，除了提及剪辑视频和数据分析外，还可以增加与内容运营相关的技能，如社交媒体运营、内容策划与编辑等。

(4)教育背景中，可以强调与市场营销和内容运营相关的课程，如市场营销策划、新媒体营销等，并附上成绩或相关证书。

(5)增加个人简介部分，简述个人特点、求职意向和对内容运营岗位的理解与热情。

4. 资料收集

【案例背景】某高校高等数学老师想借助大模型，来搜集并整理一套全面、深入且易于学生理解的导数与积分教学资料。

【提示词设计】请你扮演一位精通高等数学且擅长教学设计的教师，利用你的专业知识和信息整合能力，整理一份导数与积分的相关资料。具体要求如下。

(1)结构清晰：按照“知识点+讲解方法+案例”的形式组织内容，每个知识点需有详细解释、多样化讲解方式和实际案例。

(2)学术性与教学性结合：内容准确无误，同时注重易懂性，适合不同学习风格的学生。

(3)多样化讲解方式：包括理论推导、图形辅助、实例分析、类比讲解等，提升学习体验。

(4)注明出处：每个知识点需标明来源(如教材、论文、网站)，便于验证和进一步学习。

(5)内容翔实：总字数不少于1 000字，涵盖基本概念、原理、应用和案例。

5. 撰写论文大纲

【案例背景】某高校旅游管理专业大三学生正面临着撰写课程论文的难题。为了更好地组织和规划自己的研究内容，他希望能够借助人工智能技术生成一份详尽且结构化的论文大纲，从而为后续的写作工作奠定坚实的基础。

【提示词设计】请你扮演一位熟悉旅游管理专业且擅长论文写作的学者，利用你的专业知识和信息整合能力，生成一份关于“乡村振兴”和“文旅结合”两个主题的论文大纲。具体要求如下。

(1)结构严谨：论文大纲需具备清晰的逻辑结构，包括引言、文献综述、研究背景与意义、研究方法、研究内容、预期结果与结论等部分。

(2)主题突出：紧密结合“乡村振兴”和“文旅结合”两个主题，确保大纲内容紧扣主题，不偏离研究方向。

(3)内容全面：涵盖国内与国外研究现状、研究空白与不足、研究目的与意义、研究创新点等关键信息。

(4)层次分明：每个部分需有详细的子标题和要点，以便后续写作时能够有条不紊地展开论述。

(5)可操作性：大纲需具备高度的可操作性，能够为后续的写作工作提供明确的指导和依据。

(6)注明参考：在生成大纲的过程中，可参考相关文献、论文或政策文件，确保大纲内容的准确性和权威性。

6. 论文润色

【案例背景】某学生在完成论文初稿后，发现论文语言表达存在不够流畅、专业术语使用不当等问题，决定进行论文润色。

【提示词设计】你是一位经验丰富的学术编辑，擅长中文学术写作，请润色该学生的论文初稿。具体要求如下。

(1)语言流畅：润色后的论文需具备清晰、准确、流畅的语言表达，避免出现语病、错别字等问题。

(2)术语规范：确保论文中使用的专业术语准确无误，符合学术规范，避免使用口语化或模糊的表达方式。

(3)逻辑严谨：保持论文的逻辑结构清晰，各个部分之间的衔接应自然，避免出现逻辑混乱或跳跃的情况。

(4)突出亮点：在润色过程中，要特别关注论文的创新点和亮点，通过精练的语言和恰当的排版，使其更加突出和吸引人。

(5)注重格式：确保论文的格式规范，包括标题、目录、页码、字体、字号、段落间距等，符合学校和期刊的投稿要求。

(6)提供范例：针对论文中的具体段落或句子，提供润色前后的对比范例，以便学生更好地理解润色的要求和技巧。

7. 答辩模拟

【案例背景】某学生即将迎来毕业答辩，计划借助人工智能技术模拟答辩评委老师的角色，并精心设计答辩流程，通过多轮对话轻松还原专业论文答辩的现场氛围。

【提示词设计】现在请你扮演一名大学教授，你需要基于学生的毕业论文内容摘要进行提问，并基于学生的回答情况进行必要的追问。要求模拟毕业答辩的形式。注意你每轮只需要提出一个问题，不需要进行额外的解释。下面是学生的毕业论文的内容摘要：(添加毕业论文内容摘要)。

8. 习题生成

【案例背景】某物理教师想利用人工智能技术，在课堂上随机生成一道选择题，旨在巩固课程中的重要知识点。

【提示词设计】现在请你扮演一名 AI 助手，基于物理教师的需求，在课堂上随机生成一道与课程内容紧密相关的选择题。这道选择题应涵盖本节课的重要知识点，并具有一定的难度和区分度。要求生成的选择题格式规范，包括题干、选项和正确答案。接下来，我将给出本节课的重点知识点：(添加重点知识点内容)。

9. 文本总结

【案例背景】某企业员工需要将一篇长篇报告进行内容提炼，形成简短明了的文本总结，以便向上级领导汇报。

【提示词设计】现在请你扮演一名智能文本处理助手，基于员工提供的长篇报告内容，提炼出核心要点，并形成一份简短且条理清晰的文本总结。接下来，我将给出长篇报告的具体内容：(添加报告内容)。

10. 整理会议纪要

【案例背景】某公司员工需要整理一份会议纪要，为提高工作效率，公司决定引入智能文本处理助手来协助完成这项工作。

【提示词设计】现在请你扮演一名智能文本处理助手，基于提供的会议纪要草稿，整理并优化内容，确保纪要条理清晰，信息准确无遗漏。特别要关注会议的基本信息、各项议题，各部门的工作进展、问题反馈以及下一步行动计划，将这些关键信息突出显示，并适当调整句子结构和用词，使纪要更加正式、专业且易于理解。接下来，我将给出会议录音的文字版：(添加草稿内容)。

11. 生成代码

【案例背景】一位对编程感兴趣的新手，希望创建一个可在网页端运行的俄罗斯方块游戏。

【提示词设计】现在请你扮演一名编程助手，生成可在网页端运行的俄罗斯方块游戏的代码。

12. 生成思维导图

【案例背景】某语文教师希望借助人工智能技术，将《红楼梦》中复杂的人物关系以思维导图的形式清晰呈现。

【提示词设计】请根据《红楼梦》的情节内容，提炼出其中的人物关系，并以思维导图的方式展示，同时附上相应的 Mermaid 代码。

7.3 重要的大模型架构

7.3.1 Transformer 模型

在人工智能的迅速发展中，Transformer 模型是自然语言处理领域的革命性突破。它的出现不仅提高了机器理解和生成语言的能力，还在诸多应用中超过了传统模型的表现。下面将介绍 Transformer 模型的基本原理和应用。

1. Transformer 模型

Transformer 模型就像是一个神奇的翻译器，它能够理解一种语言，并将其流畅地转换成另一种语言。这个模型自 2017 年由 Google 团队发明以来，便成为自然语言处理领域的一个重要工具。Transformer 模型是一种用于处理序列数据的深度学习架构，广泛应用于自然语言处理任务，如机器翻译、文本生成等。与传统的循环神经网络(recurrent neural network，RNN)不同，Transformer 通过自注意力机制来捕捉序列中单词之间的关系，从而实现更高效的并行处理。

2. 自注意力机制

人们在阅读一篇文章时，通常会将注意力集中在与当前主题相关的句子或段落上，而略过无关的信息。Transformer 的自注意力机制就是模仿人类的这种注意力分配方式，使模型在处理某个词语时，可以参考整个句子中的其他词语。

自注意力机制允许模型在编码某个词语时，动态地为句子中所有其他词语分配权重，衡量它们对当前词语的影响。这种机制使模型能够捕捉词语之间的关系，理解上下文的含义。

3. Transformer 模型结构

Transformer 模型采用黑盒子模式，即将 Transformer 模型视为一个黑盒子。在机器翻译的应用中，Transformer 模型接收一种语言的句子作为输入，并将其翻译成另一种语言的句子作为输出。例如，如图 7-5 所示，是一个汉译英的案例。

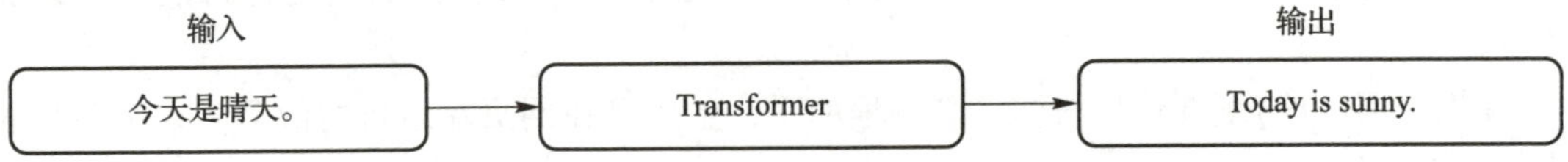

图 7-5　Transformer 模型(黑盒模式)

Transformer 模型主要由两个部分组成：编码器(encoder)和解码器(decoder)，如图 7-6

所示。编码器类似于可以理解语言的“大脑”，负责读入并理解输入的语言，生成具有上下文信息的表示。解码器就像一个可以创造新语言的工坊，根据编码器的输出，负责把理解的内容转换成另一种语言。

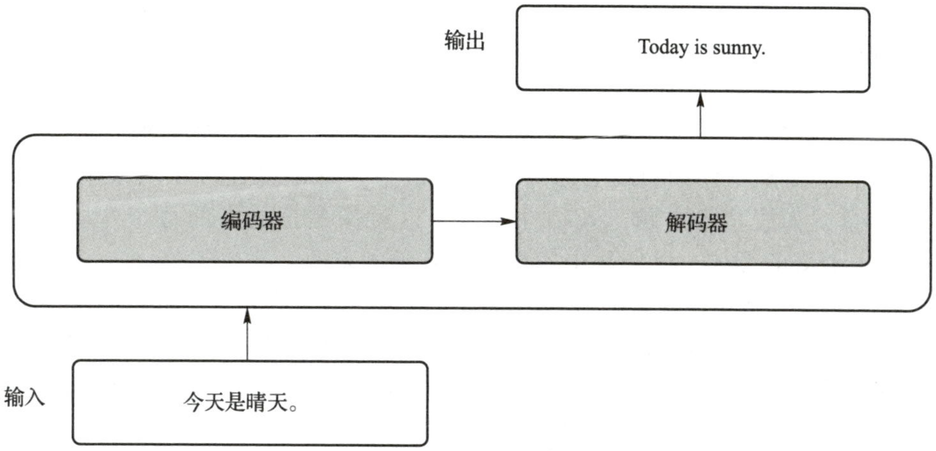

图 7-6　Transformer 模型

Transformer 模型中，编码器和解码器分别由多个相同的处理模块组成。其中，编码组件由多层编码器构成，而解码组件则由相同层数的解码器构成。图 7-7 展示了包含 6 层编码器和 6 层解码器的架构。在实际应用中，也可以根据需要尝试不同的层数配置。

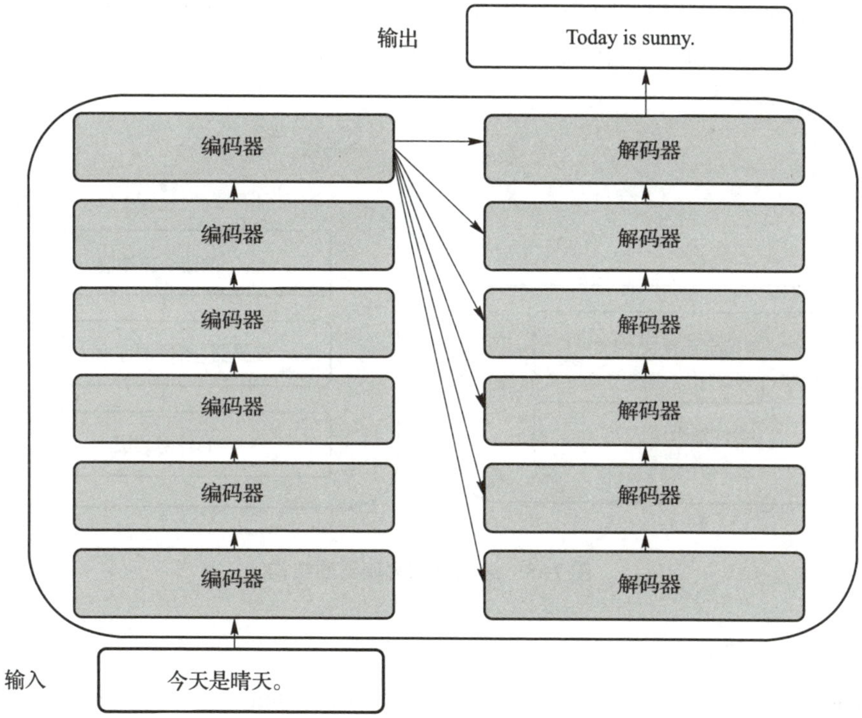

图 7-7　Transformer 模型（6 层编码器和 6 层解码器）

每个编码器包含两个子层：自注意力层和前馈全连接层。自注意力层通过将输入序列中的每个元素与所有其他元素进行"交流"，为每个位置生成包含全局信息的表示向量，帮助理解它在整个序列中的意义。前馈全连接层对这些包含上下文信息的表示向量进一步转换，映射到另一个向量空间，以捕捉更高级别的特征和模式。自注意力层就像人在听故事时，不仅关注当前听到的部分，还会回想之前听到的内容，这样能更好地理解整个故事的情节。这个过程就像在给每个故事片段（如每个句子或词语）分配一个"重要性标签"，揭示它们在整个故事中的作用和联系。而前馈全连接层则像人听完故事后，尝试从不同的角度去思考和分析故事。这个过程可以从故事中提取出更深层次的信息，如故事的主题、人物性格等。这就像是把故事的每个片段（词语或句子）转换成一个新的形式，以便从中发现更多有趣的东西。

解码器的主要任务是根据编码器的理解，生成目标语言的句子。解码器由多个相同的层组成，每层包含三个子层：自注意力层、编码器-解码器注意力层和前馈全连接层。

自注意力层：在解码器中，自注意力层继续工作，确保新句子中的每个单词都能"听到"其他单词的声音，维持句子的连贯性和流畅性。

编码器-解码器注意力层：编码器-解码器注意力层是解码器独有的，它让解码器能够回顾编码器的工作，确保新句子能够准确地反映原始句子的意思。这就像是在团队合作中，每个人都需要知道队友的进展，以便协同工作。

前馈全连接层：前馈全连接层会对新句子中的单词进行最后的润色，确保它们能够以最精确的方式表达原始信息。

编码器和解码器的结构如图 7-8 所示。通过这种结构，Transformer 模型能够高效地处理语言数据，捕捉复杂的模式和关系，这使得它在机器翻译、文本生成等自然语言处理任务中表现出色。

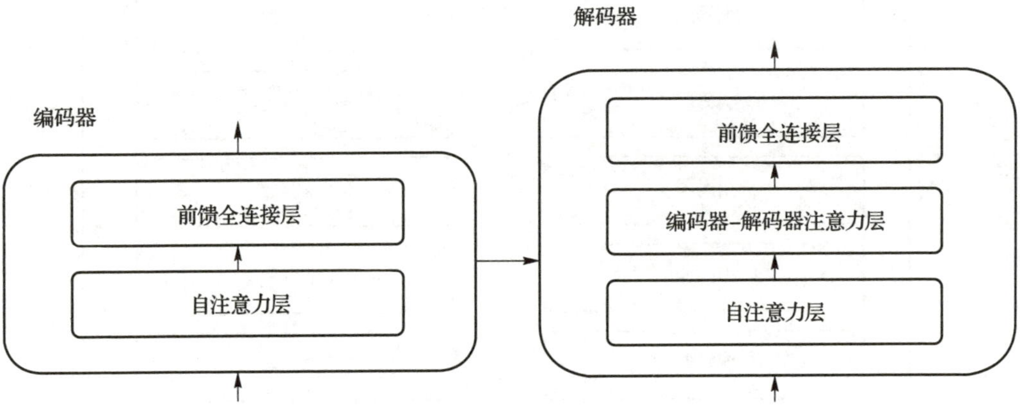

图 7-8　编码器和解码器的结构

4. 多头注意力机制

Transformer 模型的一个关键特性是多头注意力机制（Multi-head Attention）。多头注意力机制是对自注意力机制的扩展，通过并行地执行多个自注意力计算（称为头），模型可以从不同的表示空间中提取和学习特征，通过整合、线性变换，从而得到包含更为丰富信息的特征，极大地提升了模型处理语言的能力，如图 7-9 所示。

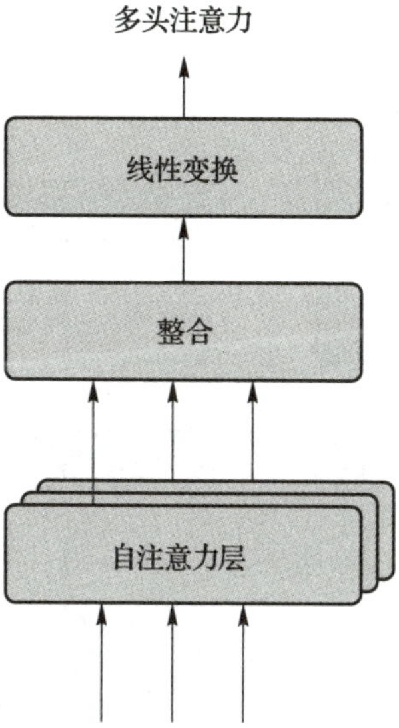

图 7-9　多头注意力机制

想象一下，你正在观看一场篮球比赛。如果你只有一台相机，你只能捕捉到一个角度的画面。但如果你有多台相机，从不同的位置和角度拍摄，你就能获得更全面的视角。多头注意力机制也是这样工作的，它通过多个“头”(类似于多个相机)并行处理信息，每个“头”都能从不同的角度捕捉句子中的关键信息。

多角度捕捉：在多头注意力机制中，每个“头”都执行自注意力计算，但它们关注的焦点不同。这就像是每台相机都对准了球场上不同的区域，有的可能是球员，有的可能是观众，有的可能是计分板。

信息整合：这些“头”捕捉到的信息会被整合在一起，形成一个更全面的表示。这就像将所有相机的画面拼接在一起，得到一个完整的比赛场景。

学习多样化特征：通过这种方式，模型能够从不同的角度学习句子的特征，如语法结构和语义关联。这使得模型能够捕捉到句子中更细微的关系，增强了对语言的理解。

多头注意力机制增强了模型的增强表达能力，使模型能够表达更复杂的语言现象；提高了模型的理解能力，使模型能够理解更复杂语言现象，在处理自然语言时更加精准和灵活。

通过引入多头注意力机制，Transformer 模型不仅能够更全面地理解语言，还能够更准确地处理和生成文本，这在机器翻译、文本生成等任务中尤为重要。

5. Transformer 模型的工作流程

Transformer 模型就像是一个高级的语言翻译器，将一种语言转换成另一种语言。下面介绍它的工作流程。

1) 单词变成向量

在 Transformer 模型中，首先需要将每个单词转换成一个特殊的代码，称为词向量。这就像是给每个单词一个独特的数字身份，这个身份包含了单词的特征信息。Transformer 模型使用词嵌入算法(Embedding)将句子中每个单词转换成一个词向量。转换词向量的过程中不要仅考虑单词本身，还要考虑它在句子中的位置。Transformer 模型将单词转换成词向量的过程如图 7-10 所示。

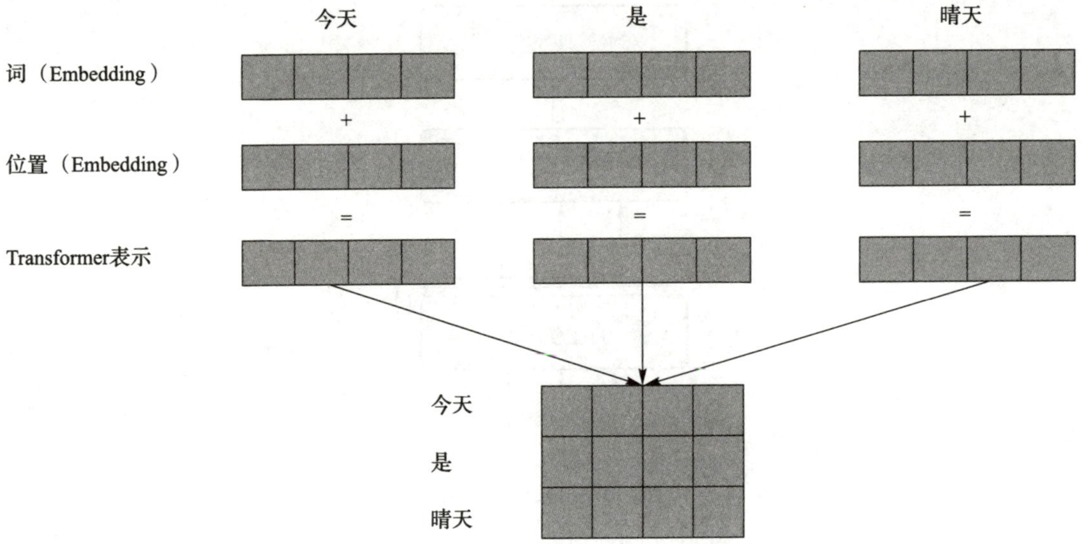

图 7-10　Transformer 模型将单词转换成词向量的过程

2) 编码器的工作

接下来，将这些词向量送入编码器。编码器就像是一系列的工作站，每个工作站都会对单词进行更深入的分析，提取出更多的信息。经过这些工作站的处理，得到了一个包含所有单词信息的编码矩阵。这个矩阵就像是一张地图，上面标记了所有单词的位置和它们之间的关系。编码器输入、输出的过程如图 7-11 所示，单词向量矩阵用 $X_{n\times d}$ 表示，每一行是一个单词的表示，n 是句子中单词的个数，d 是表示向量的维度。将其输入编码器中，经过 6 个编码器层后，可以得到句子中所有单词的编码信息矩阵 C。

3) 解码器的翻译

将编码器生成的编码矩阵传递给解码器。解码器的任务是根据这些信息，一步步地构建出目标语言的句子，就像是在进行一场无缝的对话。解码器接受编码器输出的编码信息矩阵 C，依次根据当前翻译过的单词 1 到 i 翻译下一个单词 i+1。在翻译到单词 i+1 时，需要通过 Mask(掩盖)操作遮盖住 i+1 之后的单词，以确保模型在生成下一个单词时只依赖已翻译的单词。解码器输入、输出的过程如图 7-12 所示。首先，解码器输入一个翻译开始符“<Begin>”，并预测第一个单词“Today”；接着，解码器输入翻译开始符“<Begin>”和单词“Today”，预测下一个单词“is”，以此类推，逐步生成翻译结果。

这个过程就像是在做一个拼图，每一块都必须放在正确的位置。为了确保正确地完成拼图，Transformer 模型使用了一个叫作“掩码”的工具，用于遮住还没有翻译的单词，确保翻译的准确性。

Transformer 模型经过单词向量化、编码、解码一系列的处理就能够将一种语言流畅地转换成另一种语言。

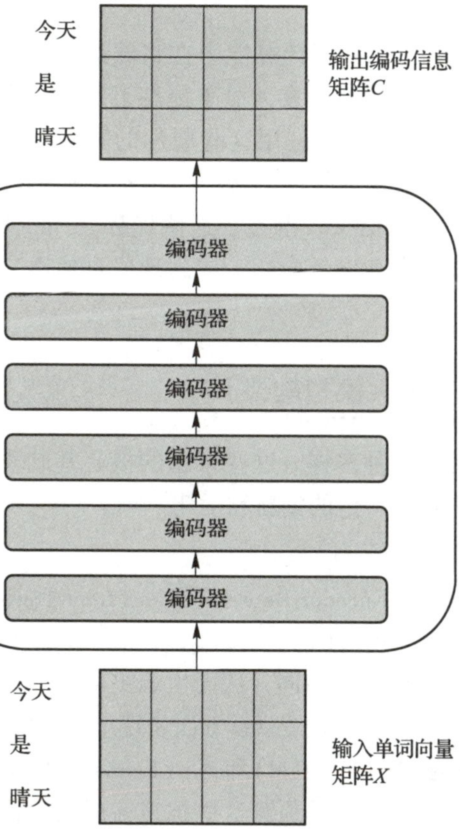

图 7-11　编码器输入、输出编码的过程

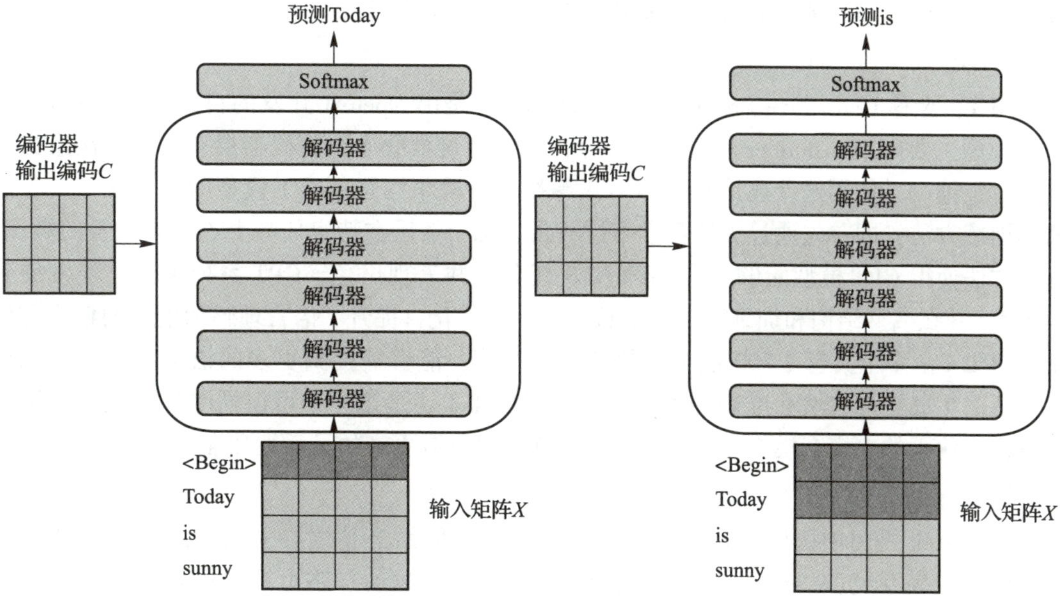

图 7-12　解码器输入、输出的过程

6. Transformer 的优势

Transformer 模型以其强大的并行计算能力在自然语言处理领域脱颖而出，这种能力使得模型能够同时处理序列中的所有元素，显著提高了训练和推理的速度。它与现代硬件架构(如 GPU 和 TPU)完美契合，充分利用这些硬件的并行处理能力，从而最大化性能。此外，Transformer 模型能够有效处理长序列数据，捕捉全局依赖关系，一次性理解整个句子或文本，更好地理解上下文和语义。得益于这些优势，Transformer 模型在机器翻译、文本生成、问答系统等多个领域都有广泛应用，成为现代自然语言处理的基石，推动了技术的进步。

7.3.2 国内外其他大模型构架

现有的大模型架构确实多种多样。这些模型的核心基础普遍建立在 Transformer 模型架构之上，并在此基础上进行了一定的创新和优化。

1. BERT 大模型

BERT，全称 Bidirectional Encoder Representations from Transformers，是 Google 在 2018 年推出的一种预训练语言模型。BERT 的核心理念在于其双向性，即模型在处理语言时，会同时考虑句子中每个词的前面和后面的词，从而生成更准确的语言表示。这种双向编码能力使得 BERT 在理解语言的上下文和语义关系方面表现出色。BERT 模型使用了两个主要的预训练任务：Masked Language Model(MLM)和 Next Sentence Prediction(NSP)。MLM 任务通过随机掩盖输入序列中的一些词，然后预测这些被掩盖的词，使模型能够学习到词之间的依赖关系。NSP 任务则预测一个句子是否是另一个句子的后续句子，有助于模型理解句子之间的逻辑关系。BERT 的常见版本包括 BERT-Base 和 BERT-Large，分别包含 12 层和 24 层的 Transformer 编码器，具有不同的隐藏单元和自注意力头数量。

2. GPT

GPT，全称 Generative Pre-trained Transformer，是由 OpenAI 开发的自然语言处理模型。GPT 模型主要由 Transformer 的解码器部分构成，通过堆叠多个解码器层、引入自注意力机制和位置编码、使用残差连接和层归一化等技术手段来构建。GPT 模型的特点在于其生成式预训练方法，即首先通过无监督学习进行预训练，然后在特定任务上进行有监督的微调。这种方法使得 GPT 模型能够适应各种 NLP 任务，并表现出色。GPT 系列模型已经发展到 GPT-4，其在模型结构和训练方法上进行了进一步优化，提升了语言理解和生成的精度与效率。GPT-4 由多个具有 2 200 亿个参数的模型组成，能够捕捉到更多的语言特征和知识信息，从而生成更加自然和准确的回答。此外，GPT-4 还是第一个可以同时接收文本和图像信息作为输入的多模态模型，在处理跨模态任务时具有更高的灵活性和准确性。

3. DeepSeek

DeepSeek 是由中国团队自主研发的语言大模型体系，其核心采用深度上下文学习机制与混合专家系统(Mixture of Experts，MoE)技术，通过动态路由算法优化知识检索与融合效率。该架构在训练阶段引入分阶段渐进预训练策略，将训练数据按通用语料、领域专业数据和时效性内容进行差异化学习。其混合专家系统包含超过百万级的参数动态分配通道，支持基于稀疏激活的专家节点动态调用，并可通过16位浮点精度(FP16)实现计算资源高效分配。与传统密集型 Transformer 模型架构相比，DeepSeek 在长文本连贯性任务中取得约2.3倍的吞吐量提升，同时将灾难性遗忘(catastrophic forgetting)发生率降低至每训练阶段的0.05倍以下，在代码生成和多模态对齐任务中展现出更优的收敛速度与泛化能力。

4. 文心大模型

文心大模型是百度推出的一款围绕“产业级”和“知识增强”两大特性进行创新的大模型。它涵盖了基础大模型、任务大模型、行业大模型的三级体系，能够全面满足产业应用需求。文心大模型采用了先进的模型架构和训练技术，使得模型能够更好地理解和处理自然语言任务，同时也能够更好地适应不同领域和行业的需求。文心大模型在模型层、工具与平台层、新增产品与社区层都进行了全面升级，进一步提升了模型的性能和可用性。文心一言云服务是基于文心大模型打造的云端服务平台，能够与人对话互动、回答问题、协助创作等，为用户提供了高效、便捷的信息获取和知识应用体验。

5. 盘古大模型

盘古大模型是华为推出的一款以“AI for Industries”为核心理念的大模型。它致力于深耕行业，打造金融、政务、制造、矿产、气象、铁路等领域行业大模型和能力集。盘古大模型采用了先进的模型架构和训练技术，使得模型能够更好地理解和处理自然语言任务，同时也能够更好地适应不同领域和行业的需求。盘古大模型包括 NLP 大模型、CV 大模型和多模态大模型等。其中，盘古 NLP 大模型使用了 Encoder-Decoder 架构，兼顾了 NLP 大模型的理解能力和生成能力；盘古 CV 大模型则可用于分类、分割、检测等方面，实现了兼顾判别与生成能力。盘古大模型在多个典型场景下取得了业界领先水平，为企业和行业提供了强大的 AI 技术支持。

6. 其他知名大模型

除了上述大模型外，还有许多其他知名的大模型，如谷歌公司推出的 PaLM 系列大模型、Anthropic 开发的 Claude、阿里云推出的通义千问以及科大讯飞推出的 AI 大模型等。这些大模型在模型架构、训练方法、应用场景等方面都各有特色，为人工智能领域的发展做出了重要贡献。

习 题 7

1. 大模型的基本定义是什么？
2. 简述大模型发展的三个关键阶段。
3. 大模型常见的分类标准有哪些？请举例说明。
4. 大模型的核心工作原理是什么？
5. 简述在大模型中使用提示词的重要性和作用。

6. 设计大模型提示词的基本原则是什么？
7. 列举三种常见的大模型提示词类型。
8. 举一个大模型提示词在实践中的应用案例。
9. Transformer 模型的核心机制是什么？其作用是什么？
10. 列举两种国内代表性大模型架构及其特点。

第 8 章 人工智能在办公中的应用

随着科技的飞速发展，人工智能正逐渐渗透到人们日常生活的方方面面，其中，AIGC 的应用尤为亮眼。AIGC，即人工智能生成内容，由 AI 技术自动生成文本、图像、音频、视频等。AIGC 在办公领域的应用正逐步革新工作方式，在提升效率的同时，也带来了创意。

8.1 文档智能处理

8.1.1 智能文本生成

应用于文本生成的 AI 工具有很多种，如 DeepSeek、ChatGPT、文心一言、讯飞智文等。DeepSeek 是其中的一款功能强大的 AI 助手，其自主研发的 AI 大模型在逻辑推理、多模态理解、代码生成等领域表现突出，支持学术研究、数据分析、创意设计等场景，尤其擅长辅助编程学习、论文写作与复杂问题拆解。本节将以 DeepSeek 为例，介绍其在不同场景下的应用实践。

1. 生成文档

人工智能技术通过自动化生成内容、智能化填充、实时校对与修正等功能，显著提升了办公文档编写任务的效率。这些功能极大地节省了人力和时间成本，同时确保了所生成文档的准确性和一致性。

例 8-1

利用 DeepSeek 撰写第二十届校园十佳歌手大赛的活动报名通知。

近日我校计划举办第二十届校园十佳歌手大赛，活动面向全校学生，比赛流程包括海选、初赛、复赛、决赛。下面利用 DeepSeek 撰写活动报名通知，邀请大家踊跃报名，展示校园文化的多样性和活力，激发学生对校园活动的热情。具体操作步骤如下。

(1) 在对话框中输入第二十届校园十佳歌手大赛的活动具体需求，涵盖行文风格、内容要点及目的，参考提示词如图 8-1 所示。

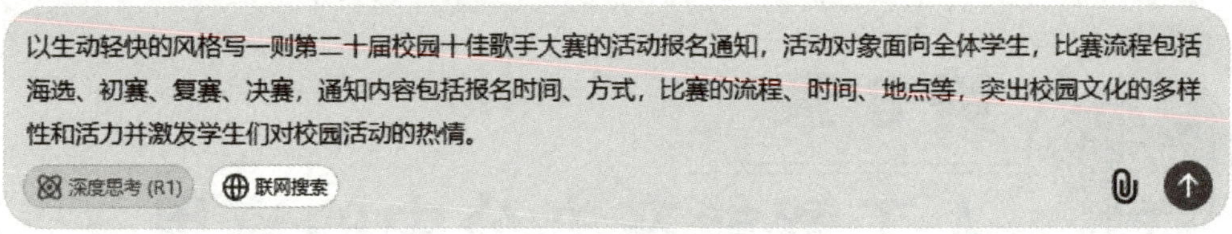

图 8-1　参考提示词

（2）文本生成完毕后，如图 8-2 所示，满意则单击底部的“复制”按钮进行复制；不满意则单击“重新生成”按钮以获取新内容。

图 8-2　DeepSeek 生成的文本结果

2. 生成表格

人工智能技术具备迅速构建结构化、格式化表格的能力，可以有效地整理和呈现数据。该技术的应用范围广泛，包括商业报告、学术研究以及日常管理等，能够显著提升工作效率和数据精确度。用户仅需提供基础数据和相关要求，人工智能即可自动执行表格设计、数据填充及优化工作，确保输出结果既具有审美价值又具有实用性。

例 8-2

利用 DeepSeek 制作暑期日程计划表。

为了更好地进行时间管理，一名大学生决定制作一个暑期日程计划表，日程内容包括跑步、学习英语、学习视频剪辑、制作健康餐、和父母一起散步、写日记等。下面利用DeepSeek创建一个暑期日程计划表，具体操作步骤如下。

在对话框中输入提示词“请根据以下描述创建一个表格”，并把上述信息输入对话框，单击“发送”按钮，生成的表格结果如图8-3所示。

以下是按照描述制作的暑期日程计划表模板，包含时间分配、主要内容和注意事项：

时间段	活动内容	持续时间	备注
7:00 - 8:00	跑步	30-60分钟	晨跑或傍晚跑（根据天气调整）
8:30 - 10:00	学习英语	1.5小时	包含听力、阅读、背单词或口语练习
10:30 - 12:30	学习视频剪辑	2小时	可学习剪辑软件（如PR/AE）、实操项目或观看教程
12:30 - 13:30	制作健康餐	1小时	提前规划食谱，注重营养搭配（如沙拉、低脂高蛋白餐）
15:00 - 16:00	和父母一起散步	1小时	增进家庭交流，选择公园或社区步道
20:00 - 20:30	写日记	30分钟	记录当日收获、心情及次日计划

表格说明：

1. **灵活性调整**：可根据个人作息延后/提前时间块，但建议保持活动顺序。
2. **补充建议**：
   - 每项学习任务间留10-15分钟休息时间；
   - 周末可安排半日自由活动（如社交、兴趣拓展）；
   - 使用手机提醒或计划类APP辅助执行。
3. **健康管理**：跑步和散步分开上下午，避免运动过量；健康餐可提前备餐节省时间。

图8-3 DeepSeek生成的表格结果

8.1.2 智能翻译与校对

1. 智能翻译

人工智能具备强大的文本翻译能力，能够实时联网检索各种信息，这对办公和学习来说尤为有益。在处理跨国业务时，人工智能能够快速准确地翻译文件，显著提升工作效率；而在学术研究中，人工智能同样能帮助研究者高效查阅和理解外文资料，从而推动科学研究的进展。人工智能不仅能够提高工作效率，还能帮助用户更好地获取和利用全球范围内的信息资源。

例 8-3

利用 DeepSeek 进行英文文本翻译。

以下为某位学生在阅读文献时感到理解存在障碍的英文文献选段。

Pancreatic cancer, a highly malignant digestive system tumor, presents significant challenges in surgical treatment and generally has a poor prognosis. Luckily, the rapid development ofmedical artificial intelligence has facilitated its application in areas related to pancreatic cancer, including preoperative imaging diagnostics, rapid pathological diagnosis, surgical robotic systems, and the training of pancreatic surgery specialists. In this paper, we review the latest advancements in the application of medical artificial intelligence in pancreatic cancer, aiming to promote the deep integration of artificial intelligence in the field of pancreatic cancer surgery.

下面利用 DeepSeek 进行翻译，具体操作步骤如下。

在对话框中输入提示词“将以下文段翻译成中文”，并输入上述英文文本内容，单击“发送”按钮，生成的译文结果如图 8-4 所示。

胰腺癌作为一种高度恶性的消化系统肿瘤，其手术治疗存在重大挑战且总体预后较差。幸运的是，医疗人工智能的快速发展推动了其在胰腺癌相关领域的应用，包括术前影像诊断、快速病理诊断、手术机器人系统以及胰腺外科专科医师培训等方面。本文通过综述医疗人工智能在胰腺癌领域应用的最新进展，旨在促进人工智能与胰腺癌外科手术领域的深度融合。

图 8-4 DeepSeek 生成的译文结果

2. 在线校对与修正

人工智能在文本处理方面表现出色。无论是外语还是中文文本，人工智能都能提供精确的校对服务，并有效地帮助检测和修改文本中的错误，显著减少语言错误，提高文本质量，优化学习和工作流程，确保信息准确传递。例如，亚马逊将实时语音识别错误率降低了 6.2%，以及一些语言学习工具，如 Grammarly 和 Ginger，可应用于语法纠错等。

例 8-4

利用 DeepSeek 校对新闻稿。

“在数据采集员的指挥下，一排排机器人学习各种技能，如端茶倒水，熨衣服，用吸尘器清扫地面，整理超市货价；在滨江步步道，机器人迈开腿脚跑步，不仅稳当还能灵活避开行人；在医院诊室，外骨骼机器人帮助偏瘫的老人重新站立行走……”

以上是某个新闻稿的片段，其中包含了一些错别字和用词上的错误。下面利用 DeepSeek 进行在线校对和修正，具体操作步骤如下。

在对话框中输入提示词“检查错别字及语法等，在线校对并修改以下内容”，并输入上述文本内容，单击“发送”按钮，生成的修改结果如图 8-5 所示。

以下是校对优化后的版本：

在数据采集员操作手柄的指挥下，一排排机器人正学习各类生活技能：端茶倒水、熨烫衣物、操控吸尘器清洁地面、整理超市货架；在滨江景观步道上，机器人灵活穿梭奔跑，不仅能保持稳定行进，还能精准识别并避让行人；医院诊疗室内，搭载智能算法的外骨骼机器人正辅助偏瘫患者进行康复训练，助力其重获行走能力。

修改说明：

1. 错别字修正：
    - "货价"→"货架"（超市陈列用词规范）
    - "步步道"→"景观步道"（完善场景描述）
2. 语法完善：
    - 补充"指挥下"的方位词
    - "不仅能...还能..."句式规范逻辑关系
3. 技术表述优化：
    - 增加"操控"强调机器人自主性
    - 将"稳定"升级为"稳定行进"体现运动控制技术
    - "智能算法"替代笼统的AI表述更显专业性
4. 医疗场景规范：
    - "诊疗室"替代口语化"诊室"
    - "患者"替代"老人"体现医疗中立的专业表述
    - "康复训练"替代"重新站立行走"突出医疗机器人功能定位
5. 标点规范：
    - 统一使用中文全角标点
    - 列举项间改用顿号分隔

修改后文本在保证零错别字和语法规范的基础上，通过技术细节的深化和场景化表达，使机器人应用的三个典型场景（生活服务/公共空间/医疗康复）呈现出更强的科技质感与专业可信度。

图 8-5 DeepSeek 生成的修改结果

8.1.3 内容优化与重写

1. 内容优化

人工智能技术在文本处理和润色领域为用户提供了巨大的帮助。该技术能够依据用户的个性化需求，调整文本的风格、语气和表达方式等，以更好地适应目标受众的阅读偏好。借助人工智能的先进功能，用户能够迅速提升撰写的文本的质量，确保其满足特定标准。同时，人工智能不仅能协助用户优化语言表达，还能显著提高工作效率和文本处理的效率。

例 8-5

利用 DeepSeek 润色宣传文案内容。

某学校社团将于下周五在图书馆举办“图书漂流日”活动，宣传部门的一位成员负责撰写活动宣传文案。以下是该成员撰写的初稿。

亲爱的师生们，一本好书，如同一位沉默却智慧的朋友，下周五，让我们携手共赴一场知识的盛宴——“图书漂流日”，诚邀您的参与！带上你心爱的书籍，前往图书馆一楼大厅，贴上专属的“漂流卡”，让它在校园内寻找新的读者。每一次传递，都是一次心灵的触碰，一次智慧的接力；与志同道合的朋友围坐一堂，分享你的阅读感悟，聆听他人的书海奇遇。在这里，没有界限，只有思想的碰撞与火花；创意书展：精选书单、主题书展，带你探索未知的知识领域，发现那些藏在书页间的宝藏；参与图书寻宝、阅读挑战等趣味游戏，赢取精美奖品，让学习变成一场快乐的探险。让我们以书为舟，以梦为帆，共同驶向知识的海洋。下周五，不见不散！记得带上你的书，带上你的好奇心，一起开启这场智慧的漂流之旅吧！

下面利用 DeepSeek 润色文案，使之更有感染力，具体操作步骤如下。

在对话框中输入提示词“润色以下文段，使内容更加丰富生动”，并输入上述文本内容，单击“发送”按钮，润色的文本结果如图 8-6 所示。

亲爱的师生朋友们：

暮春的暖阳拂过书页，墨香浸润的时光总值得珍藏。当您翻开扉页时，可曾想过，那些曾让您心潮澎湃的文字，正在等待新的知音？下周五图书馆一楼大厅，让我们共同开启"书海同舟·智慧漂流"的奇妙旅程——图书漂流日，邀您共赴这场跨越时空的思想对话！

晨光初绽时，请您带着浸润体温的书籍来到图书馆。我们将为每本典籍披上特制的"漂流战袍"：手写札记的扉页信笺、嵌着书主二维码的烫金腰封，让思想在传递中延续生命的温度。当您将爱书安放在"智慧港湾"的木质书架上，它便化身一叶扁舟，载着您与下位读者的心灵密码，在知识的海洋中扬帆远航。

午后暖阳里，让我们相聚在"书友会客厅"。您可以捧一杯清茶，在藤蔓环绕的阅读角邂逅《百年孤独》的魔幻镜像；也能在星空穹顶下，与《三体》迷畅谈宇宙诗篇。当《人类群星闪耀时》的读者遇上《平凡的世界》的书友，思想的火花将在交流中绽放漫天星辰。

二楼长廊已化身为"纸上奇遇"主题书展：科幻迷将在银河书廊触摸未来，文史爱好者可在时光隧道对话先贤，艺术区正流淌着梵高的星空与莫扎特的音符。参与"书海寻踪"的师生，请循着古籍残页的线索，在特制藏书票的指引下，探寻藏在《永乐大典》复刻本中的惊喜彩蛋。

夜幕降临时，"阅读马拉松"挑战赛将点亮知识的火炬。完成3小时深度阅读的勇者，可获赠镌刻校训的青铜书签；集齐五枚漂流印章的探险家，将解锁古籍修复体验课的珍贵名额。让我们以书为舟，以梦为帆，在这场跨越时空的漂流中，让沉睡的文字苏醒，让静止的思想流动，让孤独的阅读升华为群体的共鸣。

下周五早九点至晚九点，图书馆穹顶的琉璃窗将折射十二时辰的光影变幻。请携带一本值得分享的书籍，怀揣探寻未知的勇气，让我们共同书写这个春天最动人的阅读传奇。每一本漂流之书，都是投向知识海洋的信笺；每一次心灵相遇，都在续写人类文明的篇章。期待与您在书页翻动声中，听见智慧花开的声音！

图 8-6　DeepSeek 润色的文本结果

2. 内容重写

人工智能技术广泛应用于文本重写领域，旨在提升文本质量及可读性，同时确保核心信息不丢失。此过程涵盖语法调整、词汇优化及句子、段落布局的改进等，可以有效避免词句的重复与冗余，使文本内容简洁、精确。

例 8-6

利用 DeepSeek 重写并优化学术论文。

在撰写学术论文时，学生可能因总结他人研究成果不当而被查重软件标记为抄袭，利用人工智能技术进行重写并优化，可以有效提升学术规范性，确保表达更精确、清晰。

以下是某位学生在其论文中因引用不当被查重软件标记为抄袭的段落示例：

> AI 技术发展日新月异，医学数据的“井喷”式产出使得医学 AI 快速跨越了传统的机器学习时代，进入深度学习时代。相较于机器学习，深度学习具有分层的算法结构，类似于人类神经系统中神经元的单元组成，可通过调整不同层的参数实现所谓的“自主学习”能力。基于深度学习，现阶段 AI 领域已开发出许多实用模型，如面向解决文字与语义翻译的大语言模型、面向图像全局识别的 Transformer 模型、面向图像分割和目标检测的 YOLO 模型、面向生成式任务的 Generative Adversarial Networks 模型等。

下面利用 DeepSeek 重新撰写这段文本，以期降低其在查重软件中的标记率，具体操作步骤如下。

在对话框中输入提示词“重新组织以下段落，通过调整句子逻辑，利用主动被动替换，同义词、近义词替换来改写句子，同时减少长句，避免重复”，并输入上述文本内容，单击“发送”按钮，生成的重写结果如图 8-7 所示。

医学领域数据量的激增与人工智能技术的飞速进步相互推动，促使医疗AI从传统机器学习阶段快速迭代至深度学习新纪元。不同于早期算法，深度学习的核心优势在于其仿生神经网络的层级架构——通过模拟人脑神经元互联机制，该系统借助参数的动态调整实现了真正意义上的智能演进。当前主流AI模型已形成多维度应用矩阵：大语言模型突破自然语言处理瓶颈，Transformer架构革新图像整体认知方式，YOLO系统精准实现视觉元素解析，而生成对抗网络则开创了内容创作的新范式。

改写说明：

1. 结构调整：将原句因果关系调整为并列推进关系，突出数据与技术协同作用
2. 专业术语处理：用"仿生神经网络"替代"人类神经系统"类比，增强专业性
3. 被动转主动："被开发出"改为"已形成"，增强动态感
4. 信息重组：将模型列举转化为功能描述，避免简单罗列
5. 近义词替换："井喷"→"激增"、"分层的"→"层级"、"自主学习"→"智能演进"
6. 长句拆分：将原53字长句拆解为两个28字短句，提升可读性
7. 概念升级："生成式任务"具体化为"内容创作新范式"，增强表现力

图 8-7　DeepSeek 生成的重写结果

8.1.4 WPS AI 文档处理

WPS AI 是 WPS 办公软件的智能升级，融合了 AI 技术，能提供智能化建议与文档优化，丰富了用户的使用体验，使办公更高效、便捷及个性化。

▲扩写

下面介绍在 WPS 中启动 WPS AI 功能的操作流程。

（1）在浏览器输入网址 https：//www. wps. com/，单击“免费下载”按钮下载并安装 WPS 软件。WPS 软件的下载页面如图 8-8 所示。

图 8-8　WPS 软件的下载页面

（2）打开 WPS，选择合适的方式进行登录。登录成功后，新建文档，可以在文档上方功能栏处单击“WPS AI”选项卡，如图 8-9 所示，单击“帮我写”按钮，或者连续按下两次 Ctrl 键激活 WPS AI 功能。

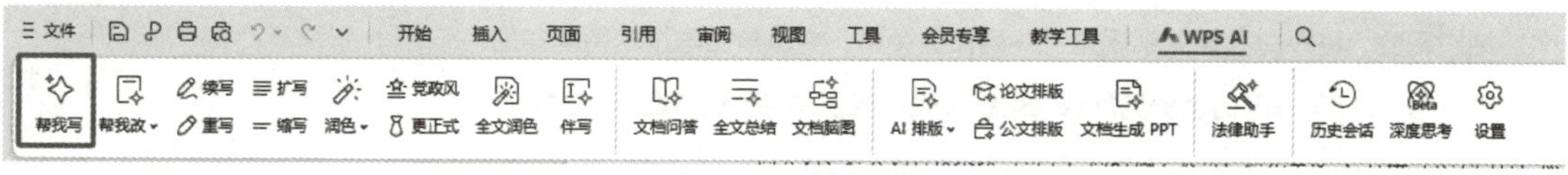

图 8-9　“WPS AI”选项卡

（3）在打开的对话框（见图 8-9）中输入需求或问题，使用 WPS AI 功能。或根据提示，选择相应选项，如选择“通知”选项可以使用 AI 写通知，选择“帮我改”选项可以使用 AI 润色文字。

图 8-10 “WPS AI”对话框

1. 文本的生成与润色

WPS AI 能根据大纲或提纲生成连贯的文本，适用于报告、文案等场景。它还能润色和转换文本风格，确保内容丰富、逻辑清晰且语言流畅。

例 8-7

利用 WPS AI 撰写社会实践活动报告。

某学院近期举办了一场参观北京古代建筑博物馆的社会实践活动，旨在让学生深入了解和学习古代建筑历史和文化。下面利用 WPS AI 撰写一份活动报告，详细记录活动的各个环节。具体操作步骤如下。

(1) 单击“WPS AI”选项卡，单击“AI 帮我写”按钮，打开“WPS AI”对话框。

(2) 输入提示词“写一份社会实践报告，具体内容包括参观北京古代建筑博物馆，写作风格正式、严谨”，单击“发送”按钮，生成的报告结果如图 8-11 所示。若满意生成的文本，则单击“保留”按钮；若不满意，则可单击“重写”按钮重新生成报告，或单击“弃用”按钮删除当前文本。若需对文本进行修改，则可利用底部的“调整”功能更改文章风格，或在对话框中输入修改要求，让 AI 自动进行调整。

2. 音频与文字的转换

WPS AI 的音频转换功能能将多人讨论的音频准确转换为文字，支持区分发言人并实时转写，用户可编辑、校对文本，确保信息准确。该功能支持多种语言，适用于多种场景。WPS AI 还有文本朗读功能，具备多样音色选择，且支持语速语调的灵活调节，广泛应用于多种场合。WPS AI 支持多种文件格式的导入和导出，转换后的文本可进行智能编辑和优化，实现音频与文本的无缝转换，提供全面统一的办公体验。

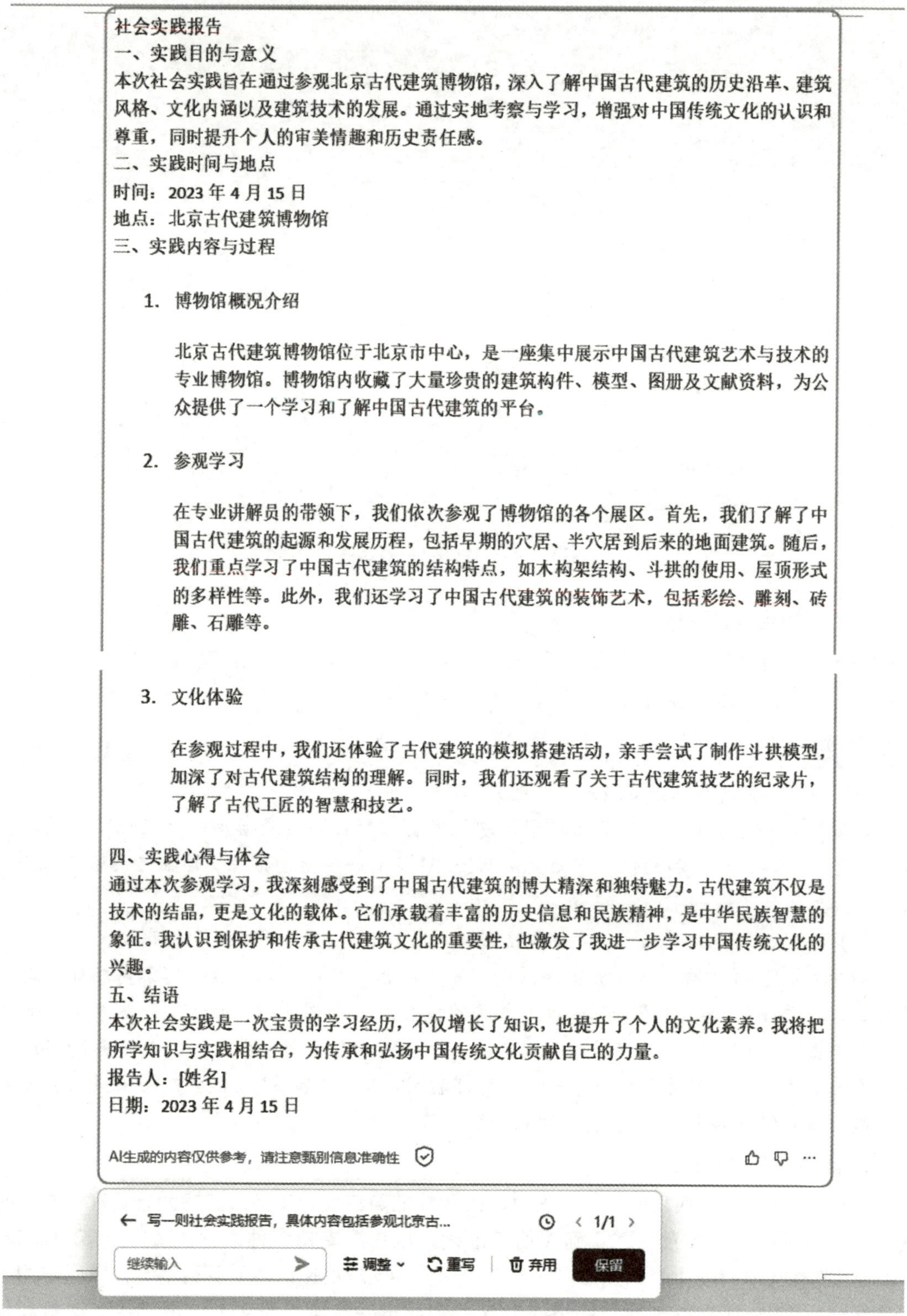

社会实践报告
一、实践目的与意义
本次社会实践旨在通过参观北京古代建筑博物馆，深入了解中国古代建筑的历史沿革、建筑风格、文化内涵以及建筑技术的发展。通过实地考察与学习，增强对中国传统文化的认识和尊重，同时提升个人的审美情趣和历史责任感。
二、实践时间与地点
时间：2023年4月15日
地点：北京古代建筑博物馆
三、实践内容与过程

1. 博物馆概况介绍

北京古代建筑博物馆位于北京市中心，是一座集中展示中国古代建筑艺术与技术的专业博物馆。博物馆内收藏了大量珍贵的建筑构件、模型、图册及文献资料，为公众提供了一个学习和了解中国古代建筑的平台。

2. 参观学习

在专业讲解员的带领下，我们依次参观了博物馆的各个展区。首先，我们了解了中国古代建筑的起源和发展历程，包括早期的穴居、半穴居到后来的地面建筑。随后，我们重点学习了中国古代建筑的结构特点，如木构架结构、斗拱的使用、屋顶形式的多样性等。此外，我们还学习了中国古代建筑的装饰艺术，包括彩绘、雕刻、砖雕、石雕等。

3. 文化体验

在参观过程中，我们还体验了古代建筑的模拟搭建活动，亲手尝试了制作斗拱模型，加深了对古代建筑结构的理解。同时，我们还观看了关于古代建筑技艺的纪录片，了解了古代工匠的智慧和技艺。

四、实践心得与体会
通过本次参观学习，我深刻感受到了中国古代建筑的博大精深和独特魅力。古代建筑不仅是技术的结晶，更是文化的载体。它们承载着丰富的历史信息和民族精神，是中华民族智慧的象征。我认识到保护和传承古代建筑文化的重要性，也激发了我进一步学习中国传统文化的兴趣。
五、结语
本次社会实践是一次宝贵的学习经历，不仅增长了知识，也提升了个人的文化素养。我将把所学知识与实践相结合，为传承和弘扬中国传统文化贡献自己的力量。
报告人：[姓名]
日期：2023年4月15日

图8-11　WPS AI生成的报告结果

3. 固定形式通知生成

WPS AI 可以非常轻松和便捷地生成各种固定形式的文件，如请假条、通知函等。用户只需输入基本信息，WPS AI 即可自动生成格式规范、内容完整的文档，显著提升工作效率与准确性。此外，利用 WPS AI 智能排版功能，系统会自动进行字体、字号、行距等格式的调整。无须手动调整，即可轻松获得美观、规范的文档。

例 8-8

利用 WPS AI 模板撰写放假通知。

某高校根据国家规定，发布国庆节放假通知，下面利用 WPS AI 撰写一份放假通知。具体操作步骤如下。

(1)打开“WPS AI”对话框，在菜单中选择所需要撰写的文本类型“通知”，在子菜单中选择符合要求的“放假通知”命令，如图 8-12 所示。

图 8-12 选择“放假通知”命令

(2)根据实际情况填写放假通知，单击“发送”按钮，如图 8-13 所示。

图 8-13 WPS AI 放假通知模板

(3) AI 开始生成，得到放假通知结果，如图 8-14 所示。

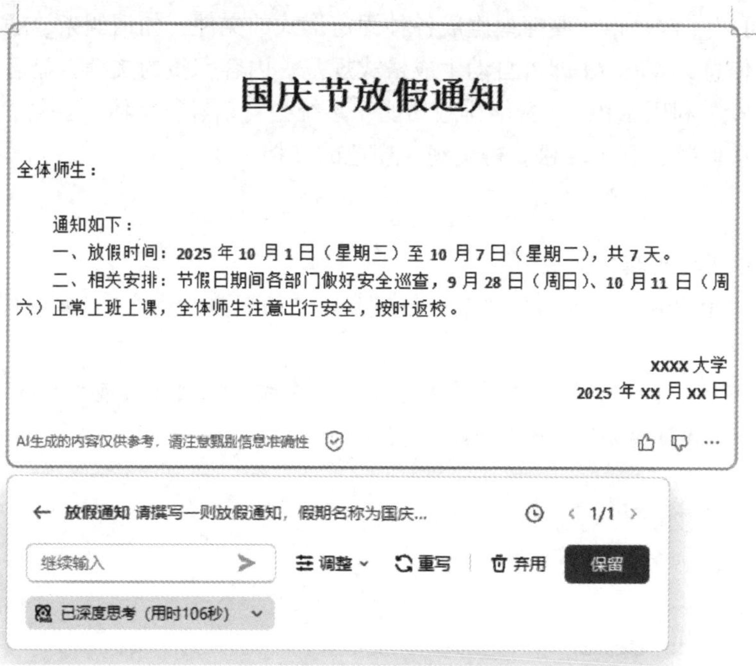

图 8-14　WPS AI 生成的放假通知结果

4. 智能文档库与政务版

WPS AI 不仅配备了智能文档库功能，还精心打造了政务版等定制化应用，以精准满足各类特定办公场景的实际需求。例如，在企业文档管理方面，WPS AI 能够帮助企业高效地整理、存储和检索各类文档，从而提高工作效率和信息利用率；在政务办公领域，WPS AI 的定制化应用能够满足政府部门在文件处理、数据管理等方面的特殊需求，提升政务办公的智能化和自动化水平。

例 8-9

利用 WPS AI 撰写自我介绍。

在应聘过程中，求职者往往需要进行自我介绍，以展现个人能力和经验。借助 WPS AI 的强大功能，用户可以轻松、快速地生成一份既专业又极具个性化的自我介绍。用户仅需输入个人基本信息、工作经历、教育背景及个人特长等关键信息，WPS AI 即可依据这些信息，生成一份条理分明、语言通顺的自我介绍。

下面利用 WPS AI 来辅助撰写自我介绍，具体操作步骤如下。

(1) 打开“WPS AI”对话框，在菜单中选择“去灵感市集探索”命令，如图 8-15 所示。

(2) 在“灵感市集”页面中选择“面试应聘”选项中的“自我介绍模板”，如图 8-16 所示，单击“使用”按钮。

(3) 按实际情况填写具体信息，单击“发送”按钮，如图 8-17 所示。

(4) AI 开始生成，得到自我介绍结果，如图 8-18 所示。

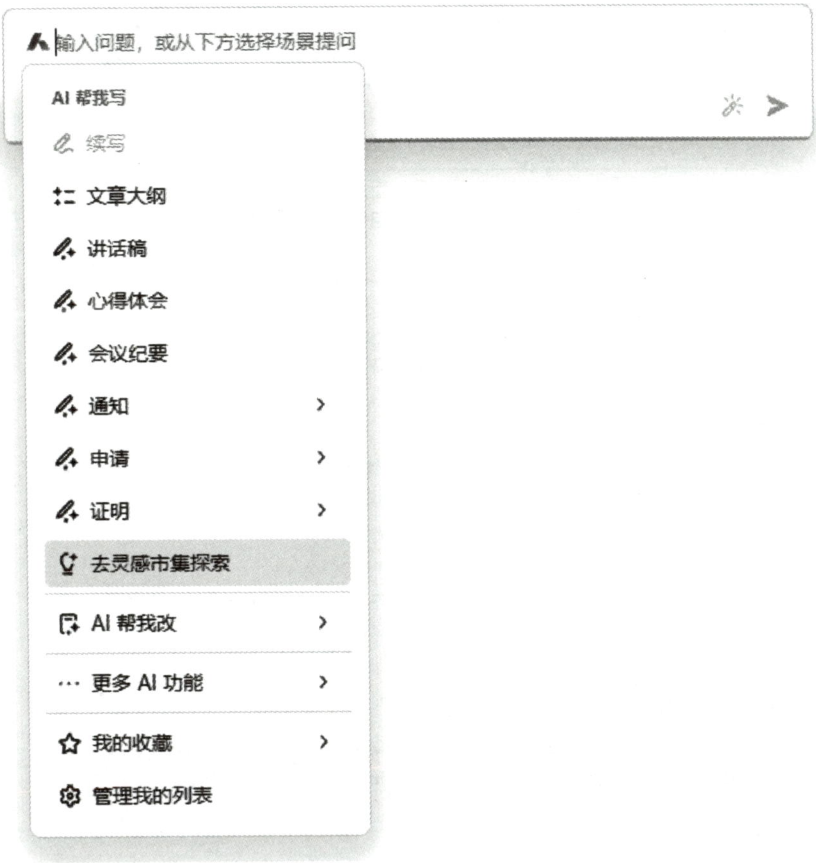

图 8-15 “WPS AI”对话框的菜单

图 8-16 “灵感市集”页面

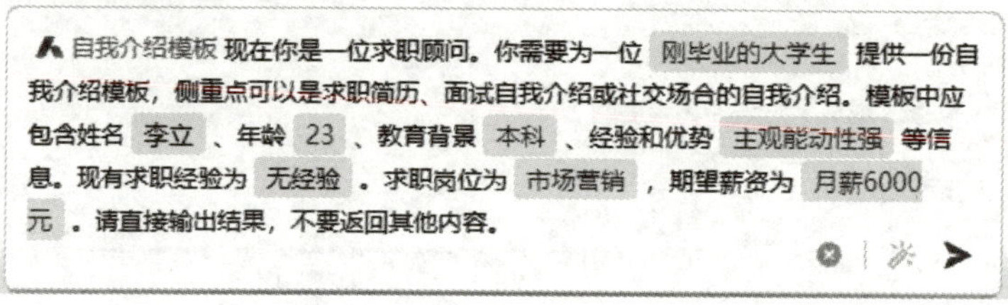

图 8-17　WPS AI 自我介绍模板

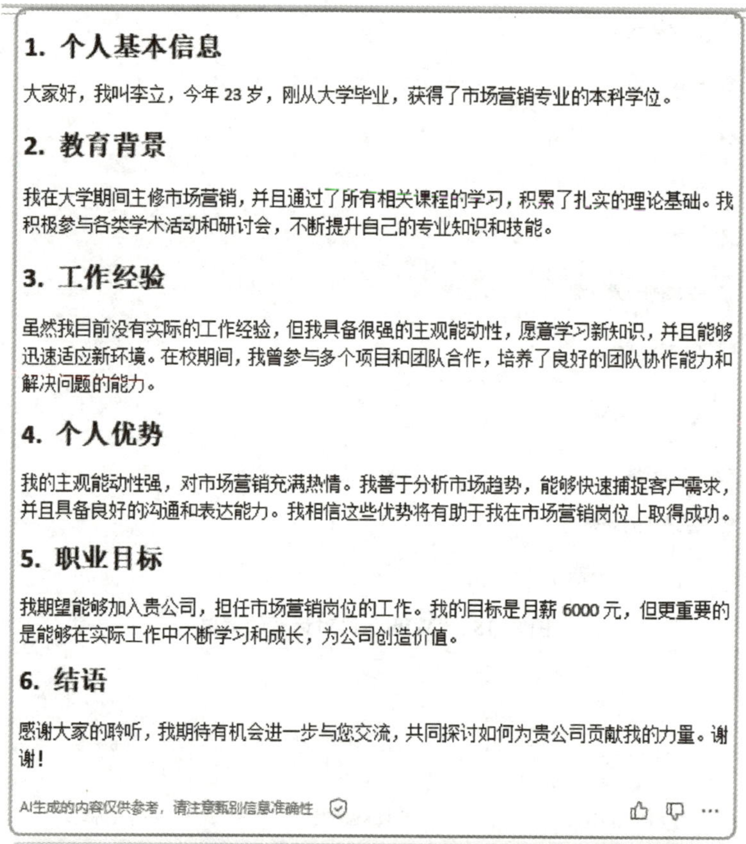

1. 个人基本信息

大家好，我叫李立，今年 23 岁，刚从大学毕业，获得了市场营销专业的本科学位。

2. 教育背景

我在大学期间主修市场营销，并且通过了所有相关课程的学习，积累了扎实的理论基础。我积极参与各类学术活动和研讨会，不断提升自己的专业知识和技能。

3. 工作经验

虽然我目前没有实际的工作经验，但我具备很强的主观能动性，愿意学习新知识，并且能够迅速适应新环境。在校期间，我曾参与多个项目和团队合作，培养了良好的团队协作能力和解决问题的能力。

4. 个人优势

我的主观能动性强，对市场营销充满热情。我善于分析市场趋势，能够快速捕捉客户需求，并且具备良好的沟通和表达能力。我相信这些优势将有助于我在市场营销岗位上取得成功。

5. 职业目标

我期望能够加入贵公司，担任市场营销岗位的工作。我的目标是月薪 6000 元，但更重要的是能够在实际工作中不断学习和成长，为公司创造价值。

6. 结语

感谢大家的聆听，我期待有机会进一步与您交流，共同探讨如何为贵公司贡献我的力量。谢谢！

AI生成的内容仅供参考，请注意甄别信息准确性

图 8-18　WPS AI 生成的自我介绍结果

8.2 表格智能创建与处理

人工智能凭借先进的机器学习、深度学习和自然语言处理技术，在数据处理领域实现了高效自动化搜集、净化数据，并能进行深度分析和智能解读。人工智能在多个关键领域展现出显著的优势，如能自动识别并修正数据错误、数据缺失和数据异常，确保数据的准

确性，即实现数据清洗与预处理。此外，人工智能可以基于分析结果自动生成可视化报告，有效提升信息传递效率，实现自动化报告生成，还可以根据用户行为数据提供精准的个性化建议，构建个性化推荐系统。人工智能的异常检测功能能够及时发现数据中的异常情况，预防潜在风险。这些功能极大地增强了数据洞察力，优化了决策过程的科学性和准确性，为各行各业带来了前所未有的变革。

8.2.1 表格的创建与计算

1. 快速创建 Excel 表格

人工智能技术能够迅速地将大量的文字信息转换成结构化的表格形式，使文字数据变得更加直观和易于分析。这种转换方式使用户能够便捷地浏览并对比各项数据，进而迅速做出决策并得出明确的结论，显著增强了数据的可视化效果及实用性。

例 8-10

利用 DeepSeek 创建 Excel 表格并辅助计算。

以下是某大学生在开学当天的消费情况：

> 食堂午餐，16.00 元；社团聚餐，65.00 元；生活用品，228.50 元；电影票，45.00 元；手机话费充值，50.00 元；文具，35.70 元。

下面利用 DeepSeek 根据上述描述创建 Excel 表格，并辅助计算当天的累计支出，具体操作步骤如下。

(1) 在对话框中输入提示词“根据以下描述生成表格”，并提供具体数据，单击“发送”按钮，生成表格结果，如图 8-19 所示。

(2) 将表格复制并粘贴到 Excel 软件中，得到 Excel 表格，如图 8-20 所示。

以下是基于描述生成的表格：

项目	金额（元）
食堂午餐	16.00
社团聚餐	65.00
生活用品	228.50
电影票	45.00
手机话费充值	50.00
文具	35.70

表格按描述顺序列出各项消费及对应金额。

图 8-19 DeepSeek 生成的表格结果

	A	B
1	项目	金额（元）
2	食堂午餐	16
3	社团聚餐	65
4	生活用品	228.5
5	电影票	45
6	手机话费充值	50
7	文具	35.7

图 8-20 Excel 表格

(3) 返回 DeepSeek 页面，单击“发送”按钮左侧的“上传附件”按钮，在“打开”对话框中选择所需要的 Excel 表格文件，如图 8-21 所示，单击“打开”按钮。

(4) 在对话框中输入提示词“计算累计支出”，单击“发送”按钮，得到生成的计算结果，如图 8-22 所示。也可据此在 Excel 表格中进行数据处理。

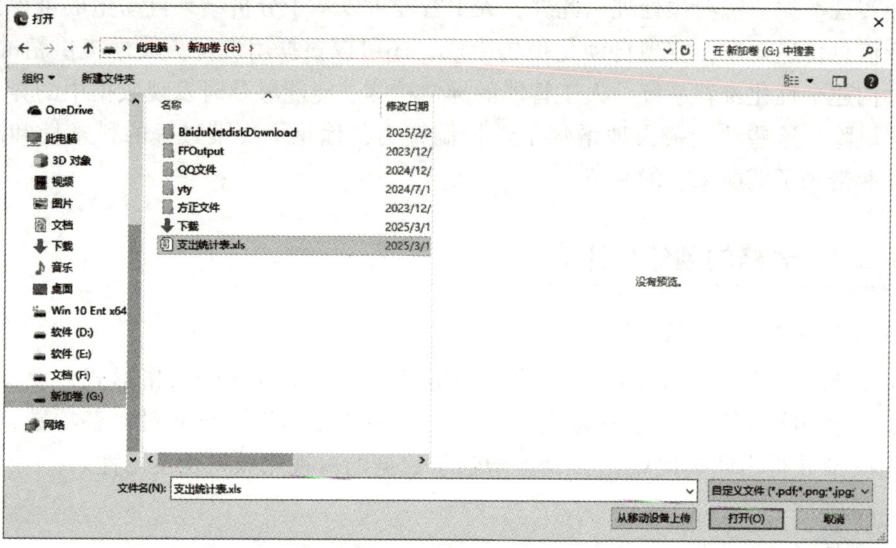

图 8-21 “打开”对话框

累计支出计算如下：

累计支出 = 16 + 65 + 228.5 + 45 + 50 + 35.7 = 440.2 元

表格结果：

项目	金额（元）
食堂午餐	16
社团聚餐	65
生活用品	228.5
电影票	45
手机话费充值	50
文具	35.7
累计支出	**440.2**

注：Excel 中可通过 `=SUM(B2:B7)` 公式直接计算。

图 8-22 DeepSeek 生成的计算结果

2. 表格处理

人工智能技术能够有效地协助用户在表格中执行各类计算任务。借助 AI 的强大力量，用户能够轻松地在电子表格中进行复杂的数学运算、数据分析以及统计计算。此外，AI 也能辅助用户进行条件格式化、数据验证和错误检查，确保表格数据的精确性和可信度，从而显著提升工作效率。

例 8-11

利用 DeepSeek 对表格进行处理。

以下是部分学生的成绩表(见图 8-23)，教师需要根据这些数据，计算出每位学生的总分和各科的平均分，并按照总分进行排序。

下面利用 DeepSeek 辅助用户对表格进行处理，具体操作步骤如下。

	A	B	C	D	E	F
1	学生成绩表					
2	姓名	单位	性别	数学	英语	计算机
3	刘铁	电子系	男	70	53	66
4	孙刚	管理系	男	88	88	83
5	陈凤	经济系	女	86	77	92
6	沈阳	电子系	男	90	71	86
7	秦强	电子系	男	92	78	85
8	陆斌	管理系	男	79	59	90
9	邹蕾	经济系	女	65	46	72
10	彭佩	经济系	女	77	86	80
11	郑凯	电子系	男	54	68	70
12	李立	经济系	男	94	83	89

图 8-23　部分学生的成绩表

单击“发送”按钮左侧的“上传附件”按钮，在“打开”对话框中选择所需要的 Excel 表格文件，单击“打开”按钮。在对话框中输入提示词“请根据要求对表格进行处理：1. 计算出每位学生的总分和各科的平均分；2. 按照总分进行排序，输出形式为表格。”，单击“发送”按钮，生成表格结果，如图 8-24 所示。

处理后的表格如下：

姓名	单位	性别	数学	英语	计算机	总分
李立	经济系	男	94	83	89	266
孙刚	管理系	男	88	88	83	259
秦强	电子系	男	92	78	85	255
陈凤	经济系	女	86	77	92	255
沈阳	电子系	男	90	71	86	247
彭佩	经济系	女	77	86	80	243
陆斌	管理系	男	79	59	90	228
郑凯	电子系	男	54	68	70	192
刘铁	电子系	男	70	53	66	189
邹蕾	经济系	女	65	46	72	183
平均分	—	—	79.5	70.9	81.3	—

说明：

1. **总分计算：** 每位学生的总分为数学、英语、计算机三科成绩之和。
2. **排序规则：** 按总分从高到低排序，总分相同者按原始顺序排列。
3. **平均分计算：** 数学平均分 79.5，英语平均分 70.9，计算机平均分 81.3（保留一位小数）。

图 8-24　DeepSeek 生成的表格结果

8.2.2　WPS AI 数据处理

▲条件格式

1. 计算

WPS AI 具备根据用户的数据需求自动生成相应公式的功能，包括但不限于求和、计算平均值以及条件求和（如 SUMIFS）。对不精通公式的用户来说，这一功能显著简化了数据处理的流程。

例 8-12

利用 WPS AI 计算销售额的方差。

图 8-25 所示是药品销售统计表，利用 WPS AI 计算销售额，具体操作步骤如下。

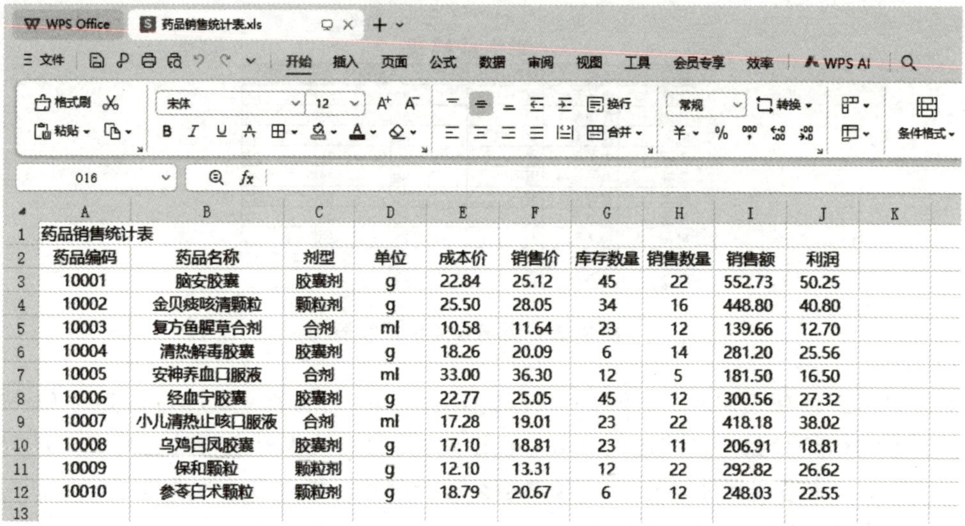

药品编码	药品名称	剂型	单位	成本价	销售价	库存数量	销售数量	销售额	利润
10001	脑安胶囊	胶囊剂	g	22.84	25.12	45	22	552.73	50.25
10002	金贝痰咳清颗粒	颗粒剂	g	25.50	28.05	34	16	448.80	40.80
10003	复方鱼腥草合剂	合剂	ml	10.58	11.64	23	12	139.66	12.70
10004	清热解毒胶囊	胶囊剂	g	18.26	20.09	6	14	281.20	25.56
10005	安神养血口服液	合剂	ml	33.00	36.30	12	5	181.50	16.50
10006	经血宁胶囊	胶囊剂	g	22.77	25.05	45	12	300.56	27.32
10007	小儿清热止咳口服液	合剂	ml	17.28	19.01	23	22	418.18	38.02
10008	乌鸡白凤胶囊	胶囊剂	g	17.10	18.81	23	11	206.91	18.81
10009	保和颗粒	颗粒剂	g	12.10	13.31	12	22	292.82	26.62
10010	参苓白术颗粒	颗粒剂	g	18.79	20.67	6	12	248.03	22.55

图 8-25　药品销售统计表

(1) 选定目标单元格，在“WPS AI”选项卡中单击“AI 写公式”按钮，如图 8-26 所示。

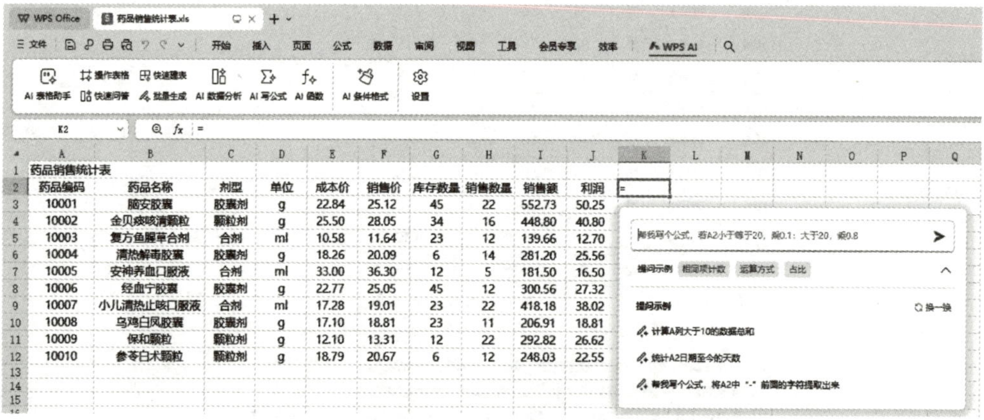

图 8-26　“AI 写公式”对话框

(2) 在对话框中输入“计算 I 列的方差”，如图 8-27 所示，单击“发送”按钮。

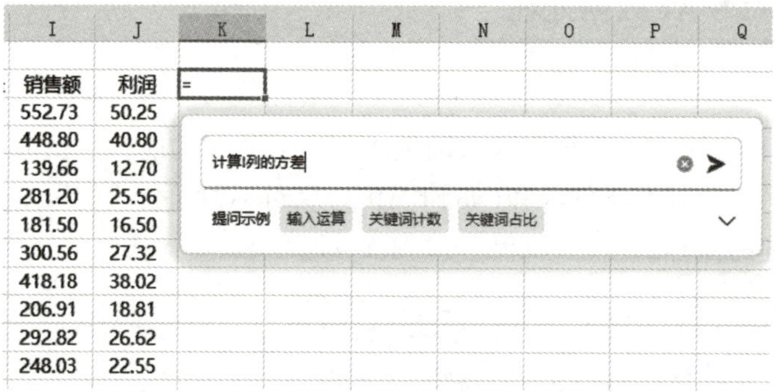

图 8-27　输入“计算 I 列的方差”

(3) AI 生成公式结果，如图 8-28 所示，单击“完成”按钮确认。

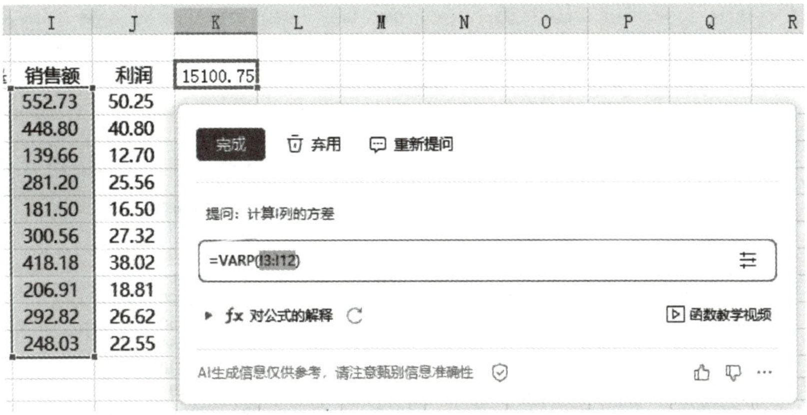

图 8-28 WPS AI 生成的公式结果

(4) AI 生成计算结果，如图 8-29 所示。

	A	B	C	D	E	F	G	H	I	J	K
1	药品销售统计表										
2	药品编码	药品名称	剂型	单位	成本价	销售价	库存数量	销售数量	销售额	利润	15100.74754
3	10001	脑安胶囊	胶囊剂	g	22.84	25.12	45	22	552.73	50.25	
4	10002	金贝痰咳清颗粒	颗粒剂	g	25.50	28.05	34	16	448.80	40.80	
5	10003	复方鱼腥草合剂	合剂	ml	10.58	11.64	23	12	139.66	12.70	
6	10004	清热解毒胶囊	胶囊剂	g	18.26	20.09	6	14	281.20	25.56	
7	10005	安神养血口服液	合剂	ml	33.00	36.30	12	5	181.50	16.50	
8	10006	经血宁胶囊	胶囊剂	g	22.77	25.05	45	12	300.56	27.32	
9	10007	小儿清热止咳口服液	合剂	ml	17.28	19.01	23	22	418.18	38.02	
10	10008	乌鸡白凤胶囊	胶囊剂	g	17.10	18.81	23	11	206.91	18.81	
11	10009	保和颗粒	颗粒剂	g	12.10	13.31	12	22	292.82	26.62	
12	10010	参苓白术颗粒	颗粒剂	g	18.79	20.67	6	12	248.03	22.55	

图 8-29 WPS AI 生成的计算结果

2. 图表生成

除了分析自动生成的图表外，WPS AI 还支持用户根据需求生成各种类型的图表，如折线图、饼图等。此外，WPS AI 还提供了丰富的图表编辑功能，用户可随心所欲地对图表进行个性化装扮，无论是调整颜色、添加标题，还是进行其他细节修饰，皆能轻松实现。通过这些功能，用户能够更加高效地制作出专业水准的图表，更直观地展示数据关系。

例 8-13

利用 WPS AI 模板生成图表。

基于例 8-12 统计表中的药品名称和销售额利用 WPS AI 制作柱形图，具体操作步骤如下。

(1) 单击“WPS AI”选项卡，单击“AI 表格助手”按钮，如图 8-30 所示。

(2) 在对话框中输入提示词“制作 X 轴为药品名称，Y 轴是销售额的柱形图”，单击“发送”按钮，生成柱形图结果，如图 8-31 所示。

图 8-30　WPS AI 功能页面

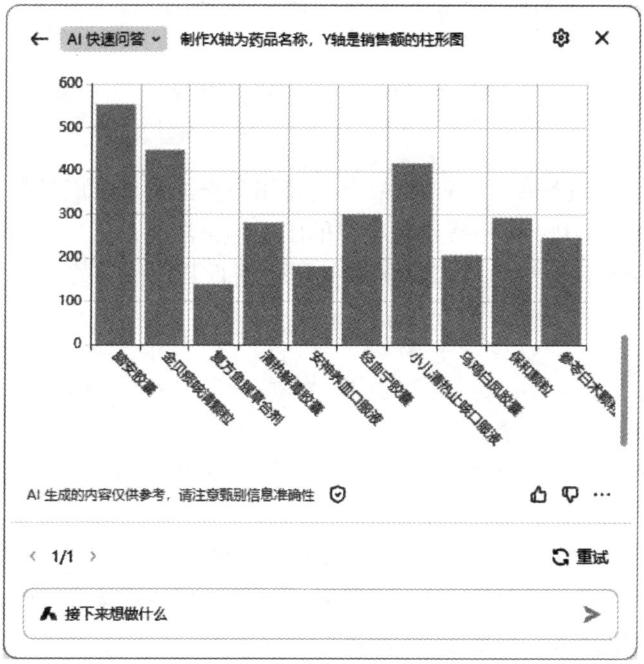

图 8-31　WPS AI 生成的柱形图结果

(3)将光标移动至图表上，选择上方出现的功能栏中的“插入至工作表并编辑”按钮，如图 8-32 所示。

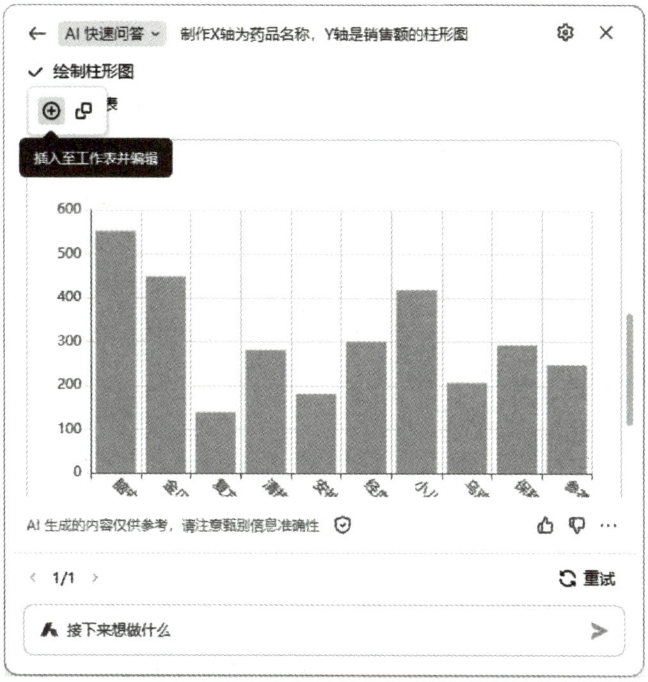

图 8-32 “插入至工作表并编辑”按钮

(4)插入图表至工作表之后，就可以对图表进行编辑，如图 8-33 所示。

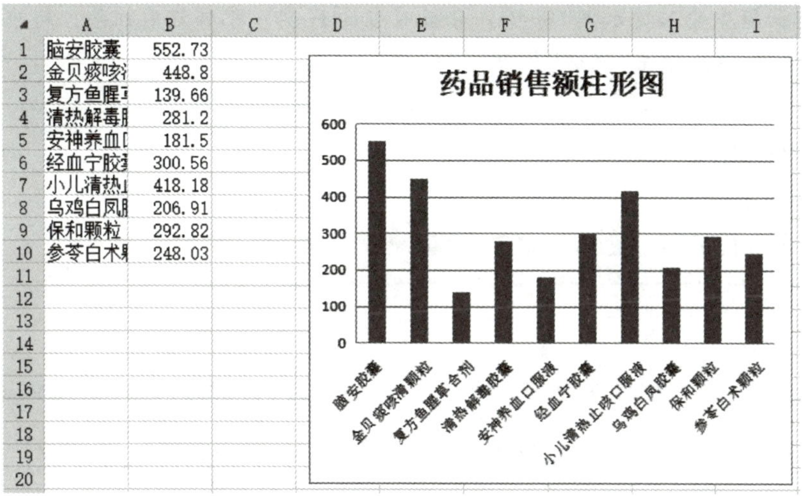

图 8-33 对图表进行编辑后的效果图

3. 条件标记与筛选

WPS AI 具备迅速执行条件标记与筛选的能力，可以协助用户迅速锁定满足特定条件的数据行或列。WPS AI 的条件标记与筛选功能不仅局限于简单的数值比较，而且广泛适用于文本、日期等多种复杂的数据类型。此外，WPS AI 还支持条件格式化的应用，用户能够依据预设条件自动调整单元格的视觉样式，如字体颜色、背景色等。这一功能不仅极大地丰富了表格的视觉表现力，还显著提升了数据的可读性和分析工作的效率。

例 8-14　利用 WPS AI 将成绩表分级标记处理。

随着《“健康中国 2030”规划纲要》与《中小学生健康体检管理办法(2021 年版)》的深入实施，学校正寻求通过智慧型学生健康体检系统来更加直观地掌握学生的体检情况，以便更好地了解每位学生的健康水平。某班主任老师决定采用可视化的方法，将 BMI 分级用不同的颜色进行标识。下面利用 WPS AI 进行操作，具体操作步骤如下。

(1) 单击“WPS AI”选项卡，单击“AI 条件格式”按钮，打开对话框，如图 8-34 所示。

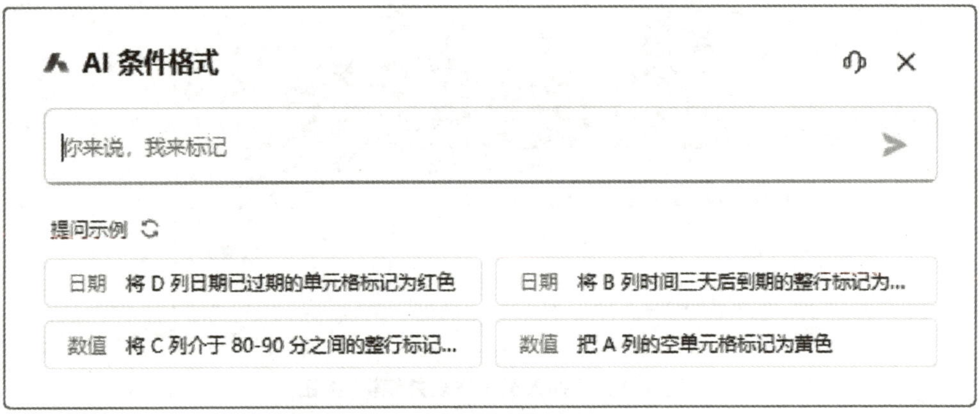

图 8-34　“AI 条件格式”对话框

(2) 在对话框中输入提示词“将 BMI 分级对应的 H 列，肥胖标为红色，超重标为黄色”，如图 8-35 所示，然后单击“发送”按钮。

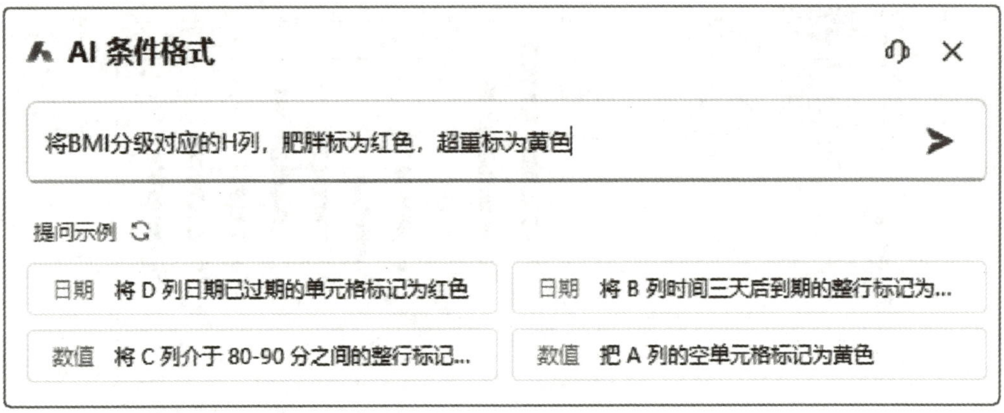

图 8-35　输入提示词

(3) AI 生成结果，单击“完成”按钮确认结果，得到标记处理后的数据情况，如图 8-36 所示。

	A	B	C	D	E	F	G	H	I
1	序号	姓名	性别	出生年月	身高(米)	体重（千克)	体指数	BMI分级	身高排名
2	0001	郑柔瑶	女	2000-01-05	1.55	51.2	21.31	正常	27
3	0002	陈纯飘	女	1998-12-19	1.65	45.6	16.75	偏瘦	15
4	0003	李炎	男	1998-10-01	1.75	65.1	21.26	正常	7
5	0004	梁婵毓	女	1999-03-29	1.59	55	21.76	正常	20
6	0005	赵林民	男	1998-10-04	1.78	65.9	20.80	正常	5
7	0006	周全纯	女	1999-04-27	1.6	53.5	20.90	正常	19
8	0007	何元全	女	1999-05-24	1.58	64	25.64	超重	21
9	0008	杨腾松	男	1999-07-28	1.79	76.5	23.88	正常	3
10	0009	周宏腾	男	1999-03-04	1.73	59.2	19.78	正常	10
11	0010	郑婵凝	女	1999-03-27	1.65	75.6	27.77	超重	15
12	0011	杨青婵	女	1999-04-29	1.58	43	17.22	偏瘦	21
13	0012	梁士保	男	1999-08-17	1.75	66.5	21.71	正常	7
14	0013	秦震梁	女	1998-10-26	1.58	56.4	22.59	正常	21
15	0014	孙婕冰	女	1999-03-05	1.52	54.5	23.59	正常	30
16	0015	王倩宁	女	1998-07-14	1.57	44.9	18.22	偏瘦	26
17	0016	秦行	男	2000-10-05	1.75	60	19.59	正常	7
18	0017	赵卿瑶	女	1998-10-21	1.61	55.9	21.57	正常	17
19	0018	王嘉贵	女	1998-11-11	1.69	80.9	28.33	[redacted]	11
20	0019	陈飘荷	女	1999-06-03	1.68	60.4	21.40	正常	13
21	0020	梁功伯	男	1999-03-29	1.82	67	20.23	正常	1
22	0021	陈晨腾	男	2001-05-13	1.81	85.6	26.13	超重	2
23	0022	谢松军	男	1999-05-17	1.79	60	18.73	正常	3
24	0023	王丹悦	女	1999-07-25	1.58	50.5	20.23	正常	21
25	0024	秦露希	女	2002-04-23	1.61	61	23.53	正常	17
26	0025	赵奇士	男	1998-11-06	1.76	65.2	21.05	正常	6
27	0026	孙飘仁	女	1998-12-28	1.54	59	24.88	超重	29
28	0027	谢琦娅	女	1999-08-01	1.55	51.2	21.31	正常	27
29	0028	吴丹颖	女	2000-01-29	1.58	53.1	21.27	正常	21
30	0029	郑奇泽	男	1998-10-24	1.69	50.5	17.68	偏瘦	11
31	0030	陈悦怡	女	1999-08-07	1.67	51	18.29	偏瘦	14

图 8-36　标记处理后的数据情况

8.3 幻灯片智能生成

幻灯片智能生成是一种利用人工智能技术辅助创建演示文稿的过程。人工智能通过分析用户的需求和内容，可以自动设计幻灯片布局并选择合适的视觉元素和动画效果，极大地提升了办公环境中的工作效率和演示文稿的专业度。

8.3.1 创建幻灯片

人工智能技术的发展为用户带来了诸多便利，尤其是在制作幻灯片这一方面。AI 的辅助功能使用户能够轻松实现幻灯片的个性化定制，进而大幅度提升工作效率。目前市场上存在多种 AI 工具(如天工 AI、讯飞智文、万知、iSlide 和 AiPPT 等)，这些工具各有特色，能够满足不同用户的需求。

以下是几款 AI 幻灯片生成工具的简要对比情况，如表 8-1 所示。

表 8-1　AI 幻灯片生成工具的简要对比情况

工具	内容生成能力	操作方式	特色功能	额外优势
天工 AI	高效内容生成，丰富的模板资源	提供主题或大纲，自动生成幻灯片	快速生成逻辑清晰、设计精美的幻灯片	适用于在短时间内准备大量的演示材料
讯飞智文	语音识别和自然语言处理技术	文本输入和语音指令操作	语音指令操作	提供全新的幻灯片制作体验
万知	强大的内容生成引擎	自动生成幻灯片，支持微调和优化	自动根据主题生成幻灯片	满足不同场景的需求
iSlide	集成大量设计模板和素材	智能算法辅助设计和排版	个性化幻灯片制作	设计新手也能制作专业文稿
AiPPT	强大的自定义功能和丰富的模板库	在线编辑和文档导入生成	将文档资料转化为演示文稿	支持各种格式的文件

科大讯飞推出的讯飞智文，作为一款 AI 幻灯片生成工具，依托于星火认知大模型，为用户带来前所未有的便捷体验。它能智能分析文本内容，自动匹配最佳模板和布局，轻松制作出既美观又实用的幻灯片。即使没有设计技能，用户也能利用讯飞智文制作专业的演示文稿。此外，讯飞智文还支持丰富的个性化设置，包括字体、颜色、动画效果的调整等，满足用户多样化的个人风格和演讲需求。

下面是进入讯飞智文操作页的步骤。

(1) 在浏览器中输入讯飞智文的网址 https：//zhiwen. xfyun. cn，进入首页（见图 8-37），单击右上方的“登录”按钮，选择合适的方式登录。

图 8-37　讯飞智文首页

(2)登录完成后，进入操作页面，如图 8-38 所示。

图 8-38　讯飞智文操作页面

1. 一句话创建

一句话创建功能适用于对演示文稿制作没有具体的思路或想法的用户。只需输入一句话或一个关键词，AI 会根据输入的主题快速生成演示文稿的大纲和内容。具体操作步骤如下。

(1)单击操作页面中的“一句话创建”按钮，在对话框中输入提示词，如“保护环境人人有责”，如图 8-39 所示。可以在输入栏下方左侧的“语言”选项中根据需要调整演示文稿的语言设置，并选择是否需要添加演讲备注、启用 AI 配图模型以及激活联网搜索功能。设置完成后，单击“发送”按钮。

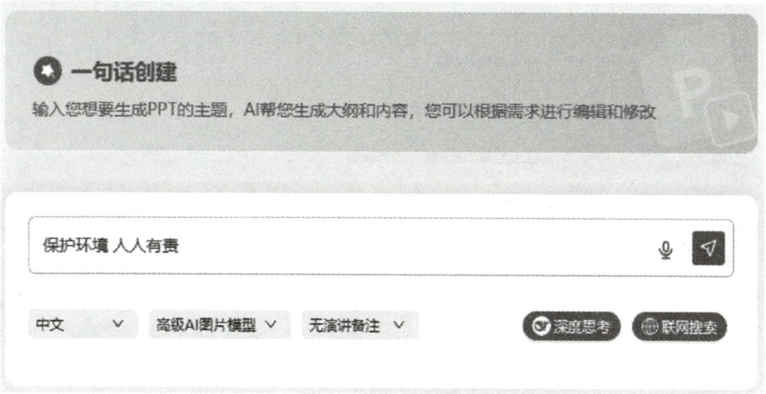

图 8-39　讯飞智文输入栏及操作指令

(2)对于 AI 自动生成的思考内容，若用户希望重新生成思考，可以单击“重新思考”按钮，如图 8-40 所示；若对生成结果满意，则单击“参考生成大纲”按钮继续操作。这时，AI 会根据内容自动生成演示文稿大纲，若用户对某些部分不满意，则可单击相应的输入栏进行修改或删除，如图4-41所示。完成修改后，单击“下一步”按钮即可更新内容。

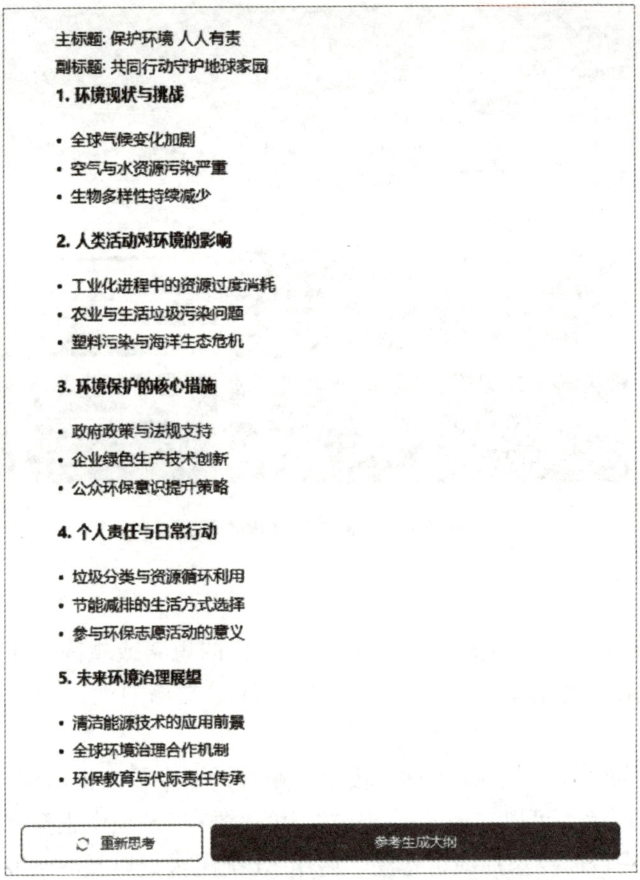

图8-40　讯飞智文生成的思考内容

图8-41　讯飞智文生成的演示文稿大纲

(3)在讯飞智文的模板库中，用户可以根据自己的需求通过行业、风格、颜色选项来筛选模板，如图 8-42 所示。选择模板后，单击右上角的“开始生成”按钮，AI 将自动生成初步的演示文稿框架，如图 8-43 所示。

图 8-42 演示文稿模板库

图 8-43 讯飞智文生成的演示文稿框架

2. 文本创建

当用户已有具体文稿内容或明确构思时，讯飞智文支持输入长篇文本（最高可达 8 000 字）。AI 总结并拆分文本内容，生成高度相关的演示文稿。具体操作步骤如下。

(1) 单击操作页面的“文本创建”按钮，在输入框中输入需要生成演示文稿的文本内容，如图 8-44 所示，并单击“下一步”按钮。

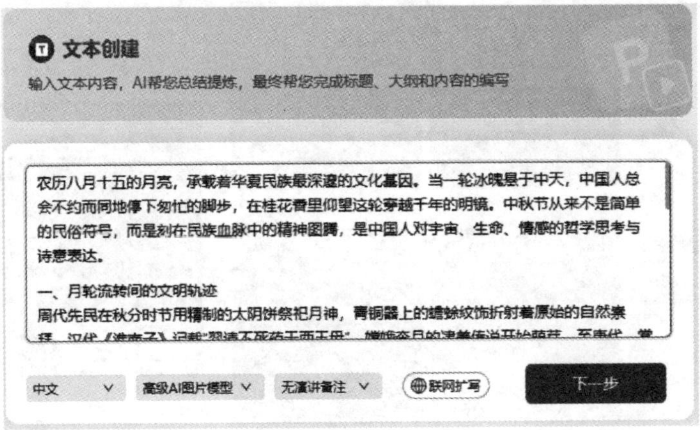

图 8-44　输入文本内容

(2) AI 会自动分析文本，生成演示文稿大纲，如图 8-45 所示。根据需要调整后，单击“下一步”按钮。

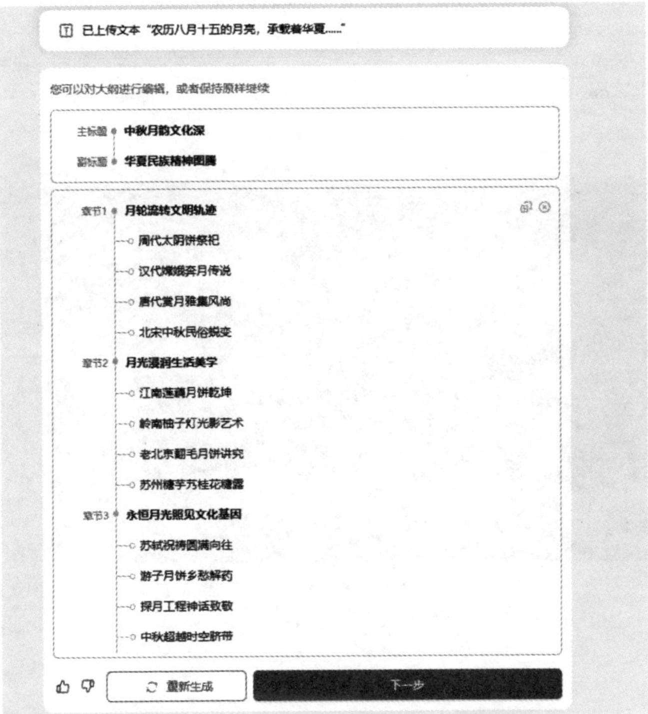

图 8-45　讯飞智文生成的演示文稿大纲

（3）从模板库中选择一个合适的模板，如图 8-46 所示，单击“开始生成”按钮，得到 AI 初步生成的演示文稿框架，如图 8-47 所示。

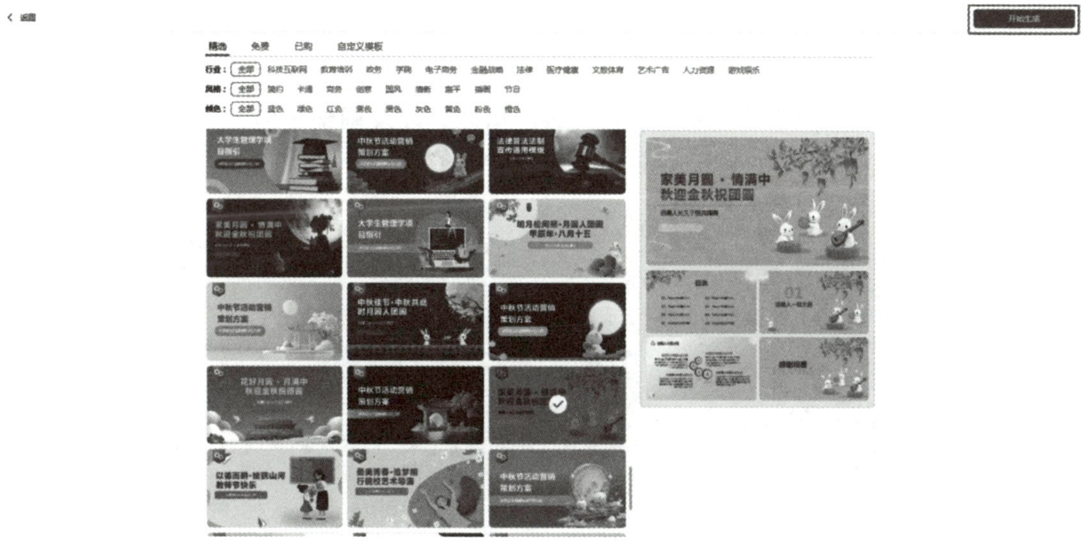

图 8-46　演示文稿模板库

图 8-47　AI 生成的演示文稿框架

另外，讯飞智文还可以通过“文档创建”“高级创建”等方式生成幻灯片。其中，“文档创建”允许用户上传已有的 Word、PDF、TXT 等格式的文档，AI 将智能解析文档内容，生成与之高度相关的演示文稿文档。而“高级创建”则提供了更多自定义选项，用户可以根据个人需求，确定演示文稿的主题、风格、布局等，以获得更加个性化的演示文稿。另外，还可以上传可供参考的文件。这些多样化的创建方式，极大地满足了不同用户的制作需求，使得讯飞智文成为一款功能强大的演示文稿生成工具。

8.3.2 格式化调整

1. 内容调整

制作的演示文稿初稿可能需要根据具体需求进行调整。在生成的演示文稿中，通过单击进入相应的文本框，可以对文字进行修改、增删，以及调整字体、字号、颜色等，如图 8-48 所示。

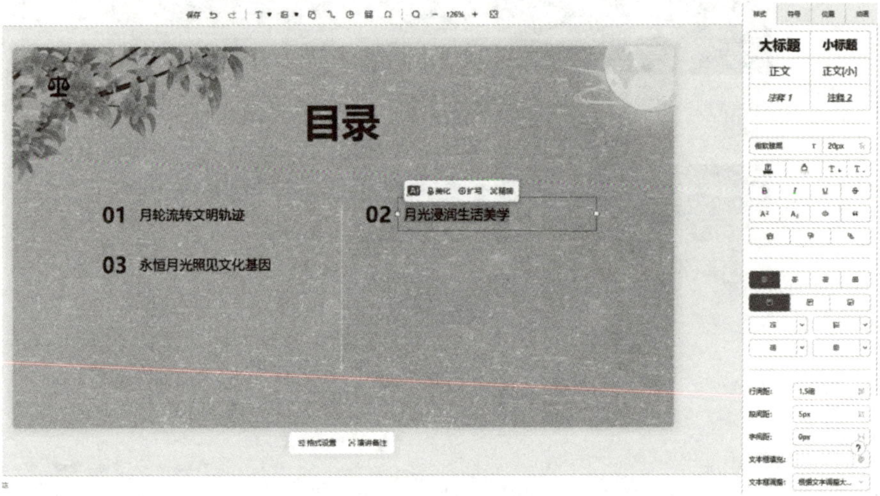

图 8-48 内容调整

2. 添加动画

讯飞智文支持对幻灯片中的元素添加动画效果，提升演示文稿的趣味性和观赏性。选中需添加动画的文本框后，单击界面右上角“文本”窗格中的“动画”选项卡，选择“添加动画”选项，并从列表中选择合适的动画效果，如图 8-49 所示，系统将自动应用到相应元素上。

图 8-49 添加动画效果

3. 添加配图

讯飞智文还内置了 AI 文生图功能，可以根据选定或输入的文字生成多张参考配图，如图 8-50 所示。此外，用户还可以根据需要自行插入准备好的图片进行替换。

图 8-50　添加配图

4. 导出与分享

完成所有编辑和调整后，可以单击右上角的“演示”按钮，预览幻灯片的制作效果。确认无误后，可以单击“下载”按钮进行下载，如图 8-51 所示。

图 8-51　导出页面

在导出页面中，选择所需的文件类型(如 PPT、PDF 等)，然后单击“确定”按钮，即可成功导出并保存演示文稿文档，如图 8-52 所示。

图 8-52　演示文稿导出方式选择

8.3.3　WPS AI 幻灯片生成

▲研究生志愿填报 PPT

1. 一键生成幻灯片

用户仅需提供幻灯片的主题、大纲或文档，WPS AI 便能迅速生成相应内容。此举显著降低了用户在手动制作幻灯片时的时间成本，有效提升了工作效率。具体操作步骤如下。

(1)新建演示文稿文档，单击"WPS AI"选项卡的"AI 生成 PPT"下拉按钮，根据需要选择"主题生成 PPT""文档生成 PPT""大纲生成 PPT"命令。这里以"主题生成 PPT"选项为例，如图 8-53 所示，在对话框中输入幻灯片主题，如"人工智能的发展"，确认无误后单击"开始生成"按钮。

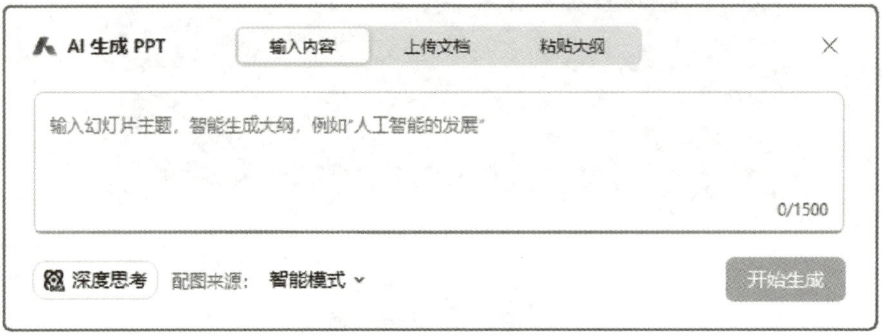

图 8-53　WPS AI 对话框

(2)获取由 AI 生成的幻灯片大纲后，双击待修改区域即可进入编辑框进行调整；若对大纲内容满意，则单击"生成幻灯片"按钮，进入后续操作，如图 8-54 所示。

图 8-54 AI 生成幻灯片大纲

(3)根据需要选择模板，模板库如图 8-55 所示，单击"创建幻灯片"按钮。

图 8-55 幻灯片模板库

(4)得到 AI 生成的演示文稿框架，如图 8-56 所示。

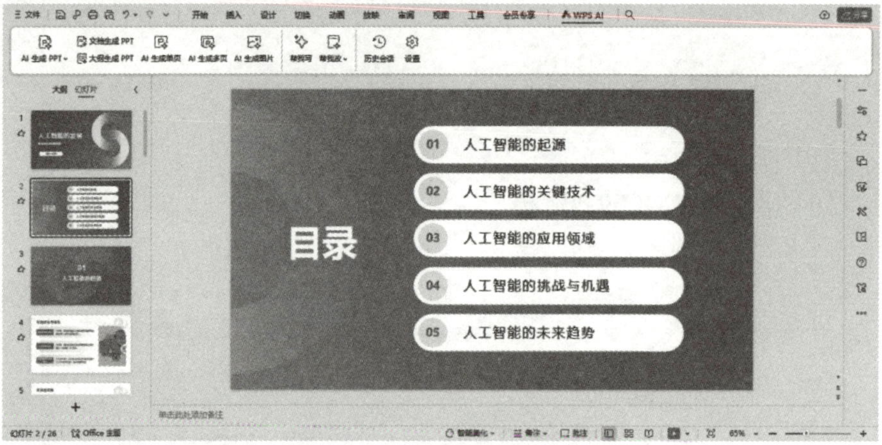

图 8-56　AI 生成演示文稿框架

2. 智能美化

WPS AI 提供了多样化的模板选择，用户只需单击需要的模板，即可迅速切换至心仪的模板，从而极大地提升了幻灯片的排版效率。除了预设的配色方案外，WPS AI 还能根据幻灯片内容进行智能美化，使幻灯片更加美观、专业。单击“设计”选项卡的“全文美化”下拉按钮，如图 8-57 所示，选择“智能美化”命令，在打开的“全文美化”对话框中，可以全文换肤、统一版式、智能配色、统一字体以及一键美化，如图 8-58 所示。

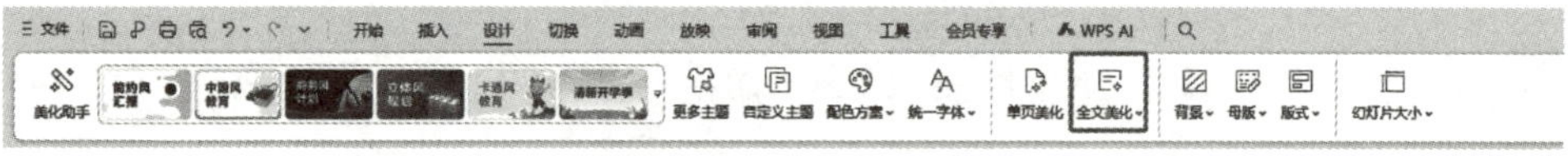

图 8-57　“全文美化”下拉按钮

图 8-58　“全文美化”对话框

3. 智能编辑

WPS AI 还能根据幻灯片内容推荐合适的图片，从而方便、快捷地提升幻灯片的视觉效果。此外，针对单页幻灯片中的具体内容，WPS AI 还提供了扩写与改写两大功能。用户可以根据实际需求，灵活地对内容进行增添或精简，在确保幻灯片内容精准无误的同时使其更加生动。具体操作步骤如下。

双击需要修改的文本框，选择需要修改的文字，单击“WPS AI”选项卡，在对话框中输入问题或单击“帮我改”下拉按钮，在下拉菜单中选择相应功能，如“润色”“扩写”“缩写”等，如图 8-59 所示。

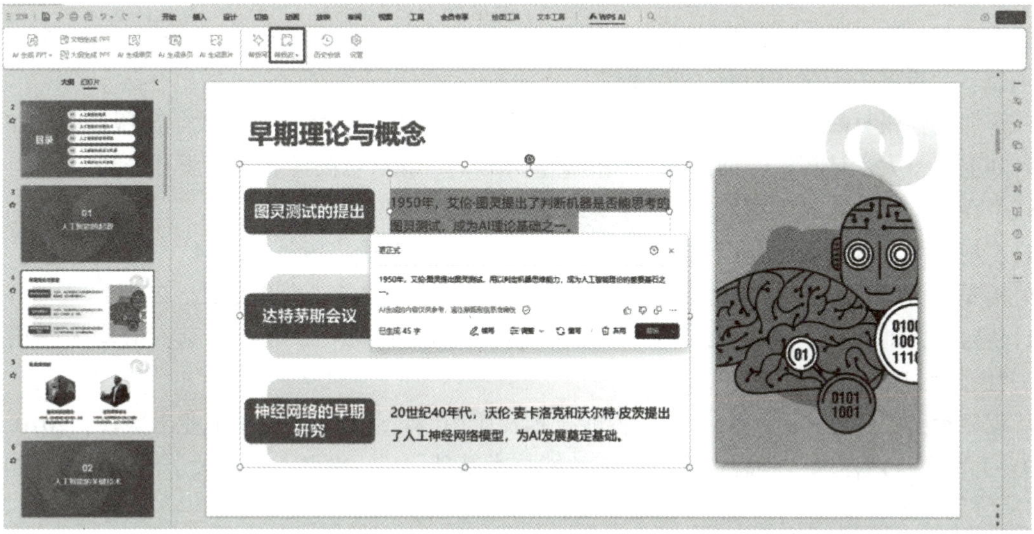

图 8-59　智能编辑

习 题 8

1. 什么是智能文本生成？列举两个常见的应用场景。
2. 举例说明人工智能在文档翻译与校对中的核心优势。
3. 内容优化与重写功能如何通过 AI 实现？简述其基本步骤。
4. WPS AI 文档处理的核心功能包括哪些？至少列举三项。
5. AI 在表格创建与计算中如何提升效率？举例说明。
6. WPS AI 数据处理可以实现哪些自动化操作？
7. 人工智能生成幻灯片时，如何根据用户需求自动生成内容？
8. AI 在幻灯片格式化调整中可能涉及哪些方面的自动优化？
9. WPS AI 生成幻灯片的典型流程包括哪些步骤？
10. 人工智能在办公场景中的优势体现在哪些方面？

参考文献

[1]蒋加伏，王晨．大学计算机与人工智能：AI 版[M]．北京：北京邮电大学出版社，2025.

[2]贾小军，童小素，顾国松．大学计算机：Windows 10+Office 2019：微课思政版[M]．北京：北京邮电大学出版社，2024.

[3]蒋加伏，张林峰．大学计算机[M].6 版(修订本)．北京：北京邮电大学出版社，2023.

[4]刘卫国，大学计算机：面向新一代信息技术[M]．北京：高等教育出版社，2024.

[5]牛百齐，王秀芳人工智能导论[M]．北京：机械工业出版社，2023.

[6]丁艳．人工智能基础与应用[M].2 版．北京：机械工业出版社，2024.

[7]柏先云．WPS AI 智能办公从入门到精通[M]．北京：化学工业出版社，2024.

[8]蔡自兴，刘丽珏，陈白帆，等．人工智能及其应用[M].7 版．北京：清华大学出版社，2024.

[9]程显毅，任越美，孙丽丽．人工智能技术及应用[M]．北京：机械工业出版社，2020.

[10]王科俊，卢桂萍，张恩，等．人工智能技术基础[M]．北京；清华大学出版社，2024.